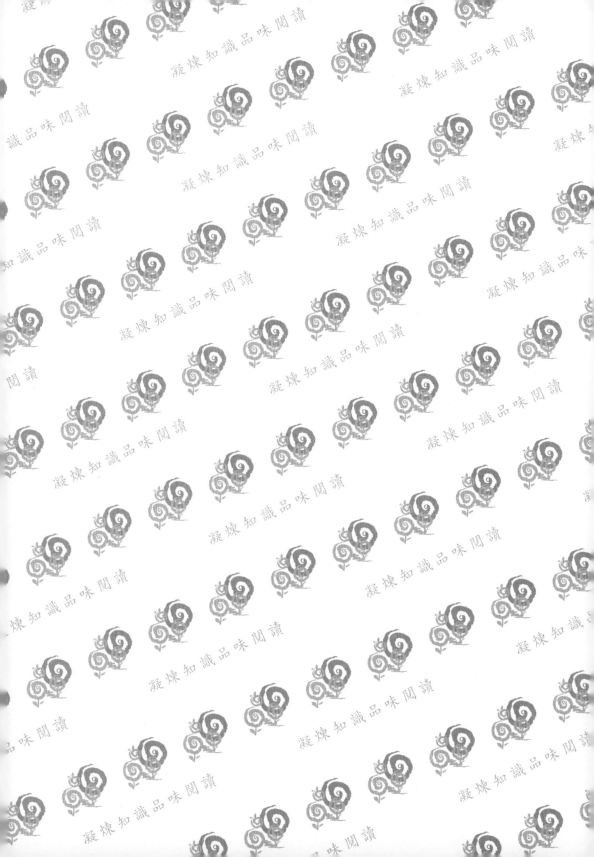

圖解系列

圖解

五南圖書出版公司 印行

定價管理

第三版

戴國良 博士 著

作者序言

動機與緣起

「定價」(Pricing)是行銷策略4P(Product、Price、Place、Promotion)組合中的一環。過去，定價策略、價格策略或定價管理較精論的中英文教科書並不多見，我曾經看了少數幾本，覺得都還有本土化的提升空間，我希望能寫出一本比較實用，而且大學生們都能看得懂的普及化教科書，能真正理解到定價策略與定價管理對廠商的重要性、應用性、了解性及簡單性；這是本書撰寫的動機與緣起。

過去一、二年來，筆者陸續完成有關「促銷管理」、「產品管理」及「通路管理」等三本本土化中文教科書，如今能夠接著完成「定價管理」，整個行銷4P的細部教科書，終於告一段落。壓力及辛苦也終於得到解除，這是我感到最快樂的事。

「定價」是行銷4P戰略組合體系中的一個重要議題。從公司角度來看，定價涉及了公司應有的正確毛利率及獲利率，定價也涉及了公司產品在市場是否有十足競爭力；從競爭者角度來看，定價涉及是否能夠在市場激烈競爭與環境巨大變化中，彈性應變與有效對應定價的策略；從消費者角度看，定價是否能讓消費者感到物超所值及夠高的性價比、高的CP值、高的CV值，我們的定價能否受到消費者的肯定與滿意。

「定價」與其他行銷3P是息息相關的，它是一個完整行銷4P戰略組合中，不可分割的一個重要元素。而「定價戰略」也是公司最高負責人、公司業務部人員及行銷部人員必須共同深入了解及掌握的關鍵議題之一。而「定價」的最深內涵，即在如何創造「價值」，而非「價格」表象。因此，「定價策略」也是公司如何創造「價值策略」的同義詞。

本書的三項特色

本書有以下幾點特色：

第一：是讀者能看得懂，且知道如何應用與實用導向型的一本教科書。

本書編寫的原則之一，就是希望能脫離傳統英文教科書比較艱深、複雜與外國化的閱讀學習感覺。相反地，在編寫過程中，我也身為一個學習者。我希望寫出的是一本大家都能很容易看得懂，而且知道如何應用，並以實用型為導向的一本有關「定價策略與管理」的教科書。

第二：加入數十張照片，是一本以本土化實例為導向的教科書。

本書含括了有關定價或價格領域的實際案例照片，閱讀及討論起來，都會有比較熟悉、親切與深刻的感受。其目的就是希望能達成最容易理解的學習目的，並且真的能夠在讀完後，學習到一些資訊與觀念。

第三：本書遴選了十二個章節的內容，其完整性尚稱周全、縝密，從精華的理論、到本土化案例及本土化圖片，具有一貫性的邏輯及串聯，可對整個定價策略、決策及管理等面向，得到一個完整化與全方位的學習輪廓。

感謝與祝福

衷心感謝各位同學及讀者購買，並且閱讀本書。本書如果能使各位讀完後得到一些價值的話，這是我感到最欣慰的。因為，我把所學轉化為知識訊息，傳達給各位後進有為的同學及讀者們。能為年輕大眾種下這一塊福田，是我最大的快樂來源。感謝各位，並祝福各位。

作者
戴國良 敬上
taikuo@cc.shu.edu.tw

Chapter 6 定價的成本分析與損益分析

Chapter 7 定價決策管理應注意之要項與面對降價戰爭之決策

Chapter 8 四種導向定價法

Chapter 9 各種定價法

Chapter 10 價格策略全方位視野案例

Chapter 11 全球定價策略

Chapter 12 定價策略的實戰照片

第1章

定價管理實戰知識：全方位總整理

Unit 1-1

定價核心：價值（Value）。如何創造價值、創新價值？能創造價值，就能拉高價格及拉高獲利

一、定價核心：價值（Value）以及價值的 6 項要求

定價最根本的核心點，就是價值（Value）。企業愈能創造，創新出：1.更多的、2.更好的、3.更領先的、4.更被期待及5.更有需求的價值（或附加價值），企業就能拉高定價，也就能提升獲利。獲利好、獲利高、獲利能持續成長，那就是一個優質好企業。

二、創造「價值」的成功案例品牌

茲列舉能成功創造價值及創造高價格、高獲利的品牌案例如下：

1. dyson吸塵器、吹風機、空氣清淨機。
2. iPhon手機。
3. 星巴克咖啡。
4. 歐洲名牌精品（LV、GUCCI、CHANEL、HERMÈS、Dior）。
5. 歐洲雙B豪華車（賓士、BMW）。
6. 台積電晶片（半導體）。
7. 大立光手機鏡頭。
8. Panasonic全系列家電。
9. 瑪莎拉蒂高級車。
10. sisley、LA MER高級保養品。
11. city' super高檔超市。
12. 捷安特高檔自行車。
13. 象印電子鍋。
14. 台北101精品百貨公司。
15. 哈根達斯冰淇淋。
16. 台北君悅、台北晶華、台北寒舍艾美五星級大飯店高價自助餐。
17. 旭集、饗饗高價自助餐。
18. 哈雷重型機車。
19. 名牌高級手錶：勞力士、百達翡麗（PP）錶、Cartier、寶格麗錶。
20. 蘭蔻、雅詩蘭黛、CHANEL彩妝／保養品。
21. SOGO、微風百貨高級超市。

三、定價的 2 種不同思維

定價可以有以下2種不同的思維：

1. 成本＋利潤＝價格。

2. 成本＋價值＝價格。

上述第一種，就是很多人採用的最傳統方式，即成本＋成本的加成利潤（50～20%）。

第二種則是愈來愈被重視的成本＋價值＝定價。此即企業能創造出更高、更有用的價值，定價就可拉高很多。例如：歐洲名牌精品、名牌手錶、名牌豪華車等，都採用第2種定價思維。

「價值」的6項要求

1. 更多的價值
2. 更好、更有用的價值
3. 更領先的價值
4. 更被期待的價值
5. 更有需求的價值
6. 更能解決顧客生活問題點／痛點的價值

定價的核心點為「價值」

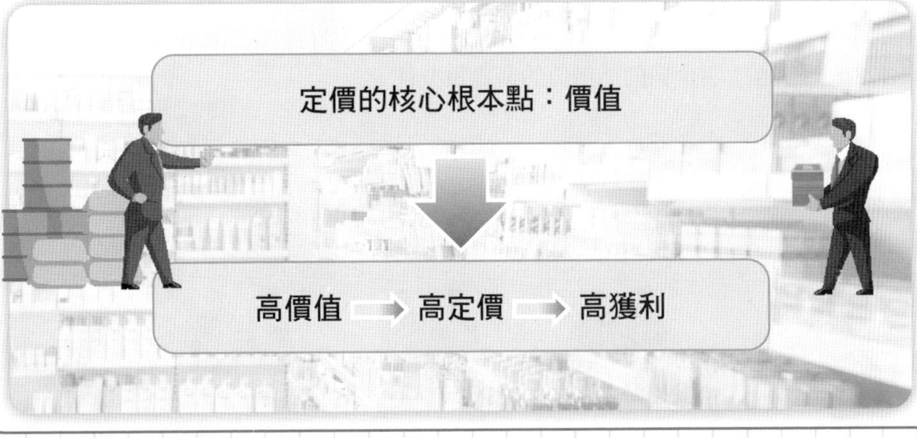

定價的核心根本點：價值
高價值
高定價
高獲利

Unit 1-2 獲利法則：V ＞ P ＞ C 法則以及 123 法則

企業想要增加獲利，有下列二種法則，如下述：

1. V ＞ P ＞ C 原則

(1) V：代表Value（價值）。

(2) P：代表Price（價格）。

(3) C：代表Cost（成本）。

此即價值＞價格＞成本，代表「價值」最重要，重要於訂定多少價格及節省多少成本。

> **V＞P＞C**
> **〔價值（Value）＞價格（Price）＞成本（Cost）**
> **（價值＞價格＞成本）**

企業降低成本（Cost-down）及降低費用（Expense-down）都有極限，不可能無限一直降低成本及費用，再降下去，可能會影響產品的品質及品牌形象。因此，終極之道仍在於如何創造及創新產品及服務的「價值」，這才是王道，也是企業永遠的使命及努力用心所在核心點。

2. 123 法則

(1) 1：代表價值。

(2) 2：代表價格。

(3) 3：代表獲利。

此即代表價值增加1倍，就能提高2倍的價格，以及增加3倍的獲利。所以，「123法則」也說明企業創造價值的最高重要性。

創造價值無限，降低成本有限

獲利123法則

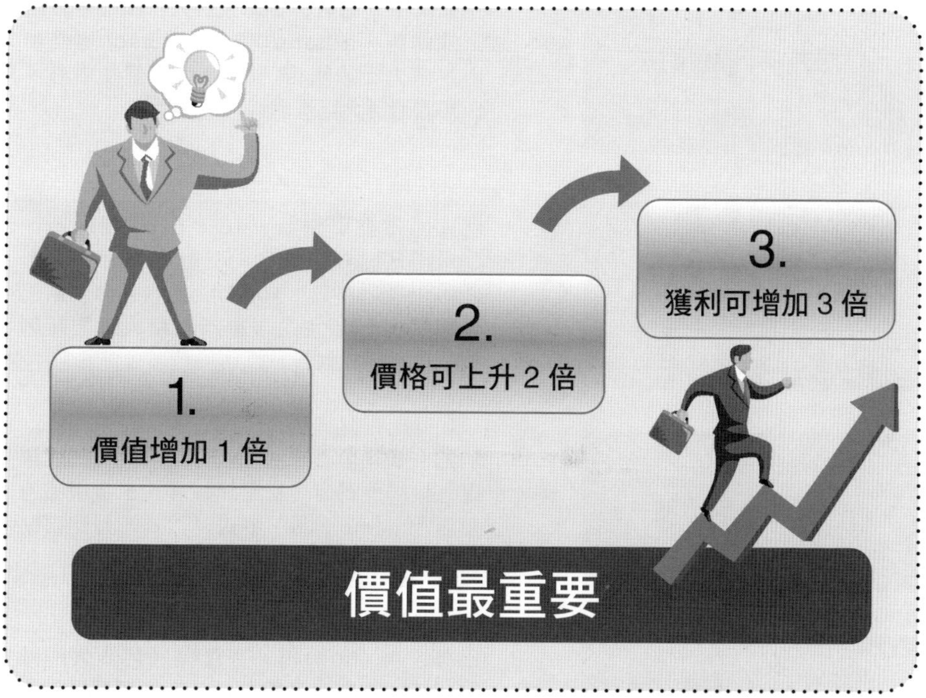

Unit 1-3 企業「創造價值」的全方位 21 個種類及方向說明與案例

從企業經營實務與消費者角度來看，企業可以全方位從20個種類及方向上，創造出有效的價值（附加價值），如下所述。

1. 高品質價值	例如：日系家電品、歐洲豪華車、台商OEM代工產品等。
2. 心理尊榮與名牌價值	例如：LV、GUCCI、CHANEL、HERMÈS、Dior、PP錶、賓士轎車、BMW轎車、高檔餐廳、高檔超市、高檔百貨公司、高檔豪宅等。
3. 技術與功能價值	例如：台積電晶片、聯發科IC設計、大立光手機鏡頭、特斯拉電動車、中科院軍事武器、iPhone手機、dyson吸塵器、大金冷氣。
4. 服務與體驗價值	例如：中華電信、台灣大哥大、精品專賣店／旗艦店、iPhone旗艦店、dyson維修中心、勞力士旗艦店、LaLaport購物中心、SOGO百貨大巨蛋館等。
5. 創新價值	例如：電動車創新、4G／5G手機創新、ChatGPT創新、FB／IG社群平台創新、Google搜尋創新、YouTube影音平台創新、台積電3奈米／2奈米創新、AI人工智慧創新、各式餐飲創新。
6. 一站購足價值	例如：購物中心、量販店、超市、美式連鎖店、藥局連鎖店、家電連鎖店、五金用品連鎖店、momo網購、中式／日式吃到飽自助餐廳等。
7. 產品組合優惠價值	例如：momo網購、寶雅美妝店、大樹藥局、統一企業食品與飲料、7-11超商連鎖店等。

8. 精準選品價值	例如：好市多（台灣好市多）、晶華大飯店精品街、台北101精品百貨公司。
9. 便利／方便價值	例如：統一超商（6,700店）、全聯（1,200店）、全家（4,200店）、屈臣氏（500店）、康是美（400店）、寶雅（300店）、大樹藥局（250店）、杏一藥局（250店）、家樂福（320店）、燦坤（250店）、美廉社（750店）等。
10. 高 CP 值（平價／低價）價值	例如：COSTCO（台灣好市多）、全聯超市、家樂福量販店、momo網購、八方雲集、石二鍋、優衣庫、GU服飾、NET服飾、各品牌茶飲料20～25元、台灣虎航平價航空。
11. 差異化／特色化／獨特化價值	例如：COSTCO美式賣場、台北101精品百貨、台北BELLAVITA貴婦百貨、city' super高級超市、台北SOGO大巨蛋館（3.6萬坪）、dyson吹風機、LG洗烘兩用機、中東阿聯酋航空。
12. 物流宅配快速價值	例如：momo網購（台北6小時、全台24小時）、統一超商物流運輸每日兩配、麥當勞歡樂送。
13. 企業集團形象價值	例如：富邦金控、國泰金控、鴻海、遠東、和泰、統一企業、統一超商、Panasonic、日立、大金等。
14. 紅利點數會員生態圈價值	例如：統一超商集團OPENPOINT會員生態圈、遠東HAPPYGO卡生態圈、富邦mo幣生態圈、日本樂天生態圈。
15. 與時俱進、推陳出新價值	例如：王品21個品牌餐飲、統一企業食品／飲料、三立／TVBS／東森電視台新節目與新聞、和泰TOYOTA新車型、三陽／光陽新機車、統一超商新口味便當等。

16. 上／中／下游供應鏈及周邊夥伴價值

例如：全聯與各商品供應商、momo與各商品供應商、各品牌網與外面專業公司協助。

17. 促銷／優惠／折扣回饋活動價值

例如：百貨公司週年慶、母親節、新年、父親節、中秋節、耶誕節、情人節等促銷集客，提振買氣。

18. 企業集團貨源整合與異業結盟價值

例如：各種跨業複合店、店中店、超大型購物中心、跨界聯名行銷等。

19. 誠信／信用／正派經營價值

例如：台積電、信義房屋、聯合報、永慶房屋、統一企業等。

20. 營運模式創新價值

例如：台灣代駕公司、三井OUTLET／華泰名品城、三井LaLaport購物中心、全聯超市＋大潤發量販店雙品牌、王品21個多品牌策略、大樹／杏一藥局連鎖店、和泰公司引進TOYOTA一般乘用車、商用車、豪華車、休旅車及車貸分期付款公司。

21. 設計／包裝／美感價值

例如：三陽／光陽新款機車、TOYOTA／本田／歐洲豪華車新款車、特斯拉電動車、歐洲名牌包、服飾、女鞋、歐洲名牌鑽錶。

企業創造價值的21個全方位方向與種類

1. 高品質價格
2. 心理尊榮與名牌價值
3. 技術與功能價值
4. 服務與體驗價值
5. 創新價值
6. 一站購足價值
7. 產品組合優惠價值
8. 精準選品價值
9. 便利／方便價值
10. 高CP值（平價／低價）價值
11. 物流宅配快速價值
12. 差異化／特色化／獨特化價值
13. 企業集團形象價值
14. 紅利點數會員生態圈價值
15. 與時俱進、推陳出新價值
16. 上／中／下游供應鏈及周邊夥伴公司價值
17. 促銷／優惠／折扣回饋活動價值
18. 企業集團資源整合與異業結盟價值
19. 誠信／信用／正派經營價值
20. 營運模式創新價值
21. 設計／包裝／美感價值

Unit 1-4 如何創造價值？從何處著手？創造價值的 24 個著手祕訣

企業究竟要如何創造、創新價值？要從何處著手呢？從企業實務面看，要創造價值的24個著手祕訣，說明如下：

1. 從原物料著手	例如：採購最高等級的皮革、布料、麵粉、食材、藥材、棉花、配料等，做成高級、高價位的皮包、服飾、女鞋、餐飲食品、保健食品、衛生棉、鮮奶、豆漿等。
2. 從零組件著手	例如：採購高等級、精密等級的零組件、半成品、裝飾品等，製成高級汽車、高級手機、高級家電、高級吸塵器、高級電子鍋等。
3. 從製造設備及製程著手	例如：採購先進、AI智能、精密、全自動化的高級製造設備，以及改良式製造流程，就可以做出更高品質、更有附加價值的產品。
4. 從品管設備及嚴格流程著手	例如：採購先進品管設備及研究室，建立嚴格品管SOP流程，以確保100%品質合格，無不良率，以創造品管價值。
5. 從物流倉儲中心著手	例如：投資建置大型、中型的物流中心，以更多地點、更多空間坪數、更好的設備，完善物流中心的庫存及出貨效率，以創造物流價值。
6. 從現場服務著手	例如：百貨公司專櫃、各精品專賣店、個手搖飲門市店、各餐廳、各電信門市店、各超市賣場、各超商店等現場服務，提升服務價值。
7. 從售後服務及維修服務著手	例如：家電、電信、資訊3C、手機、汽車、機車等售後維修服務，及客服中心電話接聽服務。
8. 從加速展店，擴大通路規模經濟著手	例如：統一超商（6,700店）、全聯（1,200店）、寶雅（300店）、全家（4,200店）、大樹（250店）、三井OUTLET及購物中心（6店）、王品餐飲（300店）、築間餐飲（200店）等，仍持續不斷展店。

9. 從 MOM（線上＋線下）全通路著手	例如：全聯、家樂福、統一超商、SOGO百貨、新光三越百貨、寶雅、屈臣氏、理膚寶水、萊雅、蘭蔻、娘家、桂格、白蘭氏、老協珍及各生技公司等，均朝向全通路創造價值。
10. 從設計、包裝、美學著手	例如：LV、GUCCI、HERMÈS、CHANEL、Dior、PRADA、BURBERRY、Ferragamo、PP錶、Cartier、寶格麗、ROLEX錶、Benz車、BMW車、瑪莎拉蒂車、法拉利車、D＋AF女鞋等。
11. 從異業合作及聯名合作著手	例如：7-11與五星級大飯店推出鮮食便當、全家與鼎泰豐合作推出鮮食便當、7-11、全家、全聯均出跨業複合店合作、全家／7-11與知名KOL網紅聯名推出鮮食便當；以上均能創造出跨業跨品牌合作之價值。
12. 從營運模式改變及創新著手	例如：康是美美妝店＋康是美藥局、7-11與相關企業推出優質複合生活館、三井推出大型OUTLET中心及大型LaLaport購物中心、momo從電視購物轉向網路購物，大獲成功、誠品生活及書店轉向承租新店裕隆城大型商場經營；以上均能創造出更新的價值。
13. 從產品組合、專櫃組合、品牌組合優化著手	例如：寶雅不斷進行產品組合優化、各大百貨公司不斷引進新專櫃和新餐飲店優化、各大餐飲集團和各大消費品牌不斷採用多品牌組合策略；上述均能不斷創造出新價值。
14. 從行銷、廣告、媒體報導、社群口碑、網路行銷著手	例如：各大消費日常用品品牌、各大耐久用品品牌、各大藥品／保健品品牌，均不斷投入各式各樣的行銷、廣告、宣傳、社群口碑、網路行銷，以創造出知名品牌價值。
15. 從賣場空間及裝潢著手	例如：超商大店化、特色店化和多元化、購物中心大型化、複合化、美觀化和娛樂化、百貨公司革新門面及重新裝潢升級；上述帶來顧客美好體驗價值。

16. 從功能、耐用、耐操、省油、省電、除菌著手	例如：日立、大金、Panasonic：變頻省電冷氣、三陽／光陽：省油、耐操新型機車、特斯拉、TOYOTA、本田、歐系進口車：推出電動車，非燃油車。
17. 從技術升級及技術創新著手	例如：台積電3奈米、2奈米、1奈米晶片半導體的技術升級、汽車功能和技術升級。iPhone手機16年來不斷升級、Panasonic、日立、dyson家電產品不斷升級、創造技術升級價值。
18. 從年輕化、新產品推出著手	例如：三陽推出「新迪爵」，擊敗光陽市占率、各餐飲集團大量推出年輕人最喜歡的小火鍋、烤肉、吃到飽自助餐等，創造年輕化市場價值。
19. 從防止品牌老化、永保品牌年輕化著手	例如：乖乖零食、資生堂、大同電鍋、統一泡麵、櫻花廚具、白蘭洗衣精、歐蕾保養品、好來牙膏等，均力求保持品牌不老化之價值。
20. 從定位著手	例如：定位在高端／頂好，或平價／庶民／親民，均能彰顯定位的特色價值存在。
21. 從制度、流程、資訊化、系統化、標準化著手	例如：企業要正規、正常、有效率、有效能營運，就必須從建置各種必要的營運制度、流程、資訊化、系統化、標準化著手，才能突出它的重要價值。
22. 從引進、培育、留住、發揮優秀人才團隊著手	例如：企業經營成功的一切，都是公司數百人、數千人、數萬人的人才團隊，每天用心、努力做出來的，這就是人才價值。
23. 從開發自有品牌著手	例如：全聯：We Sweet甜點、美味堂便當與滷味小菜、阪急麵包。7-11：CITY CAFE、鮮食便當、關東煮、飲料等自有品牌。

24. 從一條龍依序整合著手	例如：全台最大展演公司的寬宏藝術公司，從引進表演團體及藝人演唱會、到網路售票、燈光舞台建置、行銷廣告，均做出一條龍的價值。

可以創造價值的24個著手處

1. 從原物料著手	2. 從零組件著手	3. 從製造設備及流程著手	4. 從品管設備及嚴格流程著手
5. 從物流倉儲中心著手	6. 從現場服務著手	7. 從售後服務及維修服務著手	8. 從加速展店、放大通路規模經濟著手
9. 從MOM（線上＋線下）全通路著手	10. 從設計、包裝、美學著手	11. 從異業合作及聯名合作著手	12. 從經營模式改變及創新著手
13. 從產品組合、專櫃組合、品牌組合優化著手	14. 從行銷、廣告、媒體報導、社群口碑、網紅行銷著手	15. 從賣場空間及裝潢著手	16. 從功能、耐用、耐操、省油、省電、除菌著手
17. 從技術升級及技術創新著手	18. 從年輕化、新產品推出著手	19. 從防止品牌老化、永保品牌年輕化著手	20. 從定位著手
21. 從制度、流程、資訊化、系統化、標準化著手	22. 從引進、培育、留住、發揮優秀人才團隊著手	23. 從開發自有品牌著手	24. 從一條龍作業整合著手

↓

- 有效的創造出更多、更大、更遠的企業價值出來！
- 成為「高值化」、「具高度競爭力」的優質企業

Unit 1-5 企業負責創造、創新價值的19個組織部門

企業在實務上，負責創造、創新更多價值的19個組織部門，大致如下：

企業負責創造、創新價值的19個組織部門

- 研發部（技術部）
- 商品企劃、開發部
- 採購部
- 製造部（工廠）
- 品管部
- 倉儲物流部
- 營業部（業務部、（門市部、（經營部）
- 行銷企劃部
- 品牌部
- 客服部
- 售後維修部
- 資訊部
- 人力資源部
- 經營企劃部
- 會員經營部
- 法務部
- 海外部
- 財務部
- 設計部

Unit 1-6 常見 12 種定價方法綜述

企業界經常使用的「定價方法」，主要有下列幾種，略做說明如下。

一、成本加成法

1. 意涵

「成本加成法」是企業實務上，最常用且最基本的定價方法。

此即製造成本＋利潤加成率＝價格

2. 加成率是多少

實務上，加成率可以分為兩種狀態：

(1)平均（一般產品）加成率：大概是五～七成之間（即50～70%之間）。

(2)特殊產品加成率：大概提升到70～200%之間，例如：歐洲名牌精品、歐洲名牌豪華車、彩妝保養品、保健食品及高科技晶片半導體產品等。

3. 舉例 1：某品牌熱水瓶

製造成本	：2,000元
＋加成率	：1,400元（加成率70%）
售價	：3,400元

⇨

售價	：3,400元
－成本	：2,000元
毛利額	：1,400元

毛利率＝1,400元／3,400元＝42%

4. 舉例 2：某品牌皮包

製造成本	：10,000元
＋加成率	：20,000元（加成率200%）
售價	：30,000元

⇨

售價	：30,000元
－成本	：10,000元
毛利額	：20,000元

毛利率＝20,000元／30,000元＝66%

5. 小結

(1)一般產品加成率：50～70%，此時毛利率：30～40%（合理毛利率）。

(2)名牌精品、保健食品、高科技產品加成率：70～200%，此時毛利率：50～70%（超高毛利率）。

6. 舉例 3：茶裏王飲料（成本加成法）

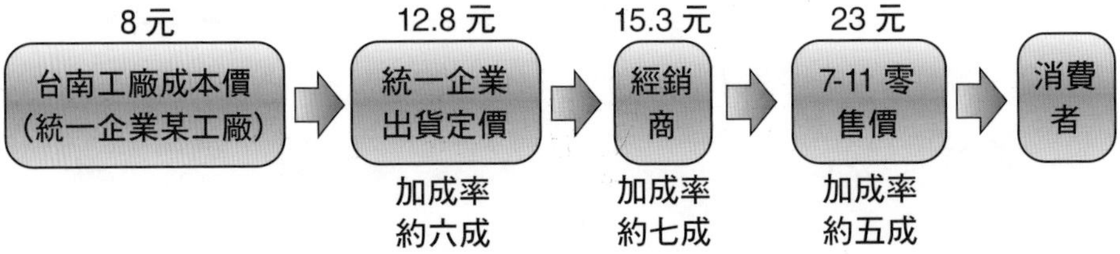

二、最終售價反推法

1. 意涵

實務上，在商場上很多運用的都是「最終售價反推法」，例如：在超商、超市、量販店等，很多日常消費品都是採此法。

此法即是廠商常跟零售商決定一個「零售價」，然後再從此零售價反推打折回去。

2. 舉例 1：統一超商賣《商業周刊》一本

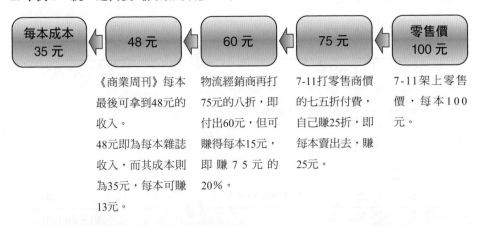

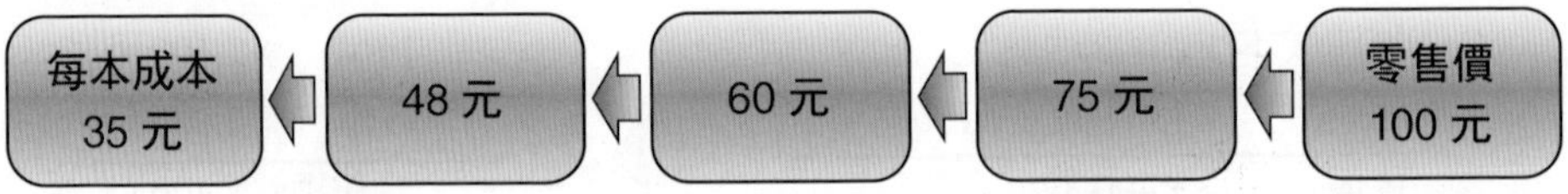

《商業周刊》每本最後可拿到48元的收入。48元即為每本雜誌收入，而其成本則為35元，每本可賺13元。

物流經銷商再打75元的八折，即付出60元，但可賺得每本15元，即賺75元的20%。

7-11打零售商價的七五折付費，自己賺25折，即每本賣出去，賺25元。

7-11架上零售價，每本100元。

3. 舉例 2：蘭蔻保養品在新光三越百貨銷售

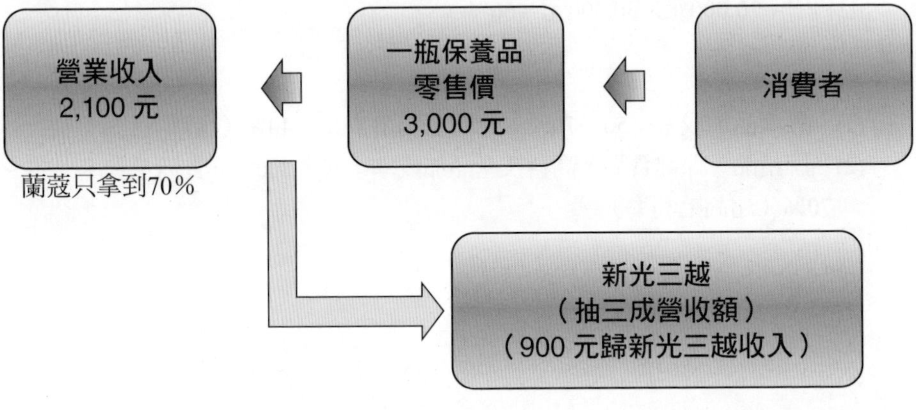

4. 舉例 3：統一瑞穗鮮奶在統一超商銷售

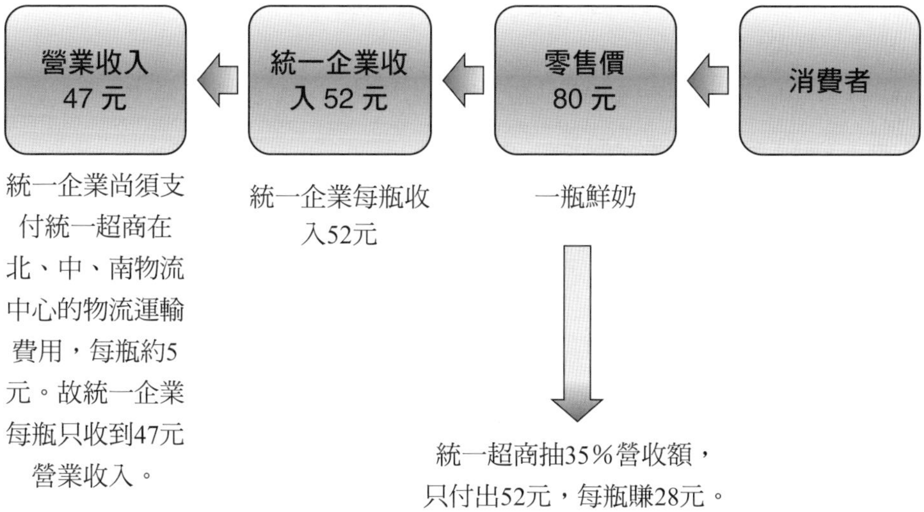
營業收入
47 元
統一企業收
入 52 元
零售價
80 元
消費者
統一企業尚須支付統一超商在北、中、南物流中心的物流運輸費用，每瓶約5元。故統一企業每瓶只收到47元營業收入。
統一企業每瓶收入52元
一瓶鮮奶
統一超商抽35%營收額，
只付出52元，每瓶賺28元。

三、威望（名牌）定價法

此即歐洲知名精品定價法，例如：LV、GUCCI、HERMÈS、CHANEL、Dior、PRADA、BURBERRY、Cartier、PP錶、ROLEX錶等，均採此定價法。

此定價法又稱為「奢侈品極高價定價法」，都是一些有錢人、名媛貴婦、大老闆、知名藝人、高所得族群才會買。

四、尾數心理定價法

現在很多零售賣場大都運用尾數心理定價法，例如：張貼99元、199元、990元等廣告招牌，吸引消費者購買。

990元的心理意義，就是此商品還沒超過1,000元，只有900多元而已，會加深消費者購買的意願。

五、差別定價法

企業實務上，也常見差別定價法的運用。下面是因為四種狀況的不同而採取不同的價格，茲說明如下。

1. 因身分不同

例如：65歲以上的老年人搭公車費用以五折優待，或是有兒童票價，也因身分不同而優惠。

2. 因地點不同

例如：

(1)飛機艙等：有頭等艙、商務艙、經濟艙不同等級的票價區分。

(2)小巨蛋展演館：有中央區、右區、左區、遠方區等地點座位的票價區分。

3. 因時間不同

例如：威秀影城白天要價250元，晚上要價300元。

4. 因產品型式不同

例如：汽車因頂級與陽春型的不同，而有不同的售價。

六、追隨第一品牌定價法

實務上，也常見日常消費品的定價，係跟隨在第一品牌售價的後面。例如：一瓶鮮奶第一品牌賣85元，後面追隨的品牌，就賣80～84元之間，減少約5～10%價格。

七、促銷定價法

現在由於外部大環境的變化，包括：通膨、漲價、低薪、利息上升、文科學生不易找到好工作、全球經濟景氣成長緩慢等不利因素下，使得廣大庶民大都重視廠商及零售業者的各項節慶／節令促銷優惠及折扣活動，有優惠才會買東西。

所以，現在下列促銷方式都廣受消費者歡迎。

1. 買一送一、買二送一
2. 全面五折、六折、八折
3. 滿千送百、滿萬送千
4. 買2件六折計算
5. 第二件五折計算
6. 好禮五選一（小家電贈品）
7. 紅利點數五倍送
8. 本週特惠價

八、產品組合定價法

此又稱搭售法，以比較低的價格去做搭售。

例如：

1. 電影院的搭售：電影票＋爆米花＋飲料＝390元。
2. 超商早餐的搭售：三明治＋飲料＝39元。
3. 麥當勞搭售：1＋1＝50元（麥香雞＋紅茶飲料＝50元）。

九、固定月費定價法

例如：

1. 有線電視費：每月490元。
2. 中華電信手機月費：每月288元、588元、888元、1,000元等不同月費等級。

十、產品生命週期定價法

隨著市場及產品生命週期的不同，而有不同定價法，包括：

1. 導入期、成長期：高價。
2. 成熟飽和期：降價。
3. 衰退期：大降價。

十一、不同等級定價法

例如：

1. iPhone14手機有二種等級：
   (1) 最高：iPhone14 Pro Max：3～4萬元。
   (2) 一般：iPhone14：2～2.5萬
2. 三星手機等級有二種等級：
   (1) S系列（較高售價）。
   (2) A系列（較平價）。

十二、套餐定價法

在餐廳較常見到個別點及套餐定價法二種，套餐價格通常會比個別點來得便宜一些。

例如：西式套餐有主餐＋麵包＋湯類＋沙拉＋飲料等組成一個價格。

產品生命週期定價法

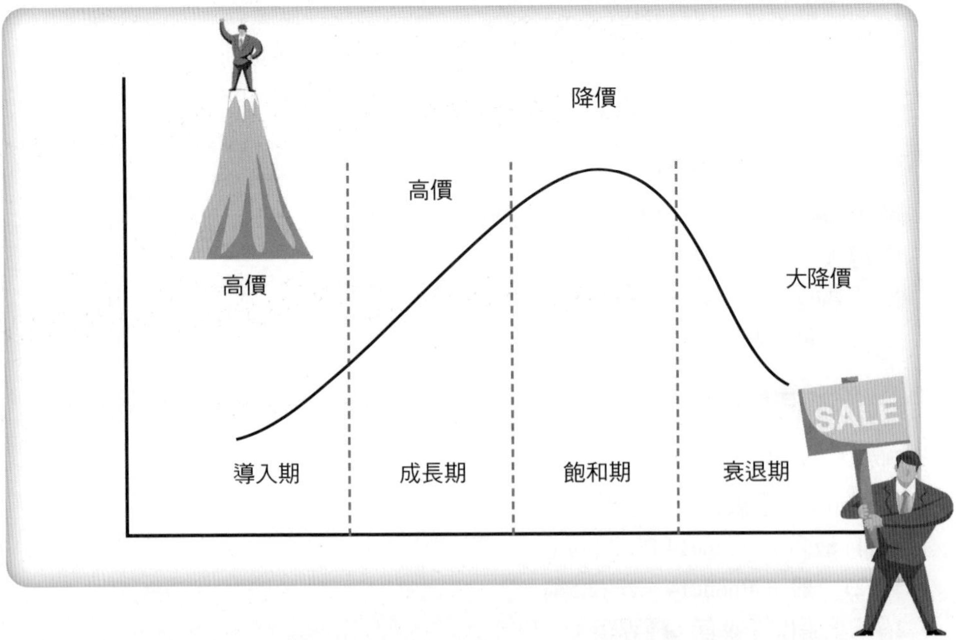

常見12種定價方法

1. 成本加成法（最常用）
2. 最終售價反推法
3. 威望（名牌）定價法
4. 尾數心理定價法
5. 差別定價法
6. 追隨第一品牌定價法
7. 促銷定價法
8. 產品組合定價法
9. 固定月費定價法
10. 產品生命週期定價法
11. 不同等級定價法
12. 套餐定價法

Unit 1-7 定價策略與擴張市場關係：兼具高、中、低三種多元化／多樣化的定價策略

定價策略的靈活運用及多元化／多樣化運用，對擴張市場及增加營收與獲利，有密切關係，如下說明：

一、多元化／多樣化定價成功案例

1. 和泰汽車（台灣第一大汽車銷售，市占率33%）

(1) 高價車：LEXUS（每輛180～300萬元以上）。

(2) 中價車：Cross、CAMRY、休旅車（120～180萬元）。

(3) 平價車：ALTIS、VIOS、YARIS、SIENTA、TOWN ACE（60以下～120萬元）。

2. 王品餐飲集團（全台第一大餐飲）

(1) 高價：王品牛排、夏慕尼（每客1,500～2,500元）。

(2) 中價：陶板屋、西堤、聚火鍋、和牛涮（每客500～600元）。

(3) 平價：石二鍋、hot7、品田牧場（每客200～300元）。

3. 饗賓餐飲集團

(1) 高價吃到飽自助餐廳：旭集、饗饗（每人1,500～1,900元）。

(2) 中價吃到飽自助餐廳：饗食天堂（每人800～1,000元）。

4. 雄獅旅遊集團

(1) 高價團：20～80萬元／單人。 (2)中價團：6～15萬元。

(3) 平價團：4～6萬元。

5. 華航航空

(1) 中高價：中華航空（全球各航線）。

(2) 平價：台灣虎航為中華航空轉投資，以東北亞日本／韓國及東南亞為主線。

6. 晶華大飯店集團

(1) 高價：晶華、晶英五星級大飯店。 (2)平價：捷絲旅（一般旅店）。

7. 五月花衛生紙（永豐實業）

(1) 高價：五月花厚磅衛生紙、五月花極上衛生紙。 (2)平價：五月花衛生紙。

8. 三星手機

(1) 高價：S系列、Note系列。 (2)平價：A系列。

9. 統一鮮奶

(1) 平價：瑞穗鮮奶。 (2)高價：Dr. Milk。

10. 台積電

(1) 高價晶片：5奈米、3奈米、2奈米先進製程晶片。

(2) 中價晶片：20奈米、15奈米、10奈米成熟製程晶片。

11. 威秀影城

(1) 高價：豪華廳400～500元。 (2)中價：一般廳250～300元。

二、多元化、多樣化定價模式與策略的五大好處及功用

企業採取多元化、多樣化定價模式及策略，已被證實具有下列五大好處及功用：

1. 能滿足不同消費能力的區隔市場及消費族群。
2. 能有效擴張更大的市場涵蓋面及市占率。
3. 能使營收及獲利不斷成長及上升。
4. 可以有效增強企業整體市場競爭力。
5. 可以搶占更多門市店據點及零售商的陳列空間與位置。

多元化、多樣化定價策略的成功案例

和泰汽車	五月花衛生紙
王品餐飲集團	三星手機
饗賓自助餐廳	統一鮮奶
雄獅旅遊	台積電
華航航空	威秀影城
晶華大飯店	築間餐飲

多元化、多樣化定價的五大好處及功用

1. 能滿足不同消費能力的區隔市場及消費族群

2. 能有效擴張更大的市場涵蓋面及市占率

3. 能使營收及獲利不斷成長及上升

4. 可以有效增強企業整體市場競爭力

5. 可以搶占更多門市店據點及零售商的陳列空間與位置

Unit 1-8 通膨環境下的漲價抉擇分析

在2022～2023年，全球各國都面臨明顯的通膨與物價上漲之影響，使得對成本控制及是否漲價成為主要企業議題。茲分析如下。

一、漲價的 4 個原因

企業界及餐飲小店面臨商品漲價的原因，主要有以下4個：

1. 原物料成本上升。
2. 人工成本上升。
3. 電費成本上升。
4. 運輸物流成本上升。

二、是否漲價的 2 種抉擇

1. 要漲價

因為上述4項原因，已明顯拉高產品的製造成本，而且短期內並無明顯降回來的可能性。因此，勢必要漲價，以免獲利衰退，吃掉過去應有的獲利能力。

2. 不漲價

也有部分企業表示暫不漲價，例如：統一企業集團董事長羅智先在股東大會上即表示，統一企業旗下各產品售價仍暫不調升，盡可能公司想辦法自己吸收，而不會因漲價影響到廣大消費者。羅董事長堅持暫不漲價的原因，主要有幾個：

(1) 國外原物料的漲價，可能是短期現象（半年後可能會降回來）。

(2) 若漲價會影響到顧客的生活支出，必須慎重考慮。

(3) 若漲價也會影響到統一企業各品牌物美價廉的好印象。

三、高階人員必須思考是否漲價的因素與分析行動

企業高階人員在面對通膨下，是否應該漲價以及如何漲價，應有下列考量因素及分析行動。

1. 先觀察

企業界應先觀察市場上第一大、第二大領先品牌的動作及做法，不必急著漲價，先看看領導品牌如何應對、如何做。

2. 分析不漲價會損失多少

其次，請營業及財會單位分析若不漲價，會損失多少毛利額（率）及獲利額（率），公司是否可以承受？可以承受多少？

3. 再分析若漲價，可能會影響多少業績

再次，要分析若漲價，要漲多少？以及漲價後是否會減少業績收入？

4. 綜合比較漲價與不漲價的優缺點及影響結果

接著，綜合來看，再比較漲價與不漲價的優缺點及有利／不利的影響點；然後，將兩者的比較數據加以綜合評估及思考。

5. 最後再下決策

最後，經過一陣子市場觀察期及漲價／不漲價的利弊得失考量之後，高階人員再做出最後抉擇與決策。

面對通膨，是否漲價的分析行動5步驟

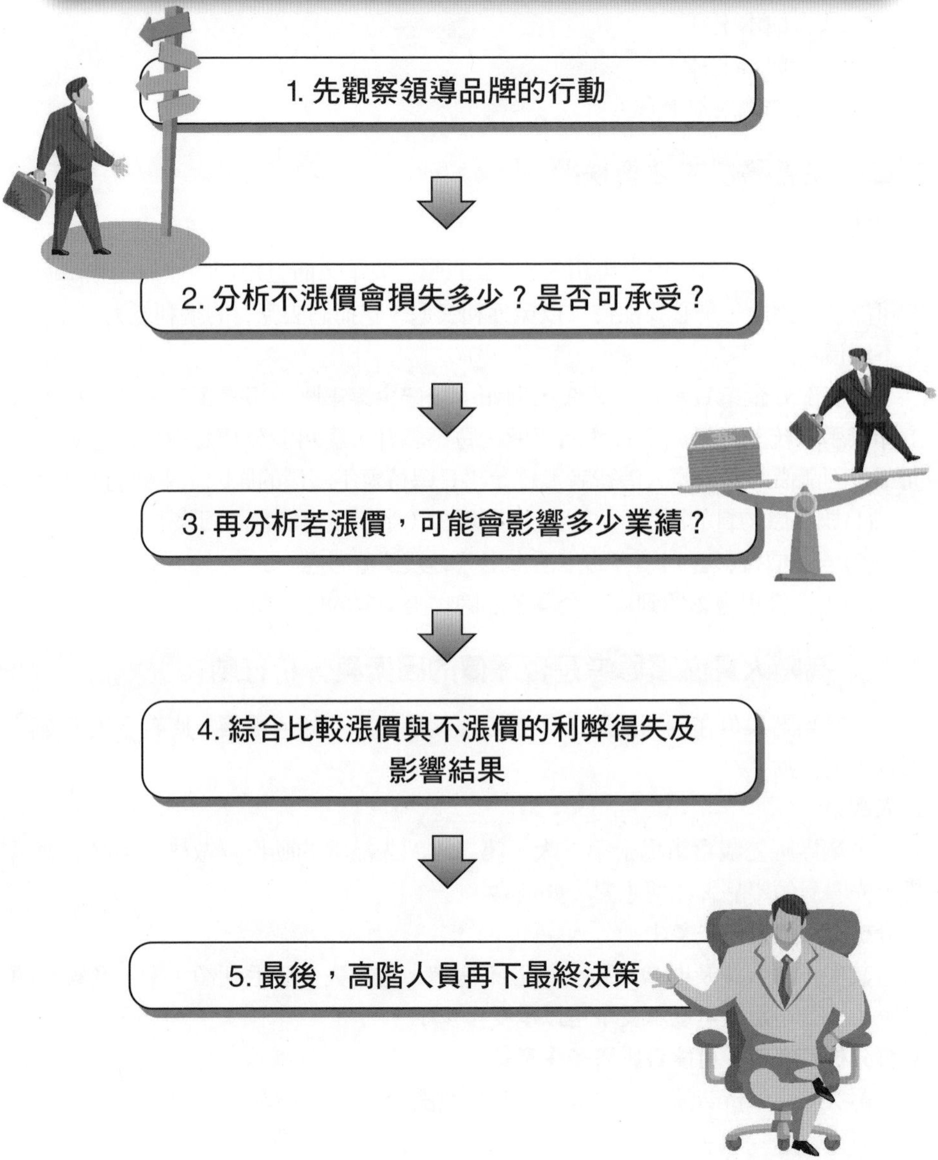

1. 先觀察領導品牌的行動
2. 分析不漲價會損失多少？是否可承受？
3. 再分析若漲價，可能會影響多少業績？
4. 綜合比較漲價與不漲價的利弊得失及影響結果
5. 最後，高階人員再下最終決策

Unit 1-9 企業面對通膨及調漲價格壓力時，可採取5個可能應對做法

企業面對全球性通膨及調漲產品價格壓力時，可採取5個可能應對做法，詳如下述。

1. 部分品項漲價

企業可採取部分品項漲價，而非全部品項漲價，以減緩市場反應不好的衝擊力道。

2. 加速推出平價新產品、新品項、新口味

企業可加速推出因應通膨的較平價、低價之新產品、新品項、新口味，以迎合廣大庶民消費者的低價產品需求。

3. 增加原有產品加值內容，然後再調漲價格

企業可考量增加既有產品的加值、升級內容，然後再名正言順調漲價格。

4. 適度減少原有產品包裝容量，以降低成本

面對通膨，企業可以考量減少原有產品的包裝容量、成分容量或成分等級，以適度降低成本支出，而不必一定要調漲價格。

5. 可調漲部分百分比，另外部分則自我吸收

此外，企業面對通膨，也可以不必百分之百反映原物料或成本上升，而做部分百分比漲價，另外部分百分比由公司自行吸收，以降低漲價的不利可能性發生，即業績可能下降。

企業面對通膨及調漲價格壓力時，可採取5個可能應對做法

1. 採取部分品項漲價

2. 加速推出平價／低價新產品、新品項、新口味，以迎合庶民品需求

3. 增加原有產品加值內容，然後再調漲價格

4. 適度減少原有產品包裝容量，以降低成本

5. 可調漲部分百分比，另外部分則由公司自我吸收

↓

有效應對通膨及調漲售價的壓力

Unit 1-10 面對調漲價格確定後，企業應採取哪些作為？

實務上，企業在確定調漲價格決策之後，應該要注意做好下列9件事情，如下簡述：

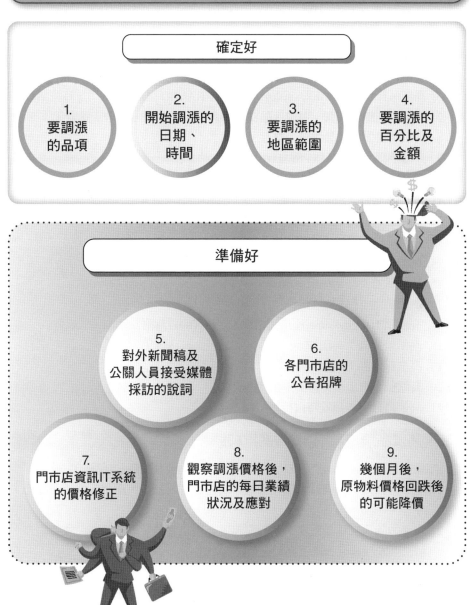

企業應做好9件事，以面對調漲價格

確定好

1. 要調漲的品項
2. 開始調漲的日期、時間
3. 要調漲的地區範圍
4. 要調漲的百分比及金額

準備好

5. 對外新聞稿及公關人員接受媒體採訪的說詞
6. 各門市店的公告招牌
7. 門市店資訊IT系統的價格修正
8. 觀察調漲價格後，門市店的每日業績狀況及應對
9. 幾個月後，原物料價格回跌後的可能降價

Unit 1-11 訂定高價後，仍能賣得不錯的高價品牌成功案例及十大祕訣

一、高價品牌成功的案例

茲列舉國內高價品牌仍能成功的21個案例，如下所述：

1. 高價咖啡館：星巴克。
2. 高價進口豪華車：賓士、BMW、LEXUS
3. 高價精品：LV、GUCCI、HERMÈS、Dior、CHANEL、PRADA、BURBERRY、Ferragamo。
4. 高價名牌錶：ROLEX、PP錶、Cartier、寶格麗。
5. 高價百貨公司：台北101、BELLAVITA百貨。
6. 高價保養品：LA MER、sisley、蘭蔻、CHANEL、Dior、SK-II、雅詩蘭黛。
7. 高價吃到飽自助餐：君悅、晶華、寒舍艾美、萬豪、旭集、饗饗。
8. 高價西餐廳：王品牛排、夏慕尼。
9. 高價手機：iPhone15 Pro Max。
10. 高價筆電：Apple電腦。
11. 高價電視機：Sony。
12. 高價晶片半導體：台積電5奈米／3奈米／2奈米晶片。
13. 高價手機鏡頭：大立光。
14. 高價EMBA課程：台大、政大EMBA。
15. 高價旅遊：雄獅高價旅遊團。
16. 高價航空：阿聯酋航空。
17. 高價超市：city' super超市（遠東）、SOGO百貨附設超市。
18. 高價遊樂園：美國迪士尼。
19. 高價保健品：娘家。
20. 高價私立中小學：再興中小學。
21. 高價自行車：捷安特自行車。

二、高價品牌成功的 10 個關鍵祕訣

上述這些高價品牌為何能成功營運得很好，有下列10個關鍵祕訣。

1. 產品力強大：高品質且品質穩定、功能好、設計好、耐用、好用、好看、好穿。
2. 服務力強大：尊榮服務、貼心服務、客製化服務、溫暖服務、快速服務、解決問題服務、頂級服務及感動服務。
3. 品牌力強大：知名品牌、好感品牌、信賴品牌、忠誠品牌、領導品牌。
4. 廣告宣傳力強大：各種媒體廣告曝光率大、各種新聞正面報導多、各種行銷活動多。

5. VIP會員經營力強大：頂級VIP及VVIP貴賓經營及深耕做得很到位、澈底。
6. 鎖定10%高端顧客群：在100%客群中，主鎖定5～10%的高端目標客群而專注聚焦經營。
7. 定位成功：定位明確、定位清楚、定位有特色、定位始終一致、定位做出效果。
8. 帶給顧客物質面與心理面利益點（Benefit），創造更美好生活：高價品牌在物質上及心理上，均能帶給高端客更多的利益點及好處，能為他們創造更美好的未來。
9. 推陳出新、與時俱進、保持前進：高價品牌雖歷經30年、50年、100年，但仍能持續推陳出新、保持創新，能夠與時俱進、永不落伍、永保前進、永保品牌年輕化。
10. 通路高級化經營：高價品牌都能建置他們的高級專櫃、高級專賣店、高級經銷店、高級百貨公司、高級連鎖店、高級旗艦店，塑造通路高級店感受。

高價品牌永保成功的10個關鍵祕訣

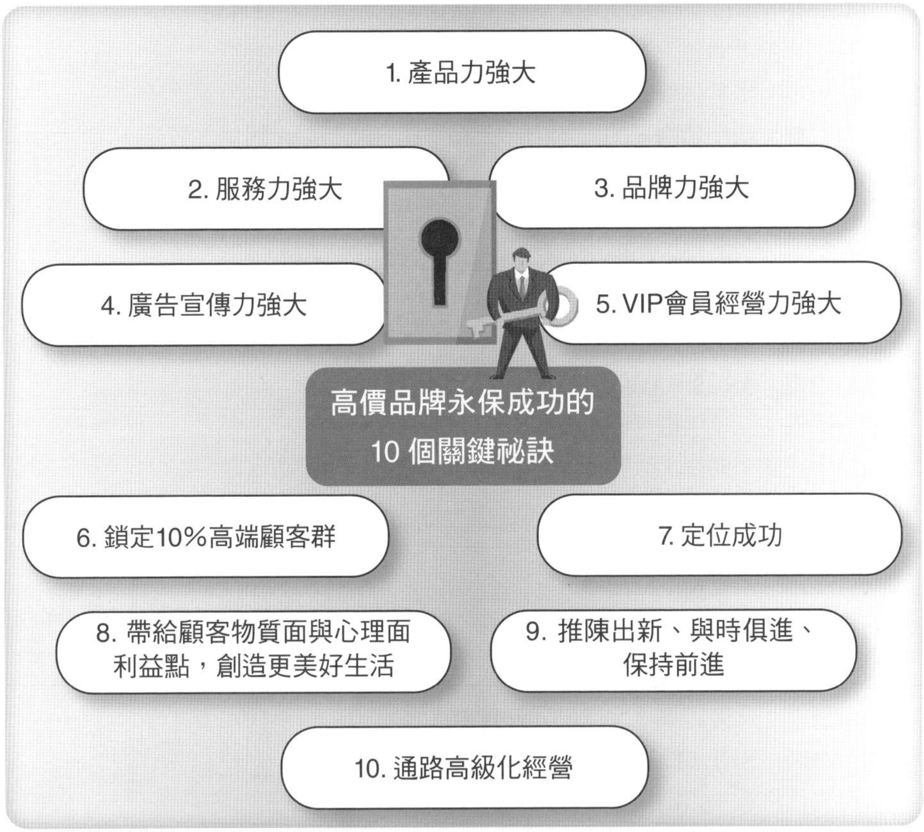
1. 產品力強大
2. 服務力強大
3. 品牌力強大
4. 廣告宣傳力強大
5. VIP會員經營力強大
高價品牌永保成功的
10 個關鍵祕訣
6. 鎖定10%高端顧客群
7. 定位成功
8. 帶給顧客物質面與心理面利益點，創造更美好生活
9. 推陳出新、與時俱進、保持前進
10. 通路高級化經營

Unit 1-12 金字塔型的 4 種定價策略及其成功七大要件

從消費者族群的金字塔型分布來看，企業可採取4種定價策略，說明如下：

1. 極高價（奢侈品）策略

例如：

(1) 歐洲名牌包包、服飾、鞋子、配飾：LV、GUCCI、HERMÈS、CHANEL、Dior、PRADA、BURBERRY、Ferragamo等。

(2) 歐洲名牌手錶、腕錶：ROLEX、PP錶（百達翡麗錶）、Cartier、寶格麗等。

(3) 歐洲豪華汽車：Benz、BMW、勞斯萊斯、瑪莎拉蒂、法拉利等。

(4) 歐洲保養品：海洋拉娜、sisley等。

2. 高價策略

例如：

(1) 保養品：蘭蔻、雅詩蘭黛、CHANEL、Dior、SK-II等。

(2) 家電品：dyson吸塵器／吹風機。

(3) 汽車：日本豐田LEXUS汽車。

(4) EMBA學位：台大EMBA及政大EMBA企管碩士在職專班。

(5) 吃到飽自助餐：君悅、晶華、萬豪、寒舍艾美自助餐廳。

(6) 各地區米其林餐廳。

(7) 餐飲：乾杯燒肉、胡同燒肉、王品牛排、夏慕尼、旭集、饗饗。

3. 中價策略

例如：

(1) 家電：Panasoni、日立、大金、夏普、象印、禾聯。

(2) 餐飲：西堤、陶板屋、瓦城泰式、聚、築間小火鍋、欣葉自助餐、饗食天堂自助餐。

(3) 筆電：ASUS、Acer。

(4) 手機：三星手機、OPPO手機。

(5) 手搖飲：50嵐、大苑子、清心福全、麻古、可不可。

4. 平價（低價）策略

例如：

(1) 手機：小米機。

(2) 家電：歌林、聲寶、大同。

(3) 咖啡：CITY CAFE（統一超商）。

(4) 餐飲：八方雲集、全聯60元熱便當、麥當勞1＋1＝50元方案。

(5) 服飾：NET、優衣庫、GU。

(6) 生活百貨：大創。

(7) 零售商：全聯、好市多（COSTCO）、家樂福。
(8) 交通：台北公車、台北捷運。
(9) 理髮：100元快剪、百元剪髮。

金字塔型的4種定價策略

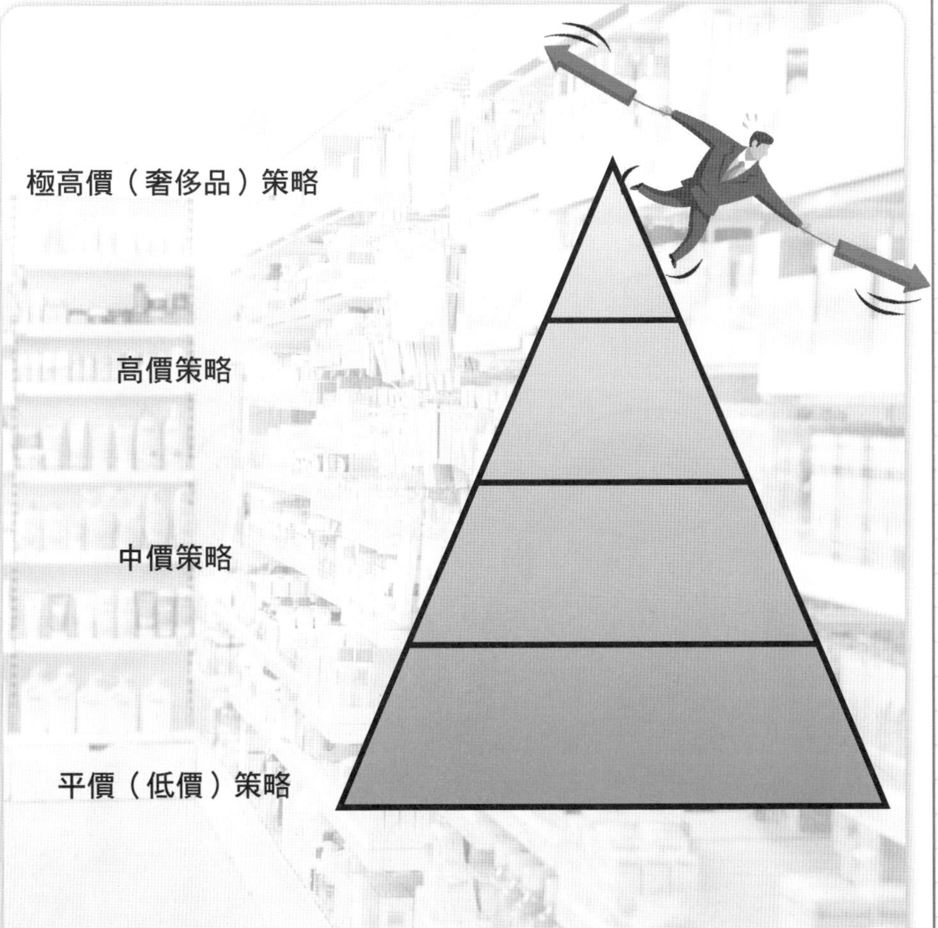

Unit 1-13 M型化時代的2種定價策略

現在已日趨M型化的消費時代，亦即有錢人會愈來愈多，沒錢的人也會愈來愈多，而中產階級卻愈來愈少。

因此，現在做生意最好朝向兩極化發展比較有市場商機。亦即：

1. 朝高端、高價、高所得市場定位及發展。
2. 或是朝低端、低價、低所得市場定位及發展。

如下圖示：

M型化消費時代的2種定價策略

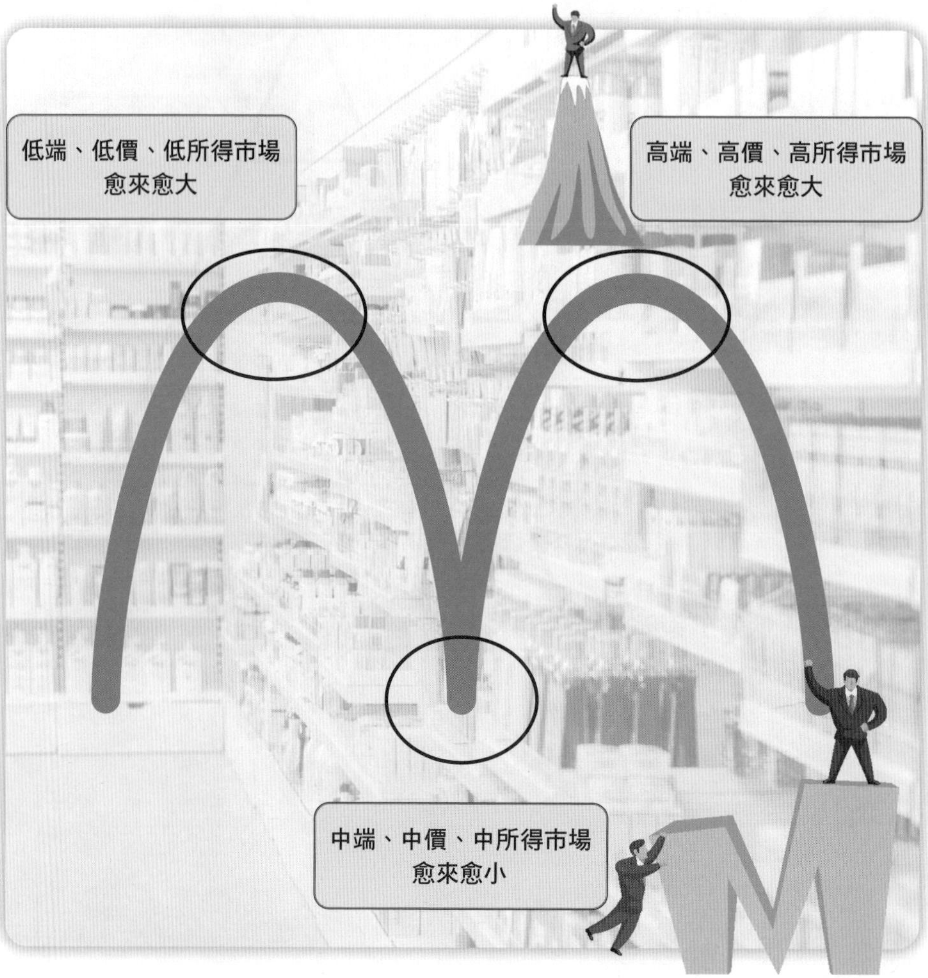

Unit 1-14 低價（平價）經營成功的案例及其關鍵祕訣

國內有很多低價（平價）經營成功的案例，雖然低價經營的獲利率比較低，但若能把營收額做大，最終的獲利額仍很可觀；何況在低薪的廣大庶民消費者愈來愈多狀況下，低價（平價）策略也是一個值得肯定的策略。

一、低價（平價）策略成功的案例

市場上低價（平價）策略的案例很多，如下所述：

1. 零售業：全聯、家樂福、好市多、momo購物網。
2. 餐飲業：石二鍋、八方雲集、麥當勞（1＋1＝50元方案）。
3. 超商：CITY CAFE（7-11）、匠吐司（全家）。
4. 日常消費品業：好來牙膏、花王洗髮精、專科洗面乳、肌研洗面乳、麗仕香皂、西雅圖咖啡、茶裏王、麥香茶飲料、統一泡麵。
5. 手機：小米機、viva手機、三星A系列。
6. 運輸業：台北捷運、台北公車。
7. 服飾業：NET、優衣庫、GU。
8. 汽車業：TOYOTA：ALTIS、SIENTA、VIOS。
9. 航空業：台灣虎航。
10. 理髮業：百元剪髮、100元快剪。
11. 雞蛋：大成蛋。
12. 報紙：《聯合報》、《中國時報》、《自由時報》（均10元）。
13. 便當：全聯熱便當（60元）。
14. 網路新聞：ETtoday、聯合新聞網、中時新聞網、TVBS新聞網、今日新聞網（均免費瀏覽）。
15. OTT TV：Netflix（200～300元）、Disney+（200～300元）、遠傳Friday、LINE TV、愛奇藝、my video、LiTV。

二、低價（平價）經營成功的七大關鍵祕訣

1. 品質：雖低價，但仍能確保產品有一定的品質及質感。
2. 鎖定低薪TA：鎖定廣大的4萬元以下月薪之400萬低薪人口。
3. 高CP值感：低價搭配不錯的產品力，會產生CP值感。
4. 與時俱進：雖低價，但仍能保持推陳出新及與時俱進。
5. 規模經濟：擴大規模經濟效益，降低成本及費用，支援低價策略。
6. 好口碑：低價仍能創造出人際間及社群好口碑。
7. 顧客：心中永遠有顧客，永遠為顧客減少支出。

Unit 1-15 廠商拉高售價，以因應各大零售商頻繁推出促銷活動，避免虧錢

現在面臨通膨、低薪、市場各品牌和各大賣場激烈競爭、少子化與老年化、全球經濟需求不振／消化庫存的環境，各種促銷優惠、折扣、抵減、特惠價頻繁出現，使得各品牌廠商不得不推高零售定價，以免自己虧損。

例如：最近出版業都盡可能拉高售價5～15%，以供應momo購物網及博客來網站對書籍頻繁推出七九折及六六折的流血折扣戰要求。

另外，全聯超市、統一超商、家樂福、屈臣氏等，也頻繁推出買一送促銷活動，等於打五折，會損及廠商毛利率及獲利率。

Unit 1-16 台灣鮮奶售價全球第二高，引起滯銷的危機分析

一、網友在社群媒體留言：鮮奶太貴、出現滯銷

最近，網路上有一則訊息引起我的興趣，大意是說：台灣鮮奶價格近幾年節節升高，高到全球第二，引起消費者不滿，紛紛在社群媒體留言，表示鮮奶太貴了，超市／超商鮮奶每天的庫存滯銷量很大，因為廣大庶民階層消費者都不買了，有些網友還表示，喝鮮奶易引起皮膚發炎等不好現象。

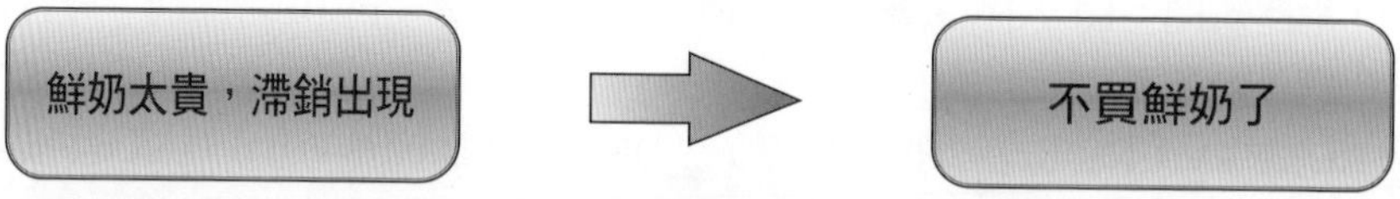

二、鮮奶滯銷原因分析及其意涵

台灣鮮奶滯銷的可能原因，如下所述：

1. 不是每天必需品

鮮奶畢竟不是人人每天的必需品，不是每天必喝的。

2. 可以有替代品

可喝豆漿、燕麥飲等，以取代鮮奶。

3. 做小市場

鮮奶若價格拉太高，會變成只剩高所得及高端有錢人才會買，等於把鮮奶市場做小了，變成小眾市場，這就不對了。

Unit 1-17 新產品、新品牌上市定價應考量的12項因素分析

企業經常會有新產品、新品牌上市，在訂多少價格上，必須考量以下12個因素，全方位去思考與分析，然後再做出最後零售價訂定多少的決策。詳如下述：

1. 考量製造成本多少

定價當然不能低於製造成本，否則就會虧錢了。另外，也要考量到未來製造成本的上升狀況，例如：原物料上漲的可能性、通膨的持續性等條件。

2. 要守住毛利率的底線

公司經營每月都必須看損益表的結果，一般行業的平均合理毛利率，大都在30～40%之間，若定價結果低於這個毛利率底線，再扣除費用率，有可能會拉低最後的平均獲利率，甚至定價太低，也有可能造成虧損、不賺錢的結果；因此，訂多少零售價或經銷價格，必須參考守住平均毛利率的底線。

3. 要考量是要具有獨特性、特色化、差異化、附加價值化、技術升級化

第3個要考量因素，即是此次新產品或新品牌，它本身是否具有以前產品或別家產品所沒有的五大條件：(1)獨特性；(2)特色化；(3)差異化；(4)附加價值化；(5)技術／功能升級化。

若有上述這些條件，那定價就可以訂高一些；否則跟別人沒有不一樣，就要訂低一些了。

4. 要考量產品／品牌定位狀況

第4個要考量的因素，是要考量到新產品、新品牌的當初「定位」狀況是在哪裡。例如：是定位在高級豪華車、是定位在庶民基層大眾、是定位在高端頂端客群、是定位在家庭客群等不同狀況時，也有不同的定價相對應才行，否則就矛盾了，與定位不一致就會出現問題。

5. 要考量公司原來的根本定價政策

例如：歐洲名牌精品、名牌豪華車、名牌手錶，歷來都是遵循100多年來的「奢侈品極高定價政策」，那麼，後面的系列性新產品，也必須跟著這種定價政策走。

6. 要考量此產品的市場需求性高不高、強不強、選擇性多不多、替代性多不多

產品定價多少？若此產品的市場需求性愈高、愈強，以及市場選擇性不多、替代性也不多；此時定價就可以高一些。例如：餐飲業、旅遊業生意很好，這些行業都可定價高一些；另外，藥局連鎖店生意也不錯，定價也可以高一些。

7. 要考量產品生命週期在哪一個階段

產品生命週期有五階段，包括：導入期、成長期、成熟飽和期、衰退期、再生期等，每個階段的定價策略都不同。例如：到了成熟飽和期時，定價可能就要拉低一些了，例如：手機，當人人都有一支手機，市場飽和時，價格自然就會降低或推出另一低價品牌。

8. 要考量主力競爭對手（品牌）的定價多少做參考

此外，產品定價也必須考量市場上主力前三大品牌的競爭對手定價作為參考。例如：若是後發品牌無特色，就很難訂出高價超越第一品牌對手。

9. 要考量新品牌的市場知名度夠不夠高

例如：像最近幾年崛起的新品牌海邊走走蛋捲、青鳥旅行蛋捲、丹尼船長爆米花等，都是新進入市場的新品牌，在市場知名度不是很高時，也不容易訂定太高售價。

10. 要考量是本土品牌或國外進口品牌

有些彩妝品、保養品、香氛品、精油、香水等，都是來自歐洲進口且在百貨公司專櫃賣的，其定價就可以高很多。

11. 要考量通路等級

若在一般超商、超市、量販店、開架式的產品，其定價就較一般；若在百貨公司、購物中心、高級專賣店、精品街等販售，其產品定價就可以較高一些。

12. 要考量公司的經營戰略是什麼

例如：中國大陸小米手機、OPPO手機剛出來時，公司就訂定全面低價的快速滲透市場策略，此時，所應對的就是一切以低價策略為方針。

新產品、新品牌上市定價應考量的12個因素

1. 製造成本
2. 守住毛利率
3. 產品定位
4. 差異化、特色、附加價值多少
5. 主力競爭對手價格
6. 公司定價政策
7. 消費者需求強度
8. 品牌知名度
9. 產品生命週期階段
10. 本土品牌或進口品牌
11. 通路等級（高級百貨公司或一般賣場）
12. 經營戰略出發點

Unit 1-18

普遍擁有較高毛利率及較高獲利率的 17 種行業

從實務來看，目前在各行各業中，普遍擁有較高毛利率及獲利率的17種行業及產品，如下圖示：

17種較高毛利率及獲利率的行業及產品

1. 歐洲名牌包包、服飾、女鞋、飾品業
2. 歐洲名牌手錶、鑽錶業
3. 歐洲豪華汽車業
4. 老年人保健品業
5. 歐洲名牌彩妝／保養品業
6. 台灣高科技技術（晶片半導體、手機鏡頭、IC設計、電動車電池等）
7. 美國社群廣告業（臉書、IG、Google、YouTube）
8. 美國／歐洲尖端癌症藥品業
9. 五星級／高價大飯店
10. 高價旅遊團業
11. 高價餐廳業
12. 國立大學EMBA碩士學位班
13. 飛機製造業（法國空中巴士及美國波音公司）
14. 汽車代理行銷業
15. 金融銀行業
16. 軍工產業（無人機、造船、造艦、造機業）
17. 電視台業（TVBS、三立、東森、民視）

Unit 1-19 國內 3 家大型零售業成功的低定價政策分析

國內成功且知名的3家大型連鎖零售業，大都採取低定價政策而受大眾肯定及歡迎，故都能成為該零售行業的第一大品牌，茲說明如下：

一、全聯超市

該公司林敏雄董事長多年前即喊出，全聯的獲利率只抓2%，2%即是紅線，不可超過2%，而能以低價產品供應給廣大庶民消費者。

如今，全聯超市全台已有將近1,200店之多，不僅價格便宜，而且方便就近購買。

二、momo 購物網

momo購物網為富邦集團旗下電商（網購）公司，已上市多年，股價超過500元之高，2023年營收超過1,100億元，為國內營收最大的電商公司，遠遠超過第2名年營收450億元的PChome公司。

momo歷來也是以低價出名，該公司的毛利率僅11%，而最高獲利率僅3%，也是一家成功的「物美價廉」優良公司。

三、台灣好市多（COSTCO）公司

來自美國的COSTCO的台灣好市多，全台14家大店，2023年營收額超過1,200億，是全台最大量販店。

該賣場遵從美國總公司政策，毛利率不得超過11%，故能以低價供應廣大消費者。

該公司是全球唯一收年會費（1,350元）的零售業公司，台灣COSTCO有300萬名會員，續約率90%以上，全年會員費淨賺300萬人×1,350元＝40億元淨利潤。

Unit 1-20 面對庶民經濟時代，國內零售業有何應對策略？

一、廣大低薪人口及庶民消費時代來臨

台灣十多年來，已進入廣泛性低薪時代，根據資料，全台每月收入在3萬元以下的低薪人口達到300萬之多，4萬元以下人口更高達400萬人之多。

面對2023年以來低薪＋通膨物價漲＋升息（利息升高）＋經濟成長率下降的四大外部大環境情況下，國內各行各業面對廣大庶民經濟時代下，應有何應對搭配及策略，詳如下述：

二、零售業面庶民經濟時代的應對措施

零售業面對數百萬、上千萬庶民經濟時代，可快速採取下列幾項應對措施與作為。

1. 加重促銷活動的次數及折扣優惠

包括：各種重大節慶、節令的「固定促銷」檔期活動，以及非節慶的「機動促銷」活動。

(1) 固定促銷（節慶／節令）

例如：週年慶、母親節、父親節、婦女節、春節、耶誕節、中秋節、端午節、情人節、中元節、元旦、元宵節、年中慶、夏日購物節、勞工節、秋日購物節、雙11節（網購）、雙12節。

(2) 機動促銷（非節慶）

每月一次或每週一次，安排各種廠商配合的機動促銷活動。

(3) 促銷的種類

目前最受歡迎、最常用的促銷種類，包括：

① 買一送一、買二送二、買十送十。
② 全面八折、全面五折。
③ 滿萬送千／折千；滿千送百／折百。
④ 買2件打五折。
⑤ 第2件五折計算。
⑥ 滿額贈，好禮五選一。
⑦ 百萬大抽獎、千萬大抽獎（第一獎送汽車、送黃金、送高級家電、送機車、送機票、送手機）。
⑧ 特惠價（原價100元，特惠價80元）。
⑨ 買大送小。
⑩ 附送贈品／免費增量。

2. 擴大設置賣場「平價／低價抗漲專區」

零售商可以擴大設置賣場內的「平價／低價抗漲專區」，並增加：(1)較實用品項；(2)較知名品牌；(3)較高價品項等，以吸引更多消費者購買拿取。

3. 儘速推出受歡迎的「超低價話題商品」

例如：全聯超市在2023年5月推出「低價熱便當」，每個才50元，食材內容還不錯，而且保持60度的熱度，有現煮現吃熱便當的感受。推出後，廣受庶民大眾、家庭主婦、年輕上班族歡迎，每天都銷售得很好，報廢率很低、很成功。

再如麥當勞2022年底推出1＋1＝50元低價組合餐，即1個麥香雞＋1杯紅茶＝50元，也頗受歡迎、頗成功。

4. 要求上游供應商推出低價（平價）品項或低價新品牌

大型連鎖零售商，可要求上游供應商因應低價時代來臨，儘速多推一些低價（平價）的品項或新品牌。

例如：茶飲料、鮮奶、3合1咖啡、米、油、啤酒、冷凍食品、奶粉、衛生紙、泡麵、罐頭、湯品、洗面乳、洗髮精、清潔劑、麥片、洋芋片、腰果、餅乾、巧克力等日常消費品，能推出低價（平價）新品項或新品牌，以配合零售賣場需求。

5. 可擴大零售商自己的自有品牌商品運作

PB產品（Private-brand）是大型零售商自有品牌的營運，可擴大它在各類商品的對外委記代工製作，以求降低中間商的流通成本，進而價低售價，達成低價銷售目標。例如：

(1) 全聯超市

「We Sweet甜點蛋糕」、「美味堂滷味／小菜／熱便當」、「阪急麵包」等三大類自有品牌營運都非常成功，並達到平價效果。

(2) 家樂福、屈臣氏、好市多、統一超商、全家超商等，在自有品牌營運方面也都很成功。

6. 加大會員紅利點數的優惠回饋

各大零售業已普遍運用會員經營制的紅利點數行銷操作，以更加鞏固會員的黏著度、忠誠度及回購率。

零售業在會員紅利點數的優惠回饋運用上，應著重在下列3點：

(1) 紅利點數加倍送（3倍、5倍、10倍送）的運用時機點，應加以擴大。例如：會員生日時、週年慶時、母親節時、春節時。

(2) 考量適度提高回饋率。目前，各種紅利積點回饋率大都在千分之三到千分之五，算是很低的，吸引誘因不足；買專櫃1,000元的商品，才獲得紅利點數回饋千分之三，即才得到折抵3元的回饋金額，實在太低了，應該想辦法拉高到回饋率1%，購買100元，即回饋1元，才有更大的吸引力。有些高端、高級行業的點數回饋率已上升到1%，零售業仍在千分之三，實在太低了。（註：全聯超市與各銀行信用卡合作，已經把點數回饋拉高到百

2%了。）

(3) 應擴大紅利點數的折抵使用範圍、使用地點及使用生態圈，以提高會員的便利性及好處。

上述這些點數經營及點數行銷的革新和改變，也會吸引到更多庶民消費者更高的好評及肯定。

7. 加強推出各種「主題商品月」的促銷活動

例如：各大零售商可依每月別，推出各品類的「主題商品月」促銷活動展示。包括：彩妝／保養品月、冷凍食品月、飲料品月、零食品月、奶粉品月、洗髮／沐浴乳品月、蔬果月、肉品月、罐頭品月、咖啡品月、啤酒品月等，以吸引更多的庶民大眾。

8. 持續展店，擴大經濟規模效益，有效降低成本及降低售價

各大零售業必須投入持續展店，才可拉高經濟規模效益，也會更有效降低進貨成本，以及更降低售價。

例如：

(1) 全聯超市25年來已展店1,200家，比當初300家時，更可以壓低進貨成本。

(2) 大樹藥局15年來已展店250家，未來目標展店到1,000家，是現在的4倍，必可產生更大經濟規模效益。

(3) 寶雅美妝生活店20年來已展店到300家，未來目標是400家，將更有經濟規模效益。

(4) 統一超商多年前在3,000家時，有人說台灣市場已飽和了，如今，2023年已高達6,700家，成長高達1倍之多，顯示出更具經濟規模效益。

9. 較小店零售業，必須持續優化店內「產品組合」及「品牌組合」，讓庶民挑選所需產品

對於像美妝店、藥局連鎖店、生活雜貨店、家電3C連鎖店、超商店業，由於每家營業面積很有限，因此，必須重視坪效提升，也就是要更重視持續性的優化、改良、強化它的「產品組合」（Portfolio Mix）及「品牌組合」（Brand Mix），以汰劣留優方式，打造出每個產品、每個品項都是好賣的。

這對庶民消費者也是很有需求的，不僅能「低價買到」，也能「買到想要的」，那就滿意度很高了。

10. 增加多元化、多樣化、特色化、改裝化、複合化的新店型營運

為迎合庶民經濟時代來臨，除了價格低、促銷活動多、品項好、品質好之外，各大零售業也必須同步注重新店型的開發及創新。

包括：

(1) 多元化／多樣化店型。

(2) 特色化店型。

(3) 改裝化店型。

(4) 複合化店型。

(5) 一站購足店型。

(6) 家庭全客層店型。

以上六大方向新店型發展，才令庶民大眾有新鮮感、創新感、滿足感。

面對外部大環境的四大不利變化

1.
低薪（3萬元月薪以下人口達300萬之多）
3.
升息（房貸、車貸、學貸、企業貸款利息上升）
庶民經濟與庶民行銷時代已來臨了！
2.
通膨（部分物價上漲）
4.
經濟成長率下降（從3%降至2%以下）

國內零售業面庶民經濟與低價（平價）時代的10個應對措施

1. 加重促銷活動的次數及折扣優惠
2. 擴大設置賣場的「平價／低價抗漲專區」
3. 推出受歡迎的「超低價話題商品」
4. 要求上游供應商推出低價（平價）品項或低價新品牌
5. 擴大零售商自有品牌商品運作
6. 加大會員紅利點數的優惠回饋
7. 加強推出各種「主題商品月」的促銷活動
8. 持續展店，擴大經濟規模效益，有效降低成本及售價
9. 持續優化較小店內的「產品組合」及「品牌組合」，讓庶民挑到想要的商品
10. 增加多元化、多樣化、特色化、改裝化、複合化的新店型營運

Unit 1-21 面對庶民經濟時代，消費品業者有何應對策略？

國內消費品業者面對庶民經濟、通膨、低薪、低價時代來臨，究竟有何應對策略？詳如下述：

1. 大力配合大型零售商的各種促銷檔期活動

在庶民經濟時代，各大超商、超市、量販店、百貨公司、美妝店連鎖、藥局連鎖、家電連鎖等，均會依照每年的各項重大節慶／節令推出大型促銷檔期活動，日常消費品公司儘量配合這些促銷活動，就可以有效拉高銷售業績。例如：週年慶、母親節、春節、中秋節、聖誕節、父親節、年中節、中元節等重要促銷檔期。

2. 推出低價（平價）新品項、新品牌、新品類

消費品公司只要在不違反公司的定位原則下，也可以考慮推出低價（平價）的新品項、新品牌、新品類，以吸引廣大的庶民大眾。例如：可以推出低價泡麵、低價鮮奶、低價3合1咖啡、低價米、低價衛生紙、低價洗髮精、低價洗碗精、低價洗衣精、低價麵包、低價鮮食便當等。

3. 增加附加價值，但仍保持原價

消費品廠商也可以加強增加產品的附加價值，使售價仍維持不動，使消費者更有高CP值、物超所值感，而增加對自家品牌的購買。

4. 代理國外低價品牌產品進來台灣賣

消費品可以考慮引進韓國、東南亞、日本較低價產品或品牌，拿到台灣市場賣，也是可以考量的方式之一，以作為與原先的國內主力中高價品牌區隔化，避免影響到國內原有品牌的定位原則。

5. 考慮節省過多廣告費投入，轉做賣場促銷活動之用，以產生更好業績效益

現在，已有不少大型品牌公司由於它們的品牌知名度、印象度很高，不需再投入過多的廣告預算，而把部分廣告費用轉為賣場促銷打折之用；反而得到對業績銷售更好的成果。

6. 加強電商平台上架運作，做好 OMO 全通路行銷

很多庶民消費者，都以年輕上班族為主力，他們習慣在電商平台訂購商品，因為比較便宜些。因此，日常消費品公司也應該盡可能上架到到大型電商平台，以求做到OMO（線上＋線下）的全通路行銷目標。

包括：最大電商平台momo購物網，以及其他的PC home、雅虎奇摩!、蝦皮、台灣樂天、博客來、東森購物網、寶雅購物網、家樂福購物網、全聯購物網等。

7. 持續降低成本及費用

日常消費品公司促銷努力持續降低製造成本及管銷費用，以求更有降低售價的空間。

8. 多運用以銷售型為目標的 KOL ／ KOC 行銷

近二、三年來，各行各業高度運用銷售型的KOL／KOC行銷，成效似乎不錯。主要在於這些KOL／KOC具有高度吸引他們的死忠追隨粉絲群，因此，以銷售為目標的(1)促購型貼文；(2)團購型貼文及短影音，以及(3)直播導購等大量出現。在庶民經濟時代，此種做法似乎算是有成效。

9. 多運用包裝式促銷手法

很多日常消費品公司，均在賣場陳列商品的包裝式促銷（On Pack-promotion）上著手。例如：(1)買大送小包裝；(2)買二送一包裝、買三送一包裝；(3)附贈容量包裝；(4)附加贈品包裝

10. 持續鞏固、加深顧客的品牌心占率

面對低價的庶民經濟時代，日常消費品公司必須努力在：(1)產品創新、開發、改良上；(2)廣告宣傳上；(3)促銷活動上；(4)優惠回饋上；(5)全通路上架上；(6)藝人代言上；(7)網紅行銷上。

力求顧客對自家品牌有更高的品牌心占率，在面臨購買決策時，能夠優先選擇自家品牌，發揮品牌心占率的好成效。

11. 高價＋低價的兩手並進策略同時使用

日常消費品公司最高的行銷手法，就是採用兩手並進策略，一方面產品朝向高值化、高價化發展，以爭取高端客群。二方面也朝向庶民化、親民化、低價化發展，以爭取基層大眾的顧客群。

能如此兩方兼顧，就可以把市場的涵蓋面做到極致，也可以分擔任何一方的可能風險。

面對庶民經濟時代，消費品業者的應對策略

1. 大力配合大型零售商的各種促銷檔期活動
2. 推出低價（平價）的新品項、新品牌、新品類
3. 增加附加價值，但仍保持原價
4. 代理國外低價品牌產品進來台灣賣
5. 考慮節省過多廣告費投入，轉做賣場促銷活動，以產生更好業績效益
6. 加強電商平台上架運作，做好 OMO 全通路行銷
7. 持續降低成本及費用，以備降價之用
8. 多運用以銷售型為目標的 KOL ／ KOC 行銷
9. 多運用賣場上的包裝式促銷手法
10. 持續鞏固、加深顧客的品牌心占率
11. 高價＋低價兩手並進策略同時使用

Unit 1-22 誰負責最後價格的訂定？

企業的產品定價，是由誰決定的？一般單位（人員）說明如下所述：

1. 會計部

提供產品的成本資料及數據。

2. 主要決定者

(1) 由「營業部」（業務部）負主要決定責任

(2) 有些消費品公司，也有可能由「品牌經理」或「產品經理」決定價格。

3. 支援決定者

由「行銷企劃部」擔任支援決定者。

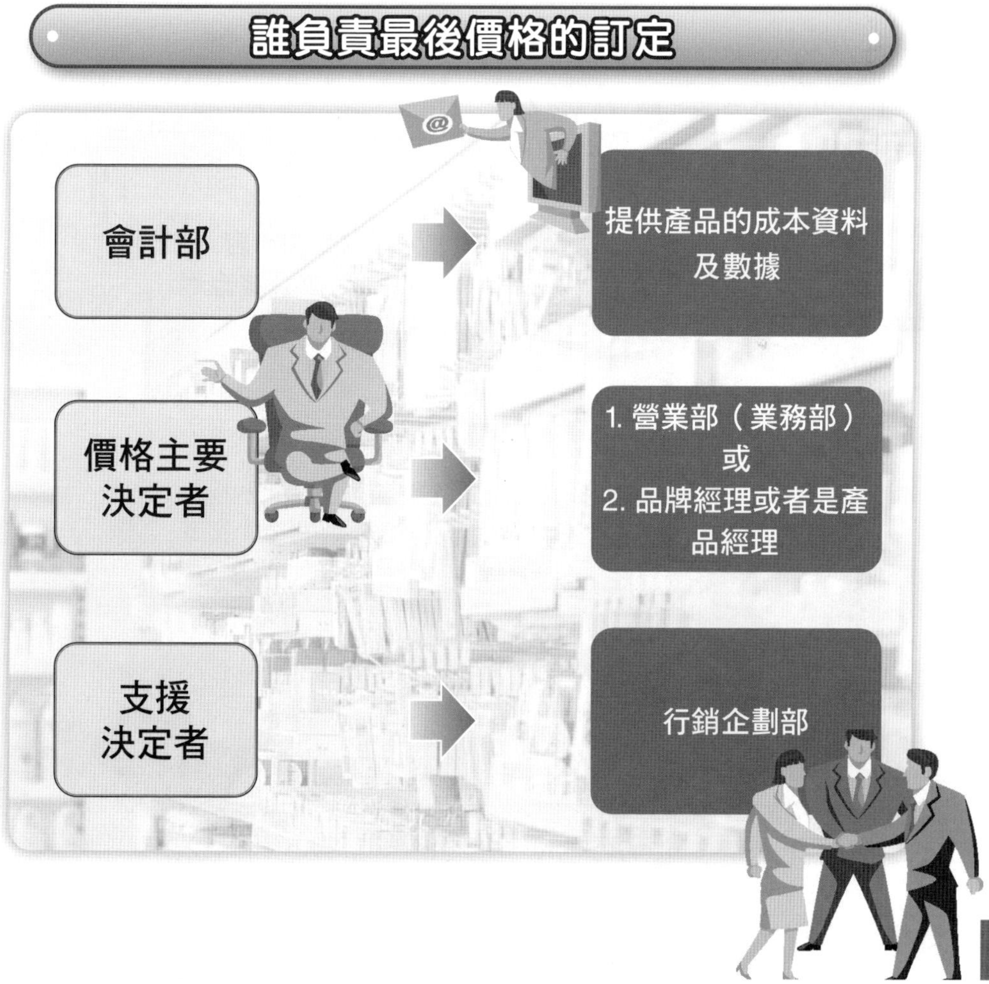

Unit 1-23 確定價格前，可能詢問的外部對象為何？

公司在確定新產品、新車型、新品牌的最終售價前，除了內部人員的討論之外，還可以詢問外部對象作為定價時的參考。

包括：

1.可詢問顧客或會員（可利用焦點座談會詢問）。

2.可詢問經銷商。

3.可詢問零售商。

4.可詢問門市店、加盟店店長或經理。

確定價格前，可能詢問的外部對象
1. 可詢問顧客或會員（可利用焦點座談會詢問）
2. 可詢問經銷商
3. 可詢問零售商
4. 可詢問門市店、加盟店店長或經理
+
公司內部組織成員（營業部、品牌經理、產品經理、行銷企劃部）
決定新產品最終售價
決定既有產品售價調整

Unit 1-24
價格競爭與非價格競爭之分析

一、價格競爭

價格競爭（Price-competition）指的就是以「降價或低價」為手段所進行的市場競爭，或是超想爭取消費者購買更多自家產品。

二、非價格競爭

非價格競爭（Non-price-competition），指的就是不以降低價格為競爭，而是採取下列5種手段：

1.用暫時的促銷打折、贈禮活動。

2.用服務升級。

3.用產品升級。

4.用大量廣告投入。

5.用附加價值提升。

三、兩種手法交叉運用的 5 種狀況及條件

這兩種方法各有優缺點，也各有不同的使用狀況，沒什麼對錯，端視以下情況而考量。

1.要看各公司的狀況／條件。

2.要看競爭對手。

3.要看外部大環境的變化。

4.要看經濟景氣與市場景氣變化。

5.要看整個產品生命週期處在哪一個階段而定。

因此，兩種手法可以視狀況、條件、環境、公司目標等，交叉變化運用，以求達成最好的成效。

價格競爭與非價格競爭

價格競爭	非價格競爭
以降價或低價手段進行市場競爭或爭取顧客。	以下列方式進行競爭： 1. 用暫時的促銷、打折、贈禮活動 2. 用服務升級 3. 用產品升級 4. 用廣告大量產生投入 5. 用附加價值提升

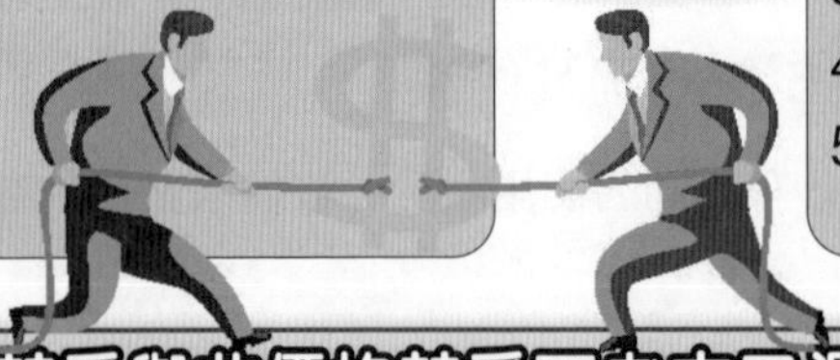

價格競爭與非價格競爭兩者交叉運用的5種狀況及條件

價格競爭　非價格競爭

兩者交叉並用，用哪一種，要看：

1. 公司狀況、條件及目標
2. 外部大環境的變化、條件
3. 主力競爭對手的變化及動作
4. 經濟景氣與市場買氣的狀況及變化
5. 整個產品生命週期變化狀況

Unit 1-25 應採取「低價策略」或「降價策略」的 18 種狀況分析

企業在實務上，也經常採取「低價策略」去搶占市場或迎合市場，如下詳述18種狀況：

1. 面對全球經濟景氣衰退時

如果面對全球及國內經濟景氣大幅衰退或長期衰退，而使市場買氣大幅下降時，各種產品及品牌有可能會紛紛降價求售，以提振市場買氣。

2. 面對產品／產業生命週期飽和或衰退期時

面對產品或整個產業進入產品生命週期的飽和期或衰退期時，相關產品的價格自然會下滑，以求基本的銷售量。

例如：桌上型電腦、液晶電視機等商品的售價就有下滑。

3. 當整個市場供過於求時

當整個市場供過於求時，廠商自然會降價求售。例如：很多農產品、蔬菜、水果等，在生產旺季時供過於求，果農、水果進口商、蔬菜生產者／運銷者，自然會降低售價。

4. 當上游原物料／零組件成本下降時，相關產品價格自然跟著下降

例如：面板上游組件成本下降時，電視機售價也會跟著降價。或是麵粉、黃豆、玉米等進口原物料降價時，相關製成品也會降低售價。

5. 產品快過期、快過季時

當產品的使用期限快過期或季節性產品快過季時，相關業者也會降低價格以求儘快出售。

例如：快過期的鮮奶、豆漿、水果、超商便當、麵包、三明治、飯糰、蛋糕、服飾、二手精品等，廠商也會視期限、產季低價賣出。

6. 推出新產品、新車型、新機型、新價值、新功能，取代舊產品時

當業者推出新款的汽車、新款的機車、新功能的手機、新附加價值的保健品、新的品牌時，可能會對舊產品及既有產品降低售價出清，或改為低價類產品。

7. 想要搶占第一品牌、第二品牌市占率時

有時候，市場上的第三大品牌想要不惜代價搶占前二大品牌的市占率時，可能也會使出大降價策略，以吸引更多消費者轉換品牌來購買自家低價商品。

8. 廠商、工廠、門市店要倒閉／關門結束營業時

少數廠商及門市店面對倒閉或想結束營業時，也會採取超低價策略及大拍賣活動，以求出清存貨換回一些現金。

9. 台灣匯率變動或升值時

當台灣匯率對美元、日幣、歐元升值時，此時從歐、日、美等國進口的轎車、名牌精品、美妝品、香氛品、原物料等，也會跟著降低進口成本，因此，廠商也可能會跟隨降低一些售價，以反映進口成本降低。

例如：台幣若從30元升值到28元時，此時進口產品如賓士車、BMW車、蘭蔻美妝品、香奈兒香水、SK-II美妝品、TOYOTA、LEXUS車、Sony家電、大金冷氣等，均應適時降價才合理。

10. 製造地轉換到越南、泰國、印度生產時

企業為降低製造成本，常會把生產據點從台灣或中國轉換到東南亞的越南及泰國，或轉換到最新發展的印度。

此時，製造成本必會下降10～30%之多，故可將台灣的售價壓低，以增強市場銷售競爭力。

11. 推出多品牌及多樣性的價格策略時

現在，很多內需型企業經常採取「多品牌」、「多樣價格」的策略，以爭取更大的市場涵蓋面；此時就有可能推出「低價品牌」、「低價產品」、「低價餐飲」等策略，以爭取低價的庶民消費者市場。

12. 投資已回收，故可降價時

有些企業在經營多年之後，此類產品當初的投資額已完全回收了，就有餘力降低價格，已延續後段的市場空間。

13. 剛上市定價太高，市場賣不動時

有些企業因為新產品剛上市時，因定價太高，市場賣不動，故經過一段時間時間後，採取降價策略，以滿足顧客要求。

例如：國內gogoro電動機車剛上市時，一部機車定價10萬元高價，結果賣得很慘，後來，不得已馬上降價到6～8萬元之內，才稍微賣得動。

14. 後發品牌必須以低價策略才能打進市場時

例如：中國的小米手機屬於後發品牌，故以低價手機為策略，想打進低價手機的顧客群市場，最後結果也還算勉強成功。

15. 為爭取「特定顧客群」而採取低價策略時

例如：國內三大電信公司為了打進老年人市場及學生市場，故以月費288元及388元策略成功打進老年人、退休族及大學生族群的區隔市場。

16. 落後品牌群採取低價策略以求生存時

例如：國內的本土家電品牌，像是歌林、大同、東元、聲寶等廠商，屬於家電市場銷售及市占率的落後群，為求生存，故採取低價策略以迎合較低收入家庭族群。而Panasoni、日立、大金、夏普、象印、虎牌、東芝、三菱等日系家電品牌，與本土的禾聯品牌，則採取高價位策略，以爭取中所得及高所得的族群市場。

17. 當具有規模經濟採購效益時，會採取低價策略

例如：國內零售業的全聯超市（1,200店）、家樂福量販店（320店）、好市多（14大店）、屈臣氏（500店）等，具有大型連鎖化的採購經濟規模能力，故能以低價策略為其定價特色。

18. 零售商推出自有品牌策略，以低價滿足庶民大眾需求

例如：全聯超市推出自有品牌商品，像美味堂的低價現做熱便當、熱小菜、以及阪急低價麵包等，均是採取低價的自有品牌策略。

企業採取「低價策略」或「降價策略」的18種狀況

1. 面對全球經濟景氣衰退時
2. 面對產品及產業生命週期飽和期及衰退期時
3. 當整個市場供過於求時
4. 當上游原物料或零組件成本下降時
5. 產品快過期、快過季時
6. 推出新產品、新車型、新機型、新價值、新功能取代舊產品時
7. 當想要搶占第一品牌市占率時
8. 當廠商、門市店要關門、結束營業時
9. 當台灣匯率大幅升值時
10. 當製造地轉換到東南亞及印度時
11. 當推出多品牌及多樣性的價格策略時
12. 當投資已完全回收時
13. 剛上市產品定價太高，市場賣不動時
14. 後發品牌必須採取低價策略才能打進市場時
15. 為爭取特定顧客群而採取低價策略時
16. 落後品牌群採取低價策略以求生存時
17. 當具有採購規模經濟效益時，可降低售價
18. 當零售商推出自有品牌策略，以低價滿足庶民大眾

SALE

可採取：
低價策略
降價策略

爭取市場空間、爭取市占率、爭取企業存活下去！

Unit 1-26 企業成功採用「高定價策略」的成功案例及其成功的關鍵七大要件

一、採取「高定價策略」的成功案例

茲列舉下列成功採取高定價策略的案例，並詳述如下：

1.dyson 家電

成功原因：

(1) 英國進口高端品牌。

(2) 產品具高技術性、獨特性、差異化及較高附加價值。

(3) 售後維修服務。

2.LV、GUCCI、HERMÈS、CHANEL、Dior 名牌包包及服飾

成功原因：

(1) 是百年全球性知名品牌。

(2) 高品質、高設計、高顏值感。

(3) 持續推陳出新、與時俱進。

(4) 全球性廣告宣傳。

(5) 鎖定高所得、高端顧客群。

3.sisley、LA MER、CHANEL、Dior、蘭蔻、雅詩蘭黛彩妝保養品

成功原因：

(1) 全球知名彩妝保養品牌。

(2) 產品功效佳，有美白、抗老、美顏效果。

(3) 能帶給顧客實質利益點。

4. 君悅、晶華、萬豪、寒舍艾美、香格里拉五星級大飯店的吃到飽自助餐

成功原因：

(1) 知名五星級大飯店場所。

(2) 菜色、飲料、甜點、水果豐富且多元，產品力強。

(3) 較高所得顧客群聚集處。

5. 其他

高價旅行團（雄獅旅行社）、高價EMBA學位（台大／政大）、高價餐廳、日系家電（Sony、Panasonic、象印、大金、日立）。

二、採取「高定價策略」品牌的七大關鍵成功要件

茲分析歸納出為何上述「高定價策略」品牌及企業能夠成功的七大關鍵要件／要素，如下所述。

1. 定位清楚、明確、成功

「高定價策略」成功的上述案例，他們都定位在金字塔頂端、高端、高所得的顧客群為主力目標及產品位置。

2. 具強大產品力

他們都具有強大的產品力，包括：高技術力、高品質、高設計、高顏值、高功效、獨特性、唯一性、差異化、不斷升級、持續加值、朝向高價化、推陳出新、與時俱進及不斷向前進步。

3. 具強大品牌力

具有全球性、全台性的品牌力及品牌資產價值、品牌信賴力、品牌心占率、品牌好感度及品牌忠誠度。

4. 具強大廣告宣傳力

具有每年大量的電視廣告、網路廣告及戶外廣告的投放；知名藝人代言以及長期媒體的正面報導，能穩固維繫他們的強大品牌形象。

5. 具強大通路力

高定價策略的品牌，都是在高級百貨公司設置專櫃、及設置高檔專賣店或經銷店等，具有高檔次的實體通路服務顧客。

6. 具強大服務力

他們都有頂級、客製化、專人祕書、貼心、親切、快速、有效率、專車接送、詳細解說、高素質服務人員等強大服務力展現。

7. 具強大貴賓級 VIP 會員營業力

凡是能成為高定價策略品牌的貴賓級「VIP會員」，都享有專屬VIP會員優惠及特別服務。

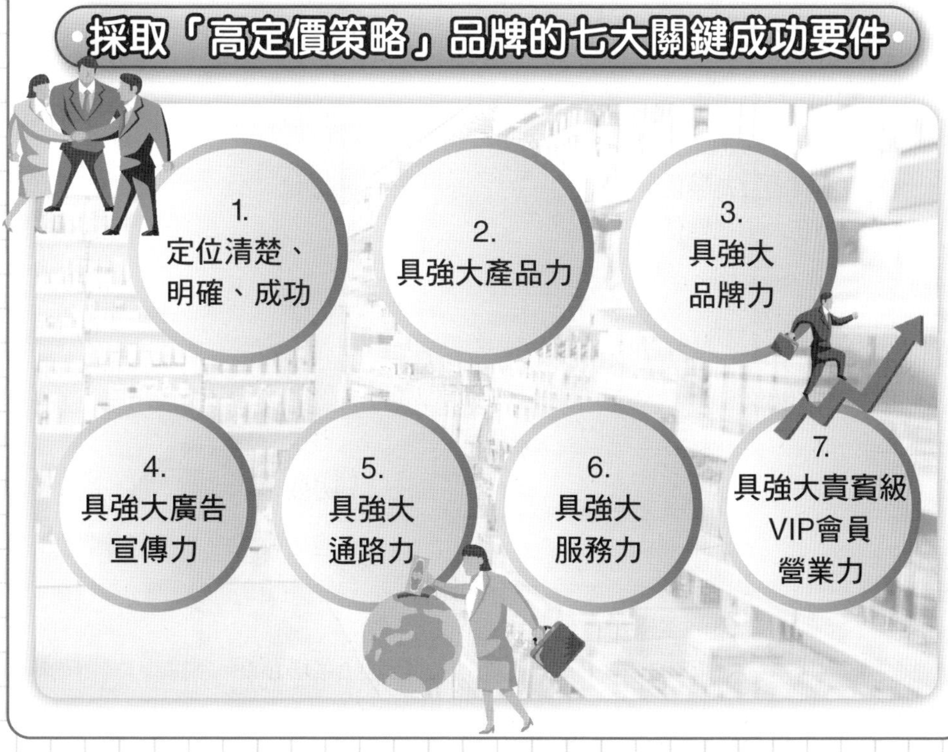
採取「高定價策略」品牌的七大關鍵成功要件
1. 定位清楚、明確、成功
2. 具強大產品力
3. 具強大品牌力
4. 具強大廣告宣傳力
5. 具強大通路力
6. 具強大服務力
7. 具強大貴賓級VIP會員營業力

Unit 1-27 企業可採行的5種不同「定價政策」

企業的「定價政策」（Price-policy）主要可區分為以下5種：

1. 採取「單一定價」政策

即是企業取單一而非多元化的定價政策，此處之單一，是指：

(1) 一直採高價位政策。

(2) 或一直採中價位政策。

(3) 或一直採低價位政策。

2. 採取「多元／多樣定價」政策

即是同一企業內，針對不同的專業別、品牌別、產品別，採取高／中／低三種並用、並進的定價政策，意圖爭取及擴展更大的市場占有率。

3. 採取「先低後高定價」政策

即指產品上市的前期，採用低價滲透市場定價，一段時間之後，再調高價格。

4. 採取「先高後低定價」政策

即指產品定價前期採高價位，後期再降低售價。

5. 採取「機動、彈性、應變定價」政策

即商品的定價經常視下列6種狀況變化而機動彈性應變加以調整。包括：

(1) 視經濟景氣變化。

(2) 視競爭對手變化。

(3) 視市場趨勢變化。

(4) 視產品生命週期變化。

(5) 視消費者行為變化。

(6) 視外在大環境變化。

企業「定價政策」常因下列6種狀況而機動彈性應變

1. 視經濟景氣變化
2. 視競爭對手變化
3. 視市場趨勢變化
4. 視產品生命週期變化
5. 視消費者行為變化
6. 視外在大環境變化

機動彈性應變公司的定價政策，才能符合市場現況，不被市場淘汰

企業可採取的5種不同「定價政策」

1. 採單一定價政策

採高價位、中價位或低價位任一種政策

2. 採取多元化、多樣化並用之定價政策

高／中／低三種定價並用政策
例如：王品餐飲集團、和泰汽車公司

3. 採先低後高的定價政策

例如：OPPO手機最初採低價，後來轉向中價位

4. 採先高後低的定價政策

例如：三星手機最初推出 S 系列、Note 系列高價手機，後來推出 A 系列中低價手機

5. 採機動彈性應變的定價政策

視外在環境變化而機動調整

Unit 1-28 5種獲利率狀況——定價與獲利率的關係

一、企業營業運的 5 種獲利率狀況

企業營運最終的績效成果之一，就是看「獲利率」如何。

實務上，企業的獲利率高低，常和他們的行業別及品牌別有很大關係，如下所述，有5種可能的獲利率狀況。

1. 極高獲利率

(1)約在30～40%之間。

(2)例如：LV皮包、LV服飾在40%、台積電晶片在35%。

2. 高獲利率

(1)約在15～29%之間。

(2)例如：高科技公司大立光、聯發科等，以及大型金控銀行等。

3. 中高獲利率

(1)約在10～14%之間。

(2)例如：具有技術性的傳統產業及汽車產業。

4. 中低獲利率

(1)約在6～9%之間。

(2)例如：一般日常消費品行業、食品飲料業等。

5. 低獲利率

(1)約在2～5%之間。

(2)例如：零售業、百貨業、網購業。

二、定價高低與獲利率高低，具有密切相關性

1.定價極高，獲利率就極高。

2.定價中等，獲利率就中等。

3.定價低，獲利率就偏低。

企業獲利率水準的5種狀況

中低獲利率	高獲利率	極高獲利率	中高獲利率	低獲利率
1. 約在 6～9% 之間 2. 例如：一般日常消費品行業、食品飲料業等	1. 約在 15～29%之間 2. 例如：高科技公司大立光、聯發科等；以及大型金控銀行業	1. 約在 30～40%之間 2. 例如：LV 皮包、LV 服飾在 40%；台積電晶片在 35%	1. 約在 10～14%之間 2. 例如：具有技術性的傳銷產業及汽車產業	1. 約在 2～5% 之間 2. 例如：零售業、百貨業及網購業

定價高低與獲利率高低，具有密切相關性

定價極高 → 獲利率就極高

定價中等 → 獲利率就中等

定價低 → 獲利率就偏低

企業應努力、用心：
提高定價能力！
創造價值，拉高定價！

Unit 1-29 廠商因應通膨調漲價格幅度的 2 種方法評估

一、因通膨而調漲的行業

2022年～2023年之間，全球因烏俄戰爭、美國升息、台灣缺蛋、進口原物料上漲、電費上漲等諸多因素，而使得台灣也出現通膨及物價上漲的現象。包括：早餐業、便當業、餐飲業、食品業、麵包業、麵店、糕點業、零售業、手搖飲業、速食業等，都有物價上漲的現象。

二、因應通膨而調漲價格的 2 種方式

台灣廠商依內需市場，面對通膨也經常採取將價格調漲的狀況，主要有以下2種調幅方式：

1. 一次性（100%）調漲

亦即廠商100%反映原物料、人工、電費的成本上漲，且反映在調漲價格上。

此種做法是認為長痛不如短痛，而此種通膨已吃掉利潤，不反映也不行了。

但此做法要注意是否會影響每天的銷售額，如果持續長期業績下滑，就要有應變措施了。

2. 部分調漲＋部分自己吸收

第2種方式則是比較溫和的，採取一半反映成本的調漲，一半則由公司自行吸收。此做法的目的，在於避免一次性調漲會造成業績下滑。

廠商因通膨調漲價格幅度的2種方式

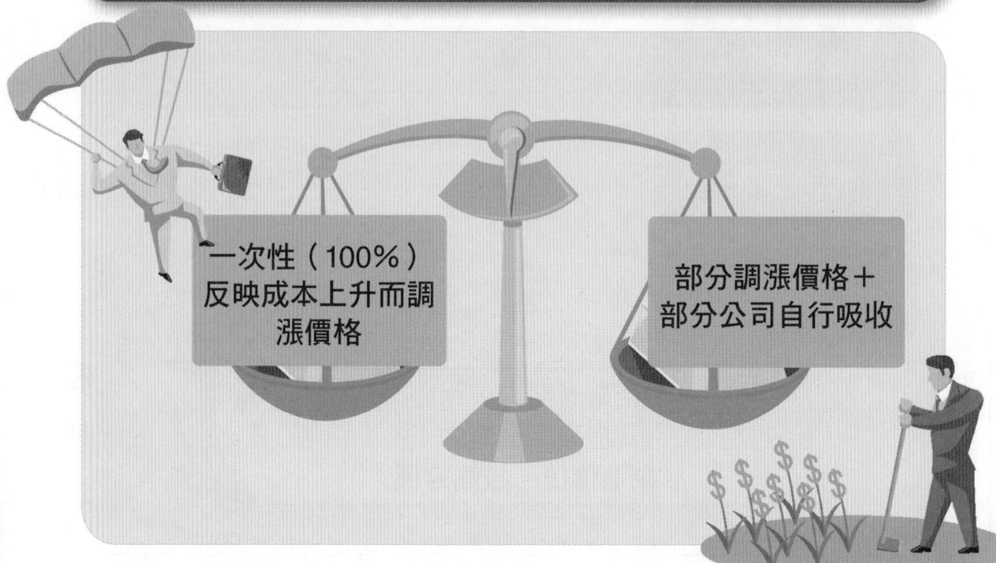
一次性（100%）反映成本上升而調漲價格
部分調漲價格＋部分公司自行吸收

Unit 1-30 廠商如何有效降低製造成本的4個方向

廠商如何才能有效降低製造成本，連帶才能降低價格，詳述如下：

1. 降低原物料、零組件採購成本

廠商可以採取下列措施，希望能夠有效降低採購成本。包括：

(1) 採購來源多元化、多樣化，多個採購渠道及採購對象。

(2) 要求主力採購對象，必須逐年、每年度的、有計劃性、有目標性的下降採購成本報價，給予供應商逐年改革、革新、降低原物料及零組件報價。

(3) 評估調換價格更低，但效能一樣的最先進、最新型原物料及零組件。

2. 購進最新型、最自動化、最智能化、最高效能的先進製造設備，以降低勞力及製造成本

第2點，廠商必須從製造機器設備面向思考，如何加快引進、購進最自動化、最先進、最AI智能化、最高效能的生產製造機器設備，以大幅減少勞工用人數及降低製造流程成本。這種數千萬到數億元的最先進製造設備是必須投資的。

3. 培訓工廠勞工技能，提升勞工能力，降低品質不良率及不良成本

廠商必須不斷對工廠勞工展開教育訓練，提升其熟練度及操作技能，以降低品質不良率及不良成本；並達到全工廠都是高素質、高技能的第一線生產人員。

4. 降低擴廠取得土地成本、建商成本及勞工薪資成本

廠商若要擴廠或移廠，必須考量是否可以移往東南亞的越南及泰國或印度，以有效降低擴廠的土地成本、建商成本及勞工薪資成本。

廠商如何有效降低製造成本約4個方向
1. 有效降低原物料、零組件採購成本
2. 購進最自動化、最AI智能化、最先進製造設備，以降低勞工成本及製造成本
3. 加強培訓工廠勞工技能，提升勞工能力，降低品質不良率及不良成本
4. 降低擴廠取得土地成本、建商成本及勞工薪資成本
有效降低各方面的製造總成本，然後才能帶動產品價格的下降

Unit 1-31 廠商如何有效降低總公司營業費用（管銷費用），以帶動價格下降的六大方向

廠商如何有效降低總公司營業費用（管銷費用），可朝下述方向努力：

1.降低高階主管的人數及總薪資。
2.降低每年廣告費支出。
3.降低公關交際費支出。
4.降低幕僚人員數及總薪資。
5.降低業務人員數及總薪資。
6.降低辦公室大樓租金。

廠商降低總公司管銷費用六大方向

降低總公司管銷費用六大方向
1. 降低高階主管的人數及總薪資
2. 降低每年廣告費支出
3. 降低公關交際費支出
4. 降低幕僚人員數及總薪資
5. 降低業務人員數及總薪資
6. 降低辦公室大樓租金

Unit 1-32 新台幣匯率升值或貶值與價格的關係分析

對很多進口商或出口商而言，新台幣匯率的升值或貶值，其實與價格也有密切相關性，詳述如下：

一、對進口商

1. 升值

進口商歡迎台幣升值，因台幣升值可減少進口成本的支出，然後可降低國內的售價。例如：進口歐洲豪華車、歐洲名牌精品、日本車、美國商品等，會因台幣大幅度升值而減少進口成本支出，從而可能會降低這些歐、美、日產品在台灣的售價。

2. 貶值

反之，進口商遇到台幣大幅貶值，則會增加進口成本支出，反而會調高這些歐、美、日產品在台灣的售價。

二、對出口商

1. 貶值

出口商會大大歡迎台幣貶值，因為對國外的美元、歐元、日圓報價可以低一些，國外客戶的訂單就會下多一些給台灣出口商。

2. 升值

台灣升值太大，將會對出口廠商的外幣報價不利，因會拉高外幣報價，而使國外訂單減少。

新台幣匯率升值或貶值與價格的關係分析

對進口商

- 升值
  - 歡迎
  - 可減少進口成本支出
  - 可降低國內產品價格
- 貶值
  - 不歡迎
  - 會增加進口成本支出
  - 會拉高國內產品價格

對出口商

- 貶值
  - 歡迎
  - 可增加國外客戶下訂單
- 升值
  - 不歡迎
  - 會減少國外客戶下訂單

Unit 1-33 對不在意低價產品的中高所得族群，影響他們仍傾向購買較高價產品的六大因素分析

在實務上，仍可見到一群中高所得或極高所得的顧客，對於低價產品不想購買，他們與大眾庶民追求低價的消費行為完全不同。

主要有下列6個因素，使他們傾向購買較高定價的商品。

1. 追求好產品、高品質、優質產品，而不是低價產品就好

中高所得群的顧客，心中要的是高品質、高功效、高顏值、高效益、高耐用、高壽命的優質好產品，即使價格貴一些也不在意，在他們心目中，優質好產品等於貴一些的價格，是畫上等號的。

2. 對大品牌較有信賴、信任感

中高所得群的顧客，對知名品牌、大品牌，內心較有信賴及信任感；而這些知名大品牌的定價也會高一些。

3. 口碑因素影響

中高所得者對產品或品牌的口碑因素也很重視，他們要的是在社群媒體上及人際間親朋好友的好口碑推薦，而通常較貴一些、較優質的好產品口碑，都會吸引這群中高所得者。

4. 受不適合低價取向的產品類別影響

在中高所得群顧客心目中，有些品類他們是不放心太低價取向的。

例如：藥品、保健食品、醫美、醫學中心、名牌皮包、進口豪華車、家電、3C、高級預售屋、稀有藝術品、高價旅遊團等，都不是採低價就好，反而是採低價這群人愈不敢買、愈不會買。

5. 賣場高級感，就不可能會賣低價

第5個因素，有些百貨公司、專賣店、旗艦店、精品街、餐廳等，裝潢設施及服務人員是非常具有高級感的；在這種地方，中高所得者也不可能會買低價格產品的。

6. 想要有心理的尊榮感、榮耀感、虛榮心、高人一等感、第一流人感受

有些高所得顧客，他們要的不只是產品本身的物質面要好而已，更對心理面的虛榮心、尊榮感、高人一等有所需求，因此，願意買較高品牌商品，也不願買低價品牌商品。

對不在意低價產品的中高所得族群，影響他們仍傾向購買較高價產品的六大因素分析

1.
追求好產品、高品質、優質產品，而不是低價產品就好
2.
對大品牌較有信賴、信任感，買的是這一份信任
3.
受外界口碑因素影響
傾向購買較高價產品的六大因素分析
6.
想要有心理的尊榮感、榮耀感、虛榮心、高人一等、第一流人的感受
5.
面對賣場高級感，就不可能會賣低價
4.
受不適合低價取向的產品類別影響。有些品類是高價取向的，太低價反而不安心
傾向高價位品牌產品的購買

Unit 1-34 UNIQLO（優衣庫）、GU、NET三大品牌服飾採用低價策略都成功的五大因素分析

日系UNIQLO及GU品牌，以及本土的NET品牌，都是採用低價策略，而其在台灣服飾市場能成功經營，主要有五大因素。

1. 定位成功

這三大服飾都定位在「國民服飾」，並以年輕學生及年輕上班族為目標客群，結果獲得歡迎。如此定位，也與極高價的精品服飾做出區隔化。

2. 產品力成功

雖定位在平價策略，但這些品牌的產品品質及設計、功效都還不錯，可說保有不錯的產品力，並獲致優良好口碑。

3. 門市店成功

這3個服飾品牌的門市店都採用大坪數、大空間，店面寬敞且裝潢水平不錯，消費者有好的現場體驗及感受。

4. 廣告宣傳成功

尤其UNIQLO（優衣庫）在日本及在台灣，都把該品牌、該公司的形象及知名度宣傳得很好，產生對該品牌的好感度及信賴感。

5. 平價（低價）成功

這三大服飾均以親民的平價（低價）為策略，塑造出具有高CP值、高性價比的好感受，自然受到庶民歡迎。

UNIQLO（優衣庫）、GU、NET三大品牌服飾採用低價策略都成功的五大因素分析

1. 定位成功
- 定位在國民服飾
- 鎖定年輕學生及年輕上班族客群

2. 產品力成功
- 品質穩定
- 品質優
- 設計好

3. 門市店成功
- 坪數寬敞明亮
- 裝潢佳
- 現場體驗良好

4. 廣告宣傳成功
- 對外廣告及媒體報導成功
- 形象塑造良好

5. 平價（低價）成功
- 具高 CP 值、物超所值感
- 口碑佳

Unit 1-35 為為何統一超商、全家連鎖店數已達經濟規模化，但其店內售價普遍都不是低價的五大因素分析

一、統一超商 6,700 店，全家 4,200 店

統一超商目前已達6,700店，全家也有4,200店，照理說應該已經達到具有經濟規模效益，而能採低價策略，但事實上並沒有，便利商店的價格並非最低的。

二、統一超商：本業毛利率 33%，本業獲利率 3.5%

詳細查看上市公司統一超商的2022年度最新財報顯示，它的本業毛利率約在33%，算是一般合理的水平；而其本業獲利率也僅3.5%，算是零售商2～6%的平均範圍內。所以，其實統一超商及全家的產品價格不是低的，但是其獲利率才3.5%而已，也並不是有暴利。

三、超商獲利率不高的五大原因

茲深入分析超商業店數已達經濟規模化，但產品定價為何仍高，以及為何它的年度財報本業獲利率僅在3.5%的低百分比，包括以下5個因素：

1. 物流配送成本較高

超商業因為有鮮食類產品，故每天有「當日配」或「當日二配」，加上產品銷售流動快，必須每天補貨一次；故整體的物流配送成本是較高的。

2. 店面用人成本較高

超商業因為是24小時三班制，故用人數量（店員）及薪資成本也較高些。

3. 店租成本較高

超商業的門市店位置通常較佳，故其店租成本也會較高些。

4. 加盟主分潤較高

超商業大都是由加盟主來經營，對加盟主的分潤成本也是較高的。

5. 便利性價值成本較高

最後一個成本，超商因店數多、地點普及，故具有便利性價值的成本，也要加進來評估分析。

超商數已達經濟規模化，產品價格仍不是最低的五大原因

1. 超商物流配送成本較高

3. 超商地點好，店租成本高一些

5. 超商具有便利性，價值成本高一些

2. 超商店面24小時用人成本較高

4. 加盟主的分潤成本高一些

五大原因使得超商營運成本高一些，獲利率也較低些

統一超商及全家的毛利率、本業獲利率

統一超商（1,800 億元營收）
全家（700 億元營收）

毛利率約：33%

本業獲利率約：3.5%
並不算高

Unit 1-36 品牌廠商對零售公司的抽成百分比及相關附加費用支付分析

一、零售業的抽成百分比分析

各大零售業對上游品牌廠商都有不同的抽成百分比，大致範圍說明如下：

1. 百貨公司、超市、超商、量販店

抽成比例大約在25～35%之間，亦即每銷售1,000元，該零售業公司就要抽取250～350元的利潤，而且要支付650～750元給上游供應商。

2. 電商平台

例如：momo第一大電商公司的抽成率平均只有10～15%之間，較實體零售百貨業為低，故它能以較低價銷售產品。

momo在2022年度營收額已突破1,030億，且超越新光三越百貨的880億及SOGO百貨的480億元。

二、上游供應商的相關費用支付

除上述拆帳抽成支付外，實體零售商還會向上游供應商要求繳交下列費用：

1. 物流運輸費用（零售商在北、中、南的大型物流中心）。
2. 上架費（新產品第一次上架的費用）。
3. 週年慶行銷贊助費。
4. 冷凍櫃電費。
5. 樓層改裝、更新裝潢贊助費。
6. DM促銷商品週的印製贊助費。
7. 週年慶大本DM特別印製贊助費。
8. 賣場清潔費。
9. 與Uber Eats及foodpanda合作外送費用。
10. 其他名目費用。

上述這些費用，也都會計算到上游供應商的「管銷費用」或「產品成本」之中。

零售業的抽成百分比分析

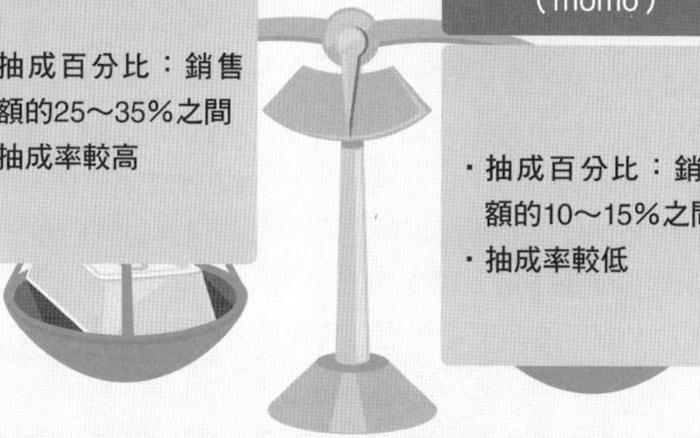

百貨公司、超市、超商、量販店

- 抽成百分比：銷售額的25～35%之間
- 抽成率較高

電商（網購）平台（momo）

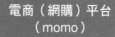

- 抽成百分比：銷售額的10～15%之間
- 抽成率較低

零售商除抽成費外，還會對上游供應商收取相關費用

1. 物流運輸費用
2. 上架費
3. 週年慶行銷贊助費
4. 冷凍櫃電費
5. 樓層改裝、更新裝潢贊助費
6. DM促銷商品週的印製贊助費
7. 週年慶大本DM特別印製贊助費
8. 賣場清潔費
9. 與Uber Eats及foodpanda合作外送費用
10. 其他名目費用

均應納入上游供貨商的產品成本或管銷費用內

Unit 1-37 為何有線電視的收視月費都不易降低？

一、有線電視一區一家具獨占市場優勢，月費下降不易

自1994年，30年前全台電視媒體開放之後，全台有線電視就蓬勃發展；但當時政府的設計是劃分全台為60區，成立60家有線電視台，即一區一家，具有該區內的獨占地位，直到2023年的現在；雖然政府已開放同區內可設立第2家有線電視，但到目前很少有新投資者，因為不太會賺錢，只有新北市成立一家「北都」有線電視，以超低價投入市場，但不易賺錢經營。

目前，有線電視每月的收視費用大約在480～500元之間，20多年來也不易降價，因為具有獨占市場的特性。但近幾年來，由於OTT串流影視的崛起，訂戶有增加，因此，有線電視台就被剪線不訂了。全台有線電視訂戶數，從最高峰的520萬戶，降到目前剩下470萬戶；但有線電視仍是全台中年人及老年人每天觀看新聞及節目的收視主力來源。長期來看，也仍會保持住470萬收視戶數。

有線電視一區一家，具獨占市場優勢，價格下降不易

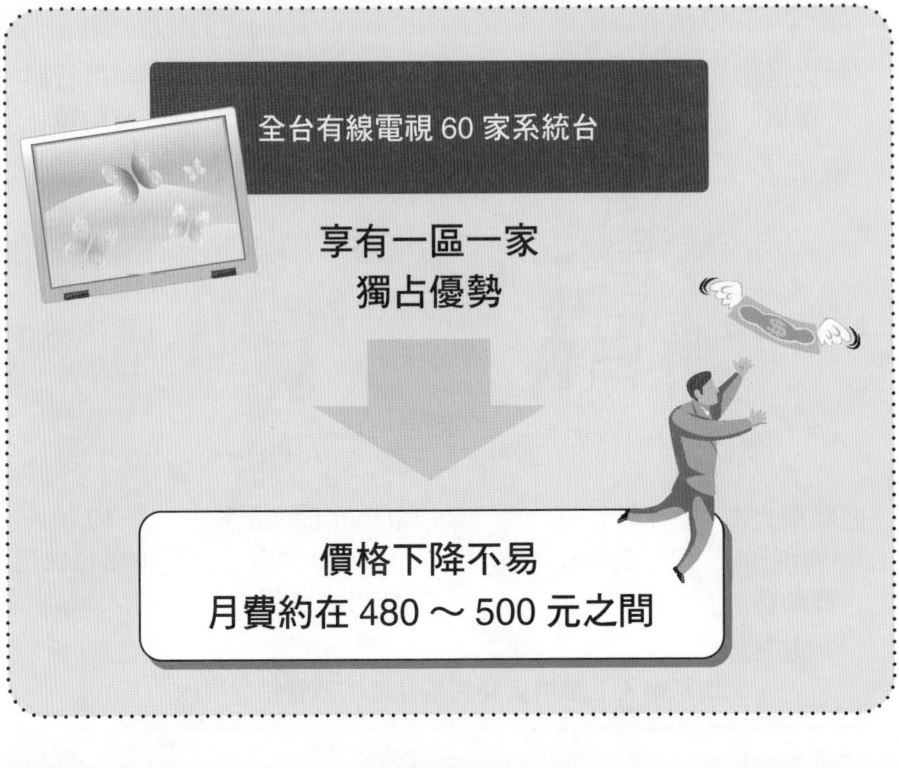
全台有線電視 60 家系統台
享有一區一家
獨占優勢
價格下降不易
月費約在 480 ～ 500 元之間

Unit 1-38

台北捷運低價收費，本業不賺錢，為何還能存活？

一、台北捷運本業不賺錢，但靠委外廣告收入來支撐

台北捷運10多年來，原價一直都算是低的，因為它具有公共運輸的大眾利益，台北市政府及北捷公司不會輕易調漲價格，因為民眾及台北市議會會反彈。

但事實上，看北捷的財報，其實北捷在本業上是每年都虧錢的；但是，北捷每年有5億元的委外廣告代理收入，並以此彌補本業虧錢部分。

北捷本業運輸是虧錢的，靠廣告收入彌補
台北捷運每年交通運輸本業是虧錢的
靠每年委外廣告代理收入 5 億元彌補本業虧損

Unit 1-39 為何百貨公司產品售價是零售業種中價格最高的五大原因分析

一、零售業中，定價最貴的

百貨公司在所有零售業中，產品售價是最高的，包括：超商、超市、量販店、購物中心、outlet、藥妝連鎖、家電連鎖、藥局連鎖等，百貨公司是最貴的。

二、百貨公司定價較高的原因

百貨公司定價較高的5個原因，分述如下：

1. 定位在高端

百貨公司普遍來說，它的原始定位本來就是在金字塔比較高端的，也是以中高所得者為目標客群，它不是以基層庶民大眾、低收入者為目標客群的。

2. 專櫃都是歐、美、日進口產品較多

百貨公司專櫃大都是從歐、美、日進口的專櫃產品及知名品牌，因此，定價本來就比較高一些。

3. 百貨大樓租金較高

有些百貨公司大樓不是自己的，而是租用的，因此，大樓租金較高，也形成一個不低的固定成本支出。即便是自建的，也要計算折舊費用。

4. 抽成比例較高

百貨公司對專櫃廠商的抽成比例，比其他零售業更高一些；有些還用「包底抽成」方式，即指專櫃廠商做不到業績目標額，但仍會用原定目標額去抽成，形成「包贏不輸」的條件，因此專櫃廠商也就得更拉高售價才行。

5. 場地裝潢較高級，也不適合用低價

最後，百貨公司的場地裝潢是較高級、高檔的，也不適合賣太低價的產品。

百貨公司採較高定價策略的5個原因

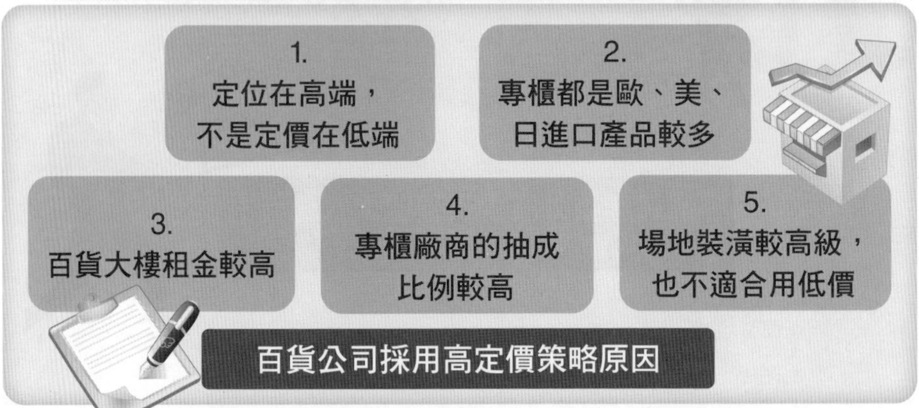

1.
定位在高端，
不是定價在低端
2.
專櫃都是歐、美、
日進口產品較多
3.
百貨大樓租金較高
4.
專櫃廠商的抽成
比例較高
5.
場地裝潢較高級，
也不適合用低價
百貨公司採用高定價策略原因

Unit 1-40 國內三大零售業（全聯、好市多、家樂福）為何可以低價銷售的五大因素分析

國內非常成功的三大零售業：全聯、好市多、家樂福，為何採取低價經營仍能成功的背後五大因素，說明如下：

1. 具經濟規模化效益，降低成本及費用

這三大零售業的年營收額，規模都已突破100億元，可說已達經濟規模化的效益出現，故能採取低價經營模式。

這種經濟規模化效益可以反映在下列成本上：

(1) 商品採購或進貨成本可以有效降低。

(2) 每趟物流運輸費用可以降低。

(3) 總公司管銷費用分攤可以降低。

(4) 廣告宣傳費用分攤可以降低。

2. 低價是老闆及公司堅持的根本政策

第2個因素是，低價經營是老闆及公司堅持的根本政策；例如：全聯林敏雄老闆堅持獲利只要2%，好市多堅持毛利率只能11%。

3. 上游供貨商在價格上的配合意願高

第3個因素是，這三大零售公司因為採購量大，所以上游供貨廠商在價格上的配合意願高，願意降一點進貨成本給零售公司。所以，零售公司能夠低價銷售。

4. 顧客回購率高，公司更穩固經營

由於低價經營，使顧客回購率高，而更使零售公司能長期穩固經營。

5. 形成良性循環

零售公司會有良性循環形成，即：低價經營→公司業績好→公司更擴大經濟規模效益→更能降低產品售價→公司生意更好。

全聯、好市多、家樂福三大零售業能低價經營成功的5個因素

1.
具經濟規模化
效益
2.
低價是老闆及
公司堅持的
根本政策
3.
上游供貨商在
價格上也願意配
合較低價供應
4.
顧客回購率高，
公司更穩固經營
5.
形成良性循環，
更加鞏固低價
經營政策

Unit 1-41 為何報紙售價才10元如此低？為何網路新聞不收費仍能賺錢？

一、為何報紙只能訂 10 元低價？

國內報紙自20年前開放有線電視經營，被即時播出的新聞台擊垮；後來出現網路即時新聞及手機LINE新聞，整個報紙的價值就被摧毀殆盡，再加上近10年來，年輕人很少人看報紙，使閱報率及訂報戶數均大幅下滑，三大報從30年前的100萬份訂報數，如今只剩下10萬、20萬份訂報數，可說非常淒慘。

接著，三大家報紙的廣告總收入，也從最高峰的120億元大幅腰斬，淪落如今只剩20億元的慘況；如今，只有大品牌、大公司才有餘力去投資三大報生產。由於報紙的價值已全然消失，多年來，只能維持10元的超低價格，仍沒能回復以往訂報戶數。當然，多年來，三大平面報紙都已紛紛轉向網路新聞經營，把兩者結合在一起，才能夠勉強經營支撐下去。

二、網路新聞目前靠廣告收入撐住，不可能向個人收費

目前，台灣流量較大的網路新聞公司，如：ETtoday、聯合新聞網、TVBS新聞網、自由新聞網等，全部都是靠網路廣告收入，而能存活下去。這也是拜近10年來，國內數位廣告快速大幅成長所賜，才能生存下去。

過去，蘋果新聞網曾嘗試向個人收取訂閱費，結果以失敗告終，此模式根本不可行；至今也沒有哪一家網路新聞敢跟個人收費。

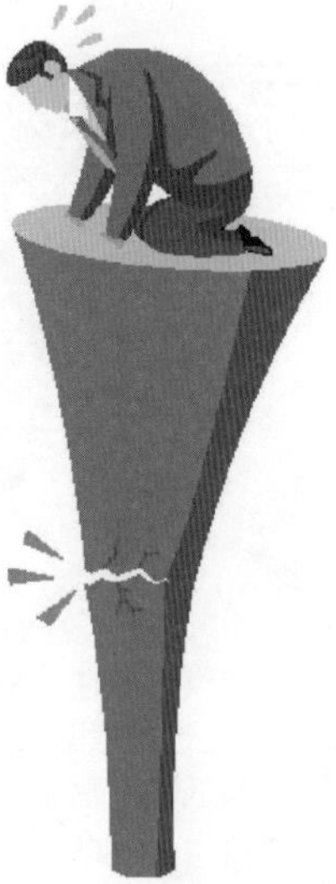

國內平面報紙閱讀率、發行、廣告收入均大幅衰退，只能以每份10元低價賣出

聯合報　中國時報　自由時報

- 閱報率大幅衰退
- 訂報戶數大幅衰退
- 廣告收入大幅衰退
- 每份報紙以10元低價出售

轉型為網路新聞才止血
報紙的廣告客戶只剩大品牌、大公司而已！

網路新聞靠網路廣告收入支撐，個人收費已不可能

網路新聞
ETtoday、聯合新聞網、中時新聞網、自由新聞網

均靠網路廣告收入支撐

個人收費已不可能

Unit 1-42 要成為百貨公司及名牌精品專賣店VIP會員年消費金額為多少？

根據實務資料，目前百貨公司或是名牌精品，要成為其「尊貴級VIP會員」，至少要達到如下年消費金額。

1. 香奈兒（CHANEL）VIP 會員

年消費金額要300萬元以上。

2. 台北 101 百貨 VIP 會員

年消費金額要101萬以上（目前每年有4,000位會員）。

3. 台北 SOGO 百貨 VIP 會員

年消費金額要30萬元以上（目前每年有3,000多位會員）。

這些尊貴的VIP貴賓級會員，都是台北市、台中市、高雄市的有錢人、大老闆、大老闆夫人、高科技公司高階主管及夫人、大公司董事／大股東、藝人、歌手、演員、名媛貴婦等。

要成為百貨公司及名牌精品專賣店
VIP會員，年消費金額為多少？
香奈兒（CHANEL）VIP 會員，年消費金額要 300 萬元以上
台北 101 百貨 VIP 會員，年消費金額要 101 萬元以上
台北 SOGO 百貨 VIP 會員，年消費金額要 30 萬元以上

Unit 1-43 為何台大及政大 EMBA（高階管理碩士在職班）能夠收取高學費（高價格）？

一、台大及政大 EMBA 班收取高學費

據資料顯示，政大EMBA班每年學費高達100萬元，乘上2年畢業，就要花費200萬元；而台大EMBA班學費更貴，每年高達150萬，乘上2年畢業，就要花費300萬元之多，學費遠比其他私立大學EMBA班要貴很多。

二、收取高學費原因

台大及政大EMBA班能收取高學費的原因，說明如下：

1. 名校光環

台大及政大這兩所大學的商學院或管理學院，本來就是國內數一數二的頂尖好學校及知名學校，大家就讀及獲得學位有榮耀感。

2. 學生有能力支付高學費

台大及政大錄取的EMBA班在職學生，都是企業界的中階及高階主管級人員，大致是經理、協理、總裁、副總經理、總經理、執行長等級的，早期也有董事長級的人去唸。而這些中、高階主管的年收入比較高，因此，也都有能力去支付這種高學費。

3. 定位問題

台大及政大EMBA班本來就是定位在企業界及各行各業中、高階主管在職進修的企管高階人員班。

台大及政大EMBA班能收取高學費的三大原因

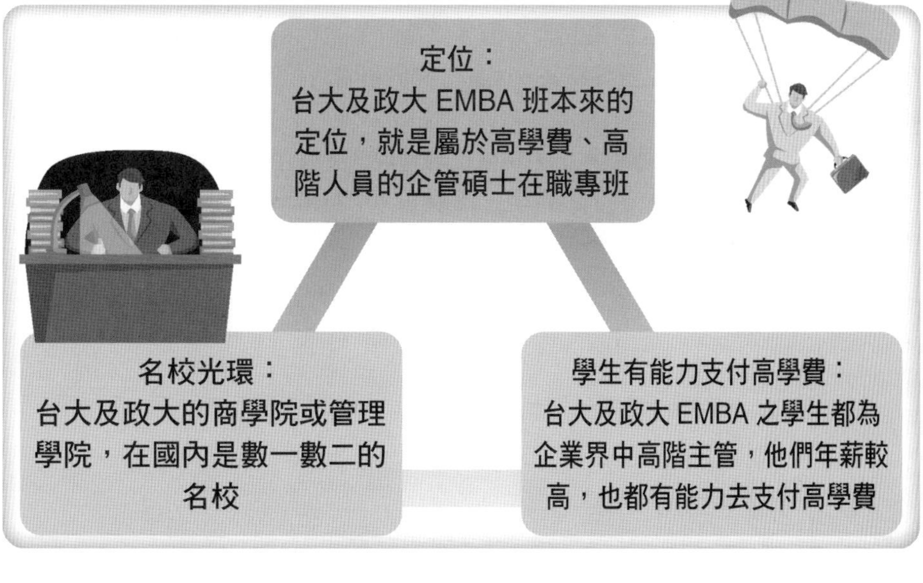

定位：
台大及政大 EMBA 班本來的定位，就是屬於高學費、高階人員的企管碩士在職專班
名校光環：
台大及政大的商學院或管理學院，在國內是數一數二的名校
學生有能力支付高學費：
台大及政大 EMBA 之學生都為企業界中高階主管，他們年薪較高，也都有能力去支付高學費

Unit 1-44 為何近年來藥局連鎖店或單店能夠快速成長的原因分析

一、國內藥局規模：已達 11,000 店，年產值 1,700 億元

根據資料統計，國內藥局成長規模已達到：

1. 全台1.1萬店，跟超商不相上下，已屬大型店種。
2. 全台年產值1,700億元之多。
3. 平均近年成長率：每年保持5～10%較高成長率。

根據資料顯示，全台近幾年來，成長率及租店率最高的2個業種是：

1. 餐飲業。
2. 藥局業。

此兩種行業現在及未來前景均相當看好。

二、藥局過去、現在及未來成長均看好的原因

不管是社區個別藥局或是較大規模連鎖藥局的過去，現在及未來，成長均被看好的原因，茲說明如下。

1. 外部大環境看好，市場有需求

全台近幾年來看有兩大趨勢，一是少子化，二是老年化／高齡化。

尤其是高齡化／老年化，使老年人（70～95歲）的人數愈來愈多，而他們對於前往社區藥局去買藥品、保健食品、母嬰產品的需求也變多了。

2. 藥局經營毛利率及獲利率均不錯

資料顯示，賣藥品、保健食品（如益生菌、維他命、葉黃素、紅麴等）及母嬰產品等，毛利率及獲利率都不錯，比其他一般日常消費品高上許多。

3. 適合個人創業

藥局此行業比較適合個人創業，很多藥劑師最後都租一個店面自己創業，其花費也不用太多，生存也較容易些。因此，到處可看到社區型的個人藥局。

4. 連鎖化經營出現

近5年來，藥局出現連鎖化、大規模化經營模式，甚至有上市櫃公司。

例如：大樹、杏一、丁丁、杏全、躍獅等，均為上市櫃公司或興櫃公司，也帶動全台藥局連鎖店的大規模飛躍成長趨勢。

近年來，為何藥局連鎖店或單店能夠快速成長的原因

外部大環境看好，老年化趨勢、市場有需求

↓

藥局經營毛利率及獲利率均不錯

↓

適合個人小規模創業

↓

連鎖化、大規模化經營出現，成為興新行業

↓

國內藥局市場大幅飛躍成長
已達 1.1 萬店；年產值 1,700 億元

Unit 1-45 為何台積電晶片能夠賣高價，而且獲利率高達 35% 之原因分析

一、台積電：毛利率達 50%，獲利率高達 35%

台積電為國內的護國神山企業，也是全球高科技晶片的第一名領導公司。

詳閱台積電的財報，其毛利率高達50%，獲利率高達35%；此均顯示台積電的晶片產品價格，一定是採取高定價策略，才會有如此高的毛利率及獲利率。

二、高毛利率及高獲利率的原因分析

台積電長期以來，每年均有很高的毛利率及高獲利率，其主要原因說明如下：

1. 尖端技術領先全球

台積電近幾年來，在先進的5奈米、3奈米、2奈米晶片，都能技術突破與升級，而領先韓國三星及美國英特爾，成為全球只有它能生產該先進晶片的技術領先。

2. 高良率，受國外客戶信賴

台積電先進晶片具有高良率、高品質特性，深受國外大客戶的信賴及認可，因此一直下單給台積電公司。

3. 尖端科技人才團隊長期不斷保持進步

第3個因素，台積電技術之所以不斷領先，就是因為它的尖端科技人才團隊能夠保持長期性的進步，這個科技人才團隊，才是台積電能夠成功領先的根本核心所在。

三、高價值→高價格→高獲利，努力創造有用的價值

從台積電公司的成功案例中，我們可以得出如下成功公式：高技術→高價值→高價格→高獲利。

台積電高毛利率及高獲利率的原因分析

1\. 尖端技術領先全球

2\. 產品高良率，受國外客戶的肯定及信賴

3\. 尖端科技人才團隊保持長期的不斷進步

毛利率：50%

獲利利率：35%

全年營收額 2 兆台幣 ×35%獲利率
＝全年獲利額 7,000 億元！

高價值、高價格、高利潤的關係

台積電
（全年獲利 7,000 億元）

↓

台積電價值鏈

↓

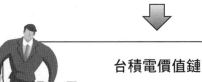

高技術 → 高價值 → 高價格 → 高利潤

Unit 1-46 為何Meta（臉書）及Google（谷歌）公司都能有不錯的高獲利率？

一、FB、IG、Google 及 YouTube，均為改變時代的偉大創新

在2006年，美國臉書公司（Meta）創造出全球唯一的社群媒體Facebook，造成全球轟動，並迅速擴大，目前全球已有28億人口在上此社群媒體，後來該公司又收購Instagram（IG），近年來，IG也快速成長，成為年輕人喜歡接觸的社群媒體。

美國另一大公司谷歌公司（Google）在16年前，也開創出全球第一個搜尋資料網站，帶來大家找資料很大的便利性；然後Google公司又開創出YouTube影音平台，帶給大家在影音上的很大便利性。

二、Meta 公司及 Google 公司都有高獲利率的原因

這10多年來，美國Meta及Google（谷歌）兩大公司都享有很高獲利率，主要原因如下。

1. 廣告收入大幅成長

Meta及Google兩大公司的90%收入都是靠廣告，10多年來，兩大網路廣告收入大幅成長，而且其成本都很低，故利潤率就很高。

2. 全球唯一被廣泛使用的社群媒體及影音平台，沒有一個競爭對手

Meta的FB及IG，以及Google的關鍵字搜尋與YT影音平台，到目前為止，仍是全球唯一被廣泛使用的社群媒體及影音平台，其競爭對手可說沒有，故其獲利率就可升高。

3. 經營成本很低且享有獨占市場地位

這種社群媒體及影音平台的成本是很低的，它不像其他製造業的產品成本很高，故享有較高的獲利率。

Meta公司及Google公司為何有高獲利率

1.
廣告收入
大幅成長
2.
經營成本
很低
3.
全球唯一被廣泛
使用的社群媒體及
影音平台，沒有
一個競爭對手
4.
享有獨占
市場地位

Unit 1-47 為何 momo 電商公司毛利率低，但仍能獲利經營？

一、momo 電商：毛利率 10%，獲利率 3.5%

根據上市櫃公司momo的財報顯示，2022年度，它的毛利率約10%，獲利率約在3.5%，毛利率雖低，但獲利率還能保持在3.5%。

二、毛利率低，仍能獲利的原因

momo公司毛利率低，但仍能獲利的原因，主要有如下兩項。

1. 年營收額很大

momo公司在2022年度的營收額高達1,000億元，乘上10%毛利率，可以得到100億元毛利額。

然後毛利額在減掉當年管銷費用65億元，還有剩下35億元的獲利額。所以，momo的年營收額早已達到經濟規模效益，已夠大了。

2. 每年管銷費用控制得還可以

momo每年管銷費用支出最大的有兩種：一是物流運輸費用；二是全體人員薪資支出。但這兩項費用管理得還算可以。

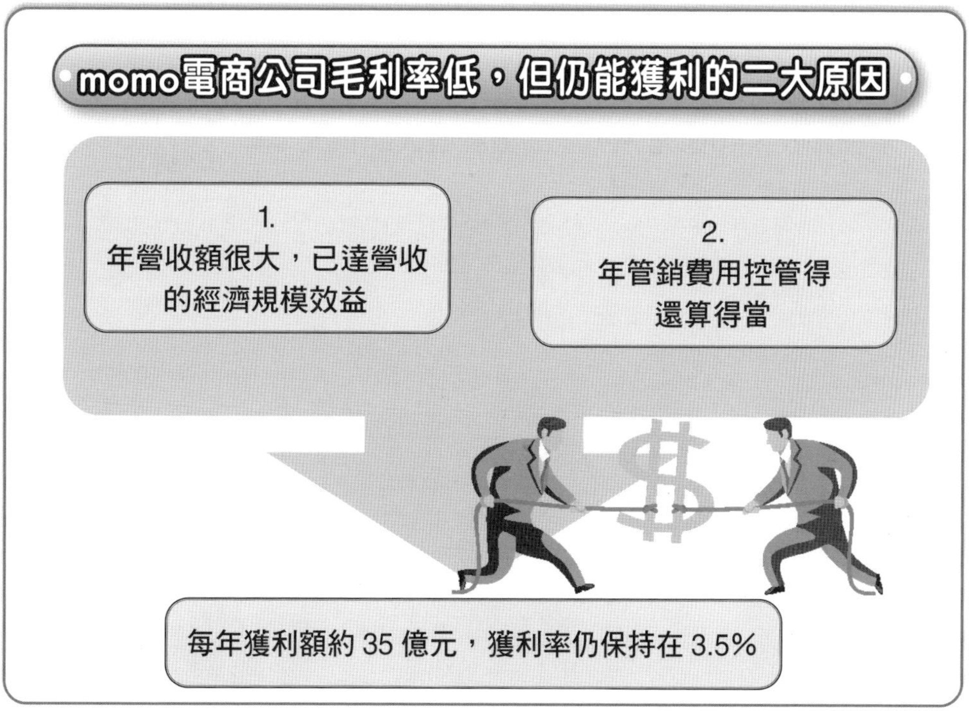

momo電商公司毛利率低，但仍能獲利的二大原因
1. 年營收額很大，已達營收的經濟規模效益
2. 年管銷費用控管得還算得當
每年獲利額約 35 億元，獲利率仍保持在 3.5%

Unit 1-48 台灣好市多（COSTCO）會員年費淨收入多少？為何其毛利率堅持在11% 低檔仍能賺錢？

一、台灣好市多（COSTCO）的會員年費收入多少？

台灣好市多2022年全台會員人數已高達300萬人之多，平均每年續約率高達90%以上。300萬會員乘上每年1,350元年費，則全年會員費淨收入達40億之多。

300 萬人 × ＄1,350 ＝ 40 億元（年費收入）

二、台灣好市多每年賣產品淨獲利多少？

台灣好市多在2022年的營收額達到1,200億元，乘上平均2%獲利率，故全年獲利額約為24億元。

1,200 億營業額 ×2%獲利率＝ 24 億元

（獲利額）

三、全年獲利：64 億元

綜上所述，台灣好市多全年獲利額達到64億元。

到2023年11月止，已有約400萬名會員，挑戰年營收目標1,500億元。

會員收入40億元 ＋ 產品獲利收入24億元 ＝ 全年獲利64億元

台灣好市多（COSTCO）全年獲利

台灣好市多（COSTCO）的會員年費收入

全台會員 300 萬人 × 年費 1,350 元

= 年費收入 40 億元

台灣好市多（COSTCO）的產品淨獲利

營業額 1,200 億元 × 獲利率 2%

= 獲利額 24 億元

台灣好市多（COSTCO）全年獲利

年費收入 40 億元 ＋ 獲利額 24 億元

= 全年獲利 64 億元

Unit 1-49 iPhone手機能夠有高獲利率之原因分析

在2006年，美國Apple蘋果公司領先全球，創新出第一支智慧型iPhone新手機，改變及貢獻了全世界與全人類。17年來，iPhone能夠持續保持高獲利，並使美國Apple公司大賺錢及市值大幅上升的六大原因，如下說明。

1. 全球首創

全球第一支領先創新的智慧型手機。

2. 定位因素

定位在高階手機，而不是低價手機。

3. 品牌效應

早已成為知名且具榮耀心理的品牌。

4. 產品力因素

iPhone手機好用、設計好、品質不錯。

5. 與時俱進、推陳出新

iPhone手機每年都改款、改良、升級，保持高價手機的條件與形象。

6. 大量果粉支持

iPhone手機地位能維持17年來不墜，大量果粉支持也是一大因素。

美國iPhone智慧型手機長保高獲利率的六大原因

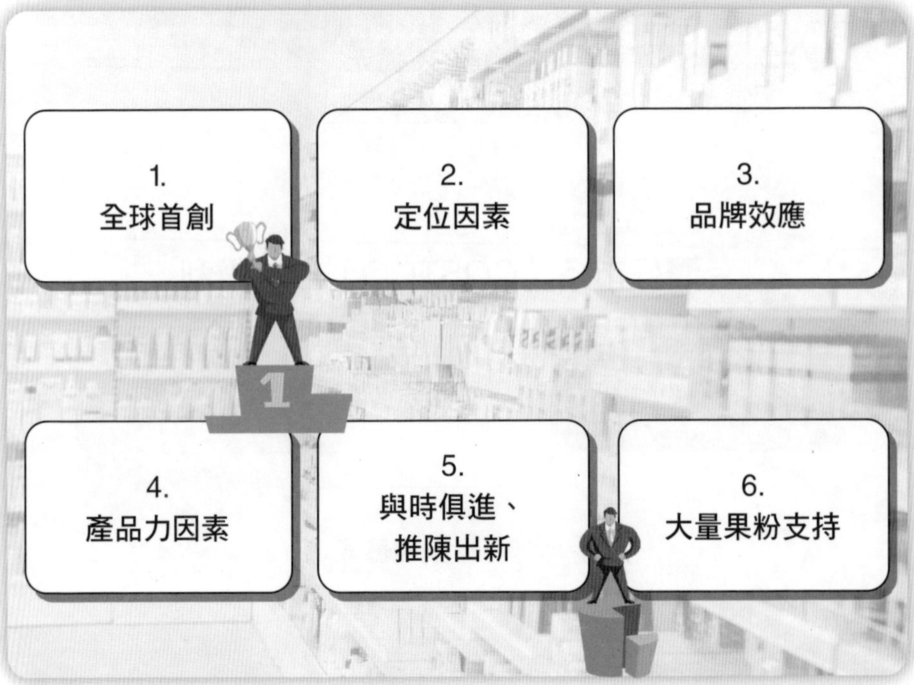

Unit 1-50 dyson：後發品牌採取高價策略仍能成功的最佳案例分析

近幾年來，來自英國進口的dyson家電吸塵器、吹風機、空氣清淨機、電暖器等，成為全台暢銷且知名的「高檔家電」，或有「家電中的LV」之稱號。

dyson在台灣家電市場中，為什麼能以後發品牌但又採取高價策略而成功呢？主要有以下6個因素，分述如下：

1. 定位因素

dyson定位在高檔家電、精品及家電，而非低價家電。

2. 來自國外品牌

dyson為來自英國的知名品牌，而非本土品牌，較有條件採取高價。

3. 產品力不錯

dyson各項家電產品的品質、設計、功能都不錯，有好口碑。

4. 售後維修服務好

dyson由台北恆隆行公司所代理，該公司建立一套良好的售後維修服務制度及人力。

5. 正面媒體報導多，宣傳做得很好

dyson獲各大電視、雜誌、報紙媒體許多正面報導，宣傳做得很好。

6. 銷售通路便利

dyson在各大百貨公司、家樂福量販店及家電連鎖店等通路均可買得到，電商網購也可方便買得到。

dyson：後發品牌採取高價策略仍能成功的六大因素分析

1. 定位因素	2. 來自國外品牌	3. 產品力不錯
4. 售後維修服務好	5. 正面媒體報導多， 宣傳做得很好	6. 銷售通路便利

Unit 1-51 電視台的「新聞台」及「綜合台」廣告收費價格較高，且是最賺錢的兩類型頻道分析

一、電視台經營有 8 種頻道

目前，國內有線電視台，主要有8種頻道類型：

1. 新聞台。
2. 綜合台。
3. 電影台。
4. 體育台。
5. 日本台。
6. 戲劇台。
7. 新知台。
8. 兒童台。

另外，還有其他不做廣告的頻道，例如：

1. 購物台。
2. 台灣唱歌台。
3. 宗教台。
4. 立法院質詢台。

二、「新聞台」及「綜合台」的廣告收費價格較高

目前，實務上因為「新聞台」及「綜合台」的收視率較高，成為兩大主力頻道類型，故其廣告收費價格也較高。

1. 新聞台：每10秒CPRP價格：5,000～7,000元之間
2. 綜合台：每10秒CPRP價格：4,000～5,000元之間
3. 其他台：每10秒CPRP價格：1,000～3,000元之間

根據上述，在目前電視台經營中，能夠賺錢的，80％主要獲利來源仍仰賴「新聞台」及「綜合台」，故此兩類頻道很重要。

「新聞台」及「綜合台」因收視率較高，故廣告收費價格也較高，成為電視台獲利主力來源的兩大類頻道

新聞台

綜合台

電視台經營獲利的八成來源，極為重要！
（例如：三立、東森、TVBS、民視、緯來、年代、福斯、八大、非凡等）

各頻道類型及其廣告收費價格

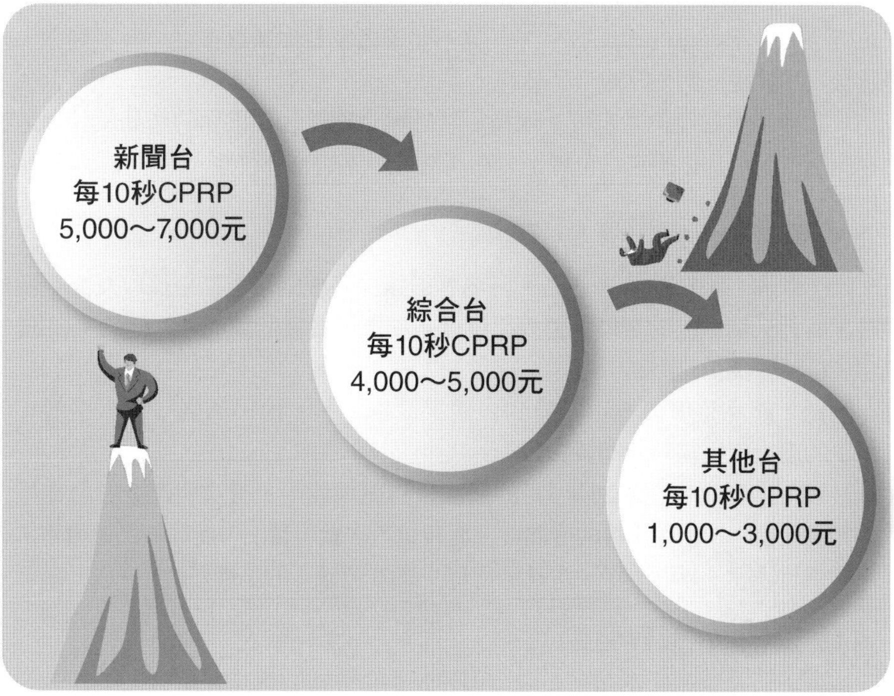

Unit 1-52 總結：面對「定價議題」，必須要有的思考點及全方位知識的 24 項重要實戰觀念

總結來說，在企業實務操作中，當你面對「定價議題」時，必須要有的思考點及全方位知識的24項重要觀念，詳如下述：

＜觀念 1 ＞定價與創造價值

1. 「定價議題」的核心，其實就是「價值」；企業全體員工必須努力創造出產品更高的附加價值，永遠朝「高值化」、「高價值」的方向勇敢邁進。
2. 有高價值，才會有高價格，有高價格，才會有高獲利，有高獲利，企業才能永續生存下去。
3. 「價值」的創造，可以從產品的技術、設計、包裝、內容成分、原物料、零組件、功效、省電、節能、耐用、好用、好吃、好穿、好看等諸多領域著手，去開創出更多、更高的「價值」。
4. 永遠要記住：要做「價值競爭」，而不要做「低價競爭」。
5. 「價值」是永遠放在第一的。

＜觀念 2 ＞定價與定位

任何產品或品牌一出來，一定要先做好「定位」（Positioning），先站好你的「位置」，設定好你的「人設」，千萬不要讓人家看你飄忽不定，抓不到你，如是那樣，那就是一個失敗的產品品牌。

「定價」也必須與「定位」保持一致性與合理性，如果你的產品或品牌是定位在高端市場，那你的定位也應是訂在高價的，才能有一致性。

＜觀念 3 ＞定價與高 CP 值感

除了歐洲名牌精品（奢侈品）、名牌鑽錶、名牌豪華車都是採取及高定價政策外，其他一切產品的定價，首要原則就是要讓消費者能感受到它們的高CP值、高CV值及高物超所值。

因此，產品定價要盡可能達到「親民價格」、「國民價格」、「平價（低價）」的廣大庶民需求及期待。

最近，全聯超市在2023年5月的通膨、漲價環境中，首次與農委會合作推出「60元熱便當」，全程保持60度熱度，而且是「現做現賣」，此種親民低價格，一推出即引起好評，賣得很好，這就是具有「高CP值感」的平價好產品。

＜觀念 4 ＞定價與促銷

最近3、4年來，為因應全球及台灣「大促銷」時代的來臨，各大零售業、百貨業、消費品業、耐久性商品業等，都在配合各種節慶、節令，推出各式各樣的

折扣、優惠、贈送、抽獎、累積點數等促銷活動，以有效吸引顧客、會員，並提振買氣，效果都很好，成為廠商們最喜歡的行銷手法。因此，定價就必須配合各種必要的節慶、節令促銷檔期活動，而做「某段期間內」必要的價格折扣、優惠價，或買一送一、買二送二、買五送一、滿千送百、滿萬送千、千萬大抽獎等行銷手法的搭配，才能創造出好業績。

＜觀念 5 ＞定價與多品牌、多樣化價格策略

現在，愈來愈多企業採用「多品牌、多樣化價格」策略，都非常成功，有效拓展出：1.更大的事業版圖；2.更多的營收及獲利成長；3.更高的市場占有率，以及4.更暢通的人員升遷管道等四大優點及好處。

這種「多品牌、多樣化價格」策略，可以含括高價位、中價位、平價位（低價位）等三種不同區隔市場的價格帶，滿足更多元化不同所得群的消費能力需求，這也是一種「以顧客為核心」的行銷實戰。

包括：王品餐飲集團、P&G（寶僑）日常消費品公司、Unilever（聯合利華）消費品公司、中華電信、饗賓餐飲集團、築間餐飲集團、統一企業集團、和泰汽車行銷代理集團等，均是成功採取此策略的公司。

＜觀念 6 ＞定價與匯率變化

定價與匯率變化也是密切相關的，尤其是有一些進口代理商或出口外銷公司，更是與此相關。例如：進口代理商對新台幣升值是歡迎、高興的，因為可以減少進口成本支出，然後就可以降低進口品的國內售價，商品就比較好賣一些。例如：從歐洲、日本、美國進口的精品包包、豪華汽車、高端彩妝保養品、香氛品、運動用品、家電品、日常消費品等，若遇到新台幣強勢升值，從30元升值到28元之時，其進口成本就減少很多。當然，當新台幣貶值時，進口商就累了，進口成本會上漲，國內售價就更高，也更不利銷售。

＜觀念 7 ＞定價與經濟規模化效益

廠商的產品定價、餐飲定價或服務業定價，其實與經濟規模化是高度相關。

例如：全聯超市、家樂福量販店、好市多量販店，為什麼他們的產品售價會比較低，因為他們具有銷售量夠大的經濟規模效益，所以，能夠拉低產品的終端售價。

像全聯超市年營收額達1,800億元，擁有1,200店規模化超市店面；家樂福年營收額達900億元，擁有320家店；好市多（COSTCO）年營收額達1,200億元，擁有14大店，300萬會員繳年費等，均是極大、極具影響力的經濟規模零售業者。再如王品餐飲集團有25個品牌及全台310店，集中採購原物料及食材，已達經濟規模化效益。因此，其肉類、海鮮食材採購成本就可以比一般單店低很多。

＜觀念 8 ＞定價與通膨漲價或不漲價

2022～2023年，全球因俄烏戰爭而導致食物類通膨，然後美國又升息打壓通膨，引起企業貸款、房屋貸款、信用貸款、車子貸款等利息成本支出增加；所以，國內企業、早餐店、餐飲業或食品業等，也相繼調漲產品售價，以求反映原物料成本上升及避免吃掉原本的些微獲利。

但是，也有堅持不漲價而自行吸收的，例如：統一企業的羅智先董事長就對外表示，統一企業的食品及飲料都不漲價，因為，他認為消費者不會接受漲價的。羅董事長表示將以3個對策來替代漲價，包括：1.優化產品組合；2.強化生產製造效率；3.撙節行銷費用。即使如此，統一企業的年營收雖然保持一些成長率，但年獲利率卻有些微下降，主因即是原物料成本上漲。

＜觀念 9 ＞定價與市場需求

定價與市場需求是密切相關的。在2022年下半年到2023年，台灣出口業連續10個月衰退，而2023年第一季台灣經濟成長率首次出現-3%（負成長）的不好現象。其原因即是全球因通膨而使美國、中國、歐洲等國的終端市場需求不振，其終端市場的庫存仍多，仍在去化中，故台灣出口訂單減少很多，致使出口總金額出現連續10個月衰退的現象。

另外，台灣最強的護國山神台積電公司在2023年3月、4月的出口額（營收額）也出現衰退，這是因為前述主要國家的終端市場需求衰退，庫存去化中，因而使得台積電的晶片出口市場也連帶受到影響。

從上述來看，顯見定價、營收額、出口接單等，也與全球終端市場的需求密切相關。

所以，只要市場需求升高，業績就會回溫，定價也可以調高一些；反之，市場需求冰凍，業績就會下降衰退，定價也可能要調降一些。

再如，近10年來，歐洲名牌皮包、服飾、名牌手錶、名牌豪華車，生意一直很好，雖早已是高定價的奢侈品，但因市場需求強勁，所以，仍不斷調升價格，在金字塔頂端的有錢人，其需求仍是很高的。

另外，在2020年時，全球高階及專用晶片短缺嚴重，而需求又很大，因此，台積電公司不斷調高價格，拉升毛利率及獲利率。

上述這些實際案例，都顯示出定價與市場需求高度密切相關。

＜觀念 10 ＞定價與創造新需求、新市場

企業經營最高階及最成功的，就是能夠「創造新需求、新市場」，下面是近10多年來，在此領域的成功實例，分述如下：

1	統一超商 CITY CAFE	目前，每年賣出3億杯，每杯45元，創造年營收135億元；這是成功創造出平價、24小時、快速完成帶走的便利喝咖啡之新需求及新市場。
2	iPhome 智慧型手機	17年前，美國Apple公司推出全球第一支iPhone智慧型手機，創造了驚人的全球新需求及新市場，也帶給Apple公司這17年來巨大的營收額及獲利額。
3	美國特斯拉 電動車	美國特斯拉公司是全球第一個率先推出電動車（非燃料車）的汽車公司，後來，大部分汽車公司也快速跟進；大家成功創造了汽車業的新需求及新市場。
4	台灣 餐飲業者	近5年來，台灣餐飲業者（如：王品、瓦城、乾杯、胡同、饗賓、漢來、欣葉、豆府等）成功開創了很多餐飲的新需求及新市場，包括：(1)小火鍋吃到飽餐飲；(2) 烤肉自助式餐飲；(3) 韓式餐飲；(4) 泰式餐飲；(5) 吃到飽自助餐飲；(6) 日式餐飲；(7) 鐵板燒餐飲。上述這些餐飲集團近年來的生意、業績、獲利都非常好，而且都成功上市櫃，真的創造了台灣新冒出來的新需求及新市場商機。
5	台灣藥局 連鎖業者	最近3年來，台灣因為老年化、高齡化、以及更注重養生和健康，因此，新冒出來藥局連鎖店業者，包括：上市櫃公司的大樹藥局、杏一藥局、丁丁藥局、佑全藥局、躍獅藥局等五大連鎖公司；它們的業績營收、連鎖店數、獲利、股價及店坪數規模等，都有很好的成長及發展；這也是硬生生開創出新需求及新市場。
6	超商賣麵包、霜淇淋、珍珠奶茶、甜點及網購貨到店取	第6個成功創造出新需求及新市場的，就是國內7-11及全家，近幾年來，成功推出在超商店內賣麵包（7-11的統一麵包、全家的匠吐司）、賣霜淇淋（全家率先）、賣自有品牌甜點（全家minimore）、賣珍珠奶茶（7-11及全家）以及網購貨到店取（7-11及全家），這些都是新創出來的業績、營收與獲利。
7	雄獅 高價旅遊團	雄獅在疫情解除後，也成功推出旅費高達20～70萬元的「高端旅遊團」，抓住一些高收入的高端客戶，成功開拓新市場、新收入。
8	台灣虎航 低價航空	由中華航空轉投資的台灣虎航低價航空，專門經營東北亞日本、韓國，以及東南亞各國的短程航線，並以低價位定價及號召，結果也成功創造出庶民上班族的座位低價航空新需求及新市場。
9	三井outlet 及LaLaport 大型購物中心	近5年來，來自日本的三井不動產集團，大幅投資在台灣的台北、新北、台中、台南及高雄等城市，興建出3個大型OUTLET（二手精品暢貨中心）及3個大型購物中心（LaLaport），成功帶動國內嶄新的零售百貨新市場及新需求。這是有別於國內的新光三越、SOGO、遠東百貨、微風百貨，專以百貨公司的創新經營模式，值得觀望成效。

10	和泰引進CROWN高價車及輕型商用車	自2022年及2023年起，國內汽車銷售市占率達33%的第一名和泰汽車公司，除了原有的TOYOTA及LEXUS系列車外，在2022年成功推出TOWN ACE低價（49萬元）、輕型商用車，市占率一下子上升到第一名；又在2023年推出來自日本的CROWN高級車（150～200萬元之間），限量進口銷售，一下子也賣完了。 這也是第一名市占率和泰汽車總代理公司，又成功地打造出新需求及新市場的極佳成功實例。
11	恆隆行代理英國dyson高價小家電	近年來，由恆隆行公司所代理的英國進口dyson高價吸塵器、吹風機、空氣清淨機等家電，也開創出國內高價家電的新需求及新市場。
12	全聯超市60元低價熱便當	全聯超市與農委會合作，推出60元低價、現煮的60度熱便當，成功打造出新需求及新市場。
13	百貨公司擴充餐飲專區	國內百貨公司曾面臨業績衰退的困境，後來大幅擴充樓上及地下樓層的餐飲專區，果然大為成功，成為現在百貨公司收入排名第一的業種。
14	台灣代駕公司	近幾年來，新冒出來而能成功經營的台灣代駕公司，專注做小眾市場，也成功打開新需求及新市場。
15	肯驛VIP禮賓公司	專門做桃園機場禮賓開車接送及信用卡友／銀行客戶貴賓級VIP客服電話服務的肯驛公司，是這方面的最大VIP禮賓服務公司，也成功打開這個小眾的新需求及新市場。
16	台灣保健食品業者	近5年來，台灣出現了很多生技、生醫公司，專做中老年人市場的保健食品，例如：魚油、葉黃素、益生菌、酵素、紅麴、維他命B群、綜合維他命等；創造出上千億元的新需求及新市場。

<觀念 11 >定價與品牌力打造

定價的高低，也與此產品的品牌力高低有密切關係。品牌力愈高、愈強，則產品定價就可以高一些；反之，品牌力愈弱、愈沒知名度、愈沒信賴度，就只能定訂低價位。

所以，任何廠商都必須努力打造好的、高的、強大的品牌力及品牌資產價值。像歐洲LV、GUCCI、CHANEL、HERMÈS、Dior等昂貴名牌精品，都是100年以上的全球性知名品牌，品牌資產價值非常高。

<觀念 12 >定價與回購率

定價訂得好、定價具有競爭力，就會更容易創造出高的回購率或回店率。不管是訂定低價或訂定高價，只要產品好、服務好、價格好、品牌印象好、通路方便，顧客的回購率、回店率就會升高，創造成功的高回購率。

＜觀念 13＞定價與毛利率、獲利率

定價與公司財務績效的毛利率及獲利率也有密切相關性。當定價愈高，每月／每年損益表上的毛利率及獲利率也就會跟著愈高，公司的經營績效就會更好、更提升，成為優良公司。反之，定價愈低，就會拉低公司應有的毛利率及獲利率，甚至最後公司可能會虧損。所以，當公司業績嚴重衰退，或定價拉不起來，必然會使公司虧損，而成為有問題的公司了。公司一般的業界平均毛利率約在30～40%（三～四成之間），更高檔的行業或公司，其毛利率可以拉升到50～70%之間，例如：台積電公司或歐洲名牌精品公司等均是。

而公司一般的業界平均本業淨利率約在3～15%之間；更高的行業或公司，其本業淨利率可以拉升到30～40%之間，例如：台積電公司或歐洲名牌精品公司等均是。

＜觀念 14＞定價與大型零售通路商

定價也會與大型零售通路商密切相關，雖然產品的定價權是掌握在供貨商手裡，但是，當廠商產品銷售不佳時，大型零售商也會提出定價多少的修正意見，廠商只能配合，否則，產品一直賣不好，就會被下架或放到更不好的陳列位置及空間地點，那產品銷售就會慘了。

另外，當供貨廠商有新產品推出，或是有大量電視廣告投放時，或是有大幅度促銷折扣價格時，經常會被放到更好、更大的陳列位置及空間，對銷售業績自然大有助益。

＜觀念 15＞定價與庶民經濟時代

在庶民經濟時代，廠商的定價大都以平價、低價、中低價位等策略為主軸。

台灣目前月薪在3萬元以下的總年輕上班族就有300萬人之多，這300萬人是基本庶民消費者，每個月薪水不到3萬元，其值得給予同情及同理心。

近10年來，台灣普遍面臨低薪、低所得、高物價通膨，所需要的正是低價與平價的商品及服務。

所以，現在只要是平價服飾、平價餐飲、平價手搖飲、平價咖啡、平價女鞋、平價保養品、平價彩妝品、平價茶飲料、平價豆漿、平價泡麵、平價吃到飽自助餐、平價小火鍋、平價燒肉、平價麵包、平價熱便當、平價串流影音平台、平價網購、平價寵物食物、平價手機、平價家電、平價診所、平價藥局、平價汽車、平價早餐店等，大都受到數百萬到上千萬庶民消費者大大歡迎。

＜觀念 16＞定價與產品生命週期

定價與產品生命週期，也是息息相關的。任何產品、產業或市場，都會歷經導入期、成長期、成熟飽和期、衰退期及再生期等5個階段。每個階段，都應有它應對的定價策略及行銷策略操作。

所以，當面對定價議題時，也應該同時思考到它們的產品生命週期狀況，才能做出對的、有效的定價對策及定價管理。

<觀念 17 >定價與 USP（獨特銷售賣點）

當產品愈有USP（獨特銷售賣點），就表示它在跟其他相似產品相較中，愈具有特色、獨一無二性、差異化、獨家主張性等，此時，此產品或此品牌就愈能訂定高一些的價格，也愈能與其他產品區隔開來。反之，當產品或品牌愈沒有USP時，它就只能朝低價格走，否則就沒人要買了。

<觀念 18 >定價與損益表

凡是公司的營業經理人、產品經理人（PM）、品牌經理人或行銷經理人，他們都必須看懂「每月損益表」，此表就是公司上個月營收額做多少？毛利率多少？成本率及費用率多少？最後獲利率、獲利額是多少？是否虧損？此報表是公司老闆、董事長、董事會、總經理、財務長最關心的，因為，每個月所有的主要經營績效指標，都表現在這一張損益表的紙面上。

而定價政策、定價策略、定價調漲或調低、定價促銷方式等，均會大大影響公司每個月的損益表數據及最後結果；所以，當面對定價議題時，就要立刻想到它跟每月損益表的連動性結果。

<觀念 19 >定價與品質

有人講：「品質等於價值」，意思是指產品或品牌的高品質、穩定品質、優質品質是一件很重要的事情。

企業經營絕不能為了降低成本而犧牲品質，也不能為求低價、平價，而提供低品質。

好品質就會有好口碑，就會提高回購率、回店率，最終是好結果的。

所以，不管是低價策略、中價位策略、高價位策略，好品質及高品質是根本的核心點，一點都不能動搖，一定要做到讓顧客或客戶因品質而信任／信賴（Turst）你。

<觀念 20 >定價與顧客心理相關性

定價議題也要注意到對顧客心理的掌握及了解。顧客心理可以區分為以下3種類型。

1. 對有錢人、高所得群

這群是金字塔頂端的人，也是所謂的高端客群。這群人的心理是，他們要尊榮感、榮耀感、虛榮心、高人一等感、我有人家沒有、愈貴愈好、食安感、高級感、頂級感、奢華感、有質感、豪華等級、客製化、專為我服務等，所以，面對此種顧客心理，唯有訂定高價策略應對。

2. 對沒錢人、基層庶民低所得群

這群人的心理是：只要便宜就好，貪小便宜、愛殺價、有促銷才買、不需要太名牌、太貴的、無所謂名牌不名牌；面對此種顧客，唯有以低價策略應對。

3. 對中產階級、中等所得群

這群人的心理是：既不想買太貴的，也不相信太便宜的，中等價位最好。此時，唯有以中價位策略應對。

＜觀念 21 ＞定價與行銷 4P ／ 1S ／ 1B ／ 2C 八件組合體應一致性

從整體行銷完整性視野來看，定價（Price）不過是行銷八件組合中的一項而已，它必須與行銷組合的另外七件事，相互對應及相互一致。換言之，也要同時做好另外七件事的搭配，行銷最終才會成功。而這完整性的行銷八件戰鬥力組合體，即為：行銷4P／1S／1B／2C，如下表：

4P	1. Product（做好產品力） 2. Price（做好定價力） 3. Place（做好通路力） 4. Promotion（做好推廣力）
1S	5. Service（做好服務力）
1B	6. Branding（做好品牌力）
2C	7. CSR（做好企業社會責任） 8. CMR（做好會員經營力）

＜觀念 22 ＞定價與彈性應變

有人認為定價是大事，不應該變來變去、不應該改來改去；但也有人認為定價雖是大事，也必須因應外部環境的快速變化及趨勢，而加以彈性應變、立即應變、敏捷應變，才不會使廠商陷入市場困境或市占率衰退。尤其，面對這幾年來外部大環境的大幅變化，包括：全球疫情、烏俄戰爭、全球通膨、全球升息、美國銀行倒閉、全球地緣政治、中美兩大國對立、競爭、晶片封鎖、科技封鎖、全球低經濟成長率、台灣出口連續衰退、全球終端市場需求不振、科技業等待去化庫存、台商或外商遠離中國、供應鏈去中化、供應鏈轉進印度、越南、泰國、進口原物料上漲、台灣少子化、老年化、不婚化、不生化、晚婚化、低薪、高房價、缺水、缺電等內外部大環境變化，企業更必須彈性、快速、敏捷、機動應變，才可以安全的存活下去，否則會被內外部大環境的巨變淹沒及淘汰出局。

＜觀念 23 ＞定價與降低成本

回到企業內部本身，企業仍須不斷努力做到更好的事項如下：

1.降低原物料、零組件、配件成本。

2.降低生產製造成本。

3.降低工廠勞動力成本，拉高設備自動化、AI智能化。

4.提高生產製造效率及良率。

5.降低台北總公司及各地分公司管銷費用支出。

6.撙節廣告行銷費用支出。

然後，再反映到定價政策上，如何提供更高CP值感受的定價區間，或更好優惠回饋之促銷期間折扣、搭贈、特惠價等顧客實質好處。

＜觀念 24 ＞定價與年終定價策略檢討會議

最後一項，每年12月底，廠商應召集營業部、門市部、經銷部、採購部、製造不、物流中心、行銷部、會員經營部、客服中心、維修部、品管部、稽核部、各地營業所、各區分公司、外銷部等全體部門，舉行一次「年終定價策略檢討會議」，討論這一年來，公司在定價政策、定價策略、定價搭配促銷、定價與市場、定價與顧客、定價與損益表等事項的總檢對及來年的策進工作。

面對「定價議題」，必須要有的思考點及全方位思考的24項實戰知識與觀念

＜觀念1＞
定價與創造價值

＜觀念2＞
定價與定位

＜觀念3＞
定價與高CP值感

＜觀念4＞
定價與促銷

＜觀念5＞
定價與多品牌、多樣化價格策略

＜觀念6＞
定價與匯率變化

＜觀念7＞
定價與經濟規模化效應

＜觀念8＞
定價與通膨漲價或不漲價

＜觀念9＞
定價與市場需求

＜觀念10＞
定價與創造新需求、新市場

＜觀念11＞
定價與品牌力打造

＜觀念12＞
定價與回購率

＜觀念13＞
定價與毛利率、獲利率

＜觀念14＞
定價與大型零售通路商

＜觀念15＞
定價與庶民經濟時代

＜觀念16＞
定價與產品生命週期

＜觀念17＞
定價與USP（獨特銷售賣點）

＜觀念18＞
定價與損益表

＜觀念19＞
定價與品質

＜觀念20＞
定價與顧客心理相關性

＜觀念21＞
定價與行銷4P／1S／1B／2C八件戰鬥力組合體應一致

＜觀念22＞
定價與彈性應變

＜觀念23＞
定價與降低成本

＜觀念24＞
定價與年終定價策略檢討會議

第 2 章

價格的定義、呈現方式、本質及其與需求的關係

Unit 2-1 價格是行銷 4P 系統的一環，以及價格的定義

一、價格是行銷 4P 系統的一環

行銷「4P組合」（4P mix），其實也可以把它們視為一個「行銷4P系統」，如右圖所示。

1. 產品系統

涉及到產品的研究開發、生產製造、產品的定位及既有產品的檢討改善。

2. 推廣系統

涉及到產品的宣傳與廣告、促銷及公關報導等。

3. 通路系統

涉及到產品的庫存管理、產品的物流配送、產品的通路開發及流通後勤作業等。

4. 價格系統

涉及到產品的價格戰略與價格管理等。

此外，行銷決策與行銷計畫還涉及到：

5. 行銷情報資訊系統

包括：如何蒐集行銷情報、如何做情報加工及分析，以及如何提供正確的行銷資訊情報。

二、價格 (Price) 的定義與呈現方式

1. 價格的定義

古典經濟學大師Adam Smith曾提出市場上具有一隻「無形的手」（Invisible Hand），他所指的就是「市場機能」（Market Function），也可視為「價格機能」（Price Function）。他認為在自由市場經濟中，「價格」可以調整一切，政府不必干涉過多。而美國行銷協會（AMA）對「價格」（Price）的簡單定義為：價格，即是「每單位商品或服務所收付的價款」。

2. 價格的呈現方式

我們暫時脫離經濟學深奧的學問，價格是每天呈現在我們的生活中，不管是我們付出去或是收進來，都是價格的呈現方式。因此，價格也是供需雙方交易的結果。

在我們每一個人日常生活中，價格的呈現，包括：

(1)買菜錢（菜的售價）；(2)買水果錢（水果的售價）；(3)買日用品錢（洗髮精的售價）；(4)搭捷運或公車的錢（票價）；(5)房租；(6)看電影票價；買一套漂亮服飾的錢；(7)拿到公司每月付的薪水；或是打工賺的計時薪水；(8)繳交水電費、瓦斯費、有線電視費、手機費、電話費用；(9)收到稿費或收到版稅收入；(10)其他。

行銷系統 4P 架構

Marketing System
行銷系統的組成（4P）

1. Product
產品系統
- 研究與開發
- 生產
- 新產品開發
- 現有產品的檢討
- 產品的定位

2. Promotion
推廣系統
- 宣傳與廣告
- 促銷
- 公關報導
- 銷售

3. Place
通路系統
- 庫存管理
- 物流
- 後勤
- 通路開發與強化

4. Price
價格系統
- 價格管理
- 價格戰略
- 價格與品牌

Marketing Information
<行銷情報資訊系統>

情報蒐集 → 情報加工 → 情報分析 → 情報提供

價格是自由市場經濟無形的手

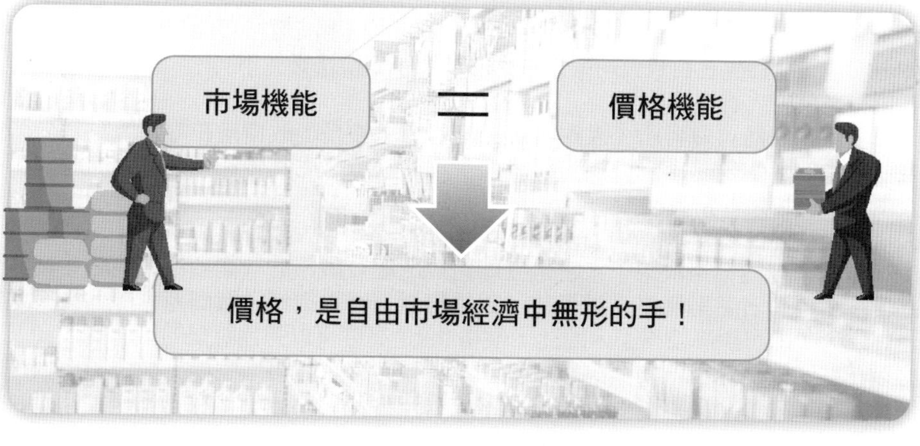
市場機能
＝
價格機能
價格，是自由市場經濟中無形的手！

Unit 2-2 價格的利益均衡點及價格代表的意涵

一、「價格」即是買方與賣方的利益均衡點

在經濟學上，第一門課即談到供給曲線與需求曲線，如右圖。

在需求曲線與供給曲線交會的那一點（A點），即為均衡點。亦可簡單的說，即是買方與賣方的利益均衡點。此時，賣方願意賣出Q_1的數量，而買方願意付出P_1的價格。故價格是消費者在邊際上願意付出的最高代價，也是供給中在邊際上願意接受的最低收入。例如：颱風天蔬果上漲很多，心裡雖覺得太貴了，但仍不得不買一些，此時，即不是合理的均衡點了。再如，有時候在百貨公司買某些產品，覺得價格貴了些，但最後仍可能會買。但不管如何，最後仍是成交了，廠商賺到一點錢，而消費者也得到一些滿足的物質利益或心理利益。

二、從五個面向看待價格的意義

美國邁阿密大學行銷學教授Minet Sthindehutte（2015）提出我們可以從五個面向去看待價格的意義為何：

1. 價格代表「價值」

廠商所訂產品或服務價格的最終意義，即是代表了顧客願意支付的金額；也是代表了顧客自身所認定的值多少錢，或是說其價值多少。例如：某人認為到威秀電影院看一場《星際大戰》，320元的電影票價算是合理的，即代表此部電影價值為320元。

2. 價格是一個「變數」

當消費者在實際支付這個產品或服務的價格時，會涉及多個變數的應用，包括付款方式、付款地點、付款時間、支付總價、付款條件、付款人等，並非穩固不變的。當上述這些條件變化時，價格也可能跟著改變了。例如：消費者一次多買一些數量時，店老闆可能會算便宜一點。或是如果以現金支付，供貨廠商也可能會算得較便宜。

3. 價格是「多元化的」

廠商經常運用價格的改變來達成其不同的目標。例如：週年慶或促銷活動時，價格會有折扣價、特惠價，或不同產品組合的不同價格，或是區分新產品或舊產品，或是區分正暢銷或不太暢銷的產品，其定價都是不太一致的；有高有低，故價格是多元化的、多樣化的。另外，在不同通路地點，其價格可能也因而不同；例如，同樣一雙鞋，在百貨公司或大賣場連鎖店，其價格必然不同。

4. 價格是公開「看得到的」

價格在任何買賣場所，大致而言，均會標上價格，故價格在零售據點是公開且看得到的，也是讓您覺得貴、便宜或合理的感受。尤其，在網路發達的時代，查價及詢價也是非常方便。

5. 價格是「彈性應變的」

在行銷4P的價格決策中，它是立即可以改變及調整的一個項目。例如：新產品上市，消費者普遍覺得太貴了些，故銷售量進展得很慢，廠商考慮評估後，過一、二天，即可調降價格了。因此，價格此P是高度可以彈性應變的，而其他3P就必須花些時間，才能改變與調整。例如：近幾年來，智慧型手機、數位照相機、液晶電視機或筆記型電腦、平板電腦等資訊3C產品，其實價格趨勢都是往下走，愈來愈便宜。

供給曲線與需求曲線

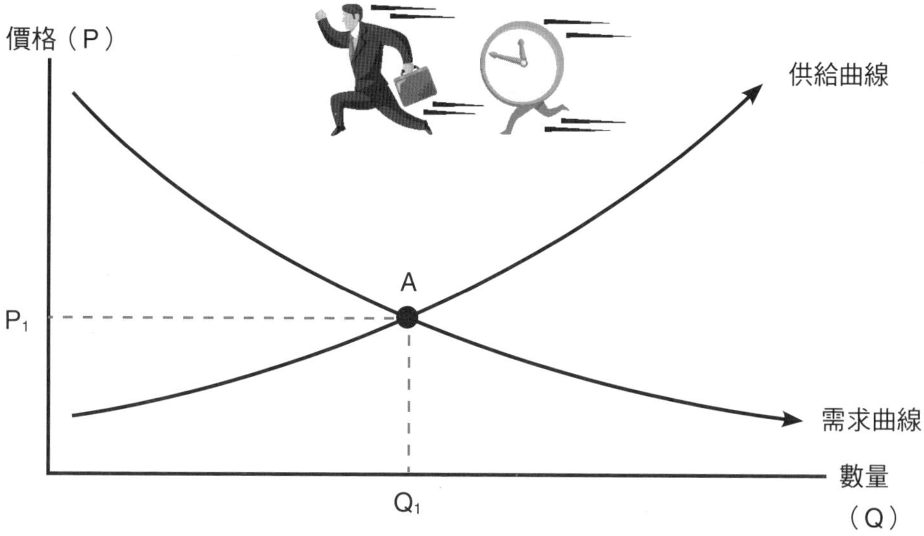
價格（P）
供給曲線
A
P_1
需求曲線
數量
Q_1
（Q）

價格所代表的五點意義

1. 價格代表「價值」
2. 價格是一個「變數」
3. 價格是「多元化的」
4. 價格是公開「看得到的」
5. 價格是「彈性應變的」

Unit 2-3 價格的本質及價格與需求間之關係

一、「價格」的本質

價格（Price）的本質是什麼呢？如果以公式化來呈現的話，即是：

1. 價格

$$價格=\frac{廠商或零售商所收到的貨幣數量}{消費者所收到的商品或服務性商品的數量}$$

2. 舉例

消費者某天走進高級品牌LV精品店，花36,000元買了一個手提包，或說得到一個手提包。故，

$$價格=\frac{廠商收到\$36,000}{消費者得到一個LV手提包及其滿足感}$$

3. 小結

廠商可以藉由上述公式的分母（下項）或分子（上項），做一些行銷策略性的變動，即可以調整價格。例如：廠商可以透過調降分子（上項），故而增加了分母（下項）的銷售數量。

二、需求與價格兩者間的關係

需求（Demand）與價格（Price）兩者間的關係，是經常性的互動而改變的。有兩種狀況：

1. 在正常狀況下

當價格愈高，需求量就會減少；當價格愈便宜，需求量就會上升增加。如右圖所示：A點到B點或B點到A點的變動性。此時的需求曲線斜率為負。

2. 在特殊狀況下

有時候，在特殊狀況下，需求曲線成為「向後凹」的狀況，其斜率為正的。例如：LV、CHANEL、Cartier、Dior、HERMÈS、GUCCI等歐洲名牌精品，有可能出現價格愈高，其需求量或銷售量可能反而會增加的狀況。此乃該類產品具有象徵某種高級、奢華、享受、代表身分地位等特質時，即會出現。

如右圖所示，從A點到B點，即代表價格上升後，其需求量或銷售量反而上升，增加到Q_2的數量。

3. 廠商在考慮定價時，應考量到消費者對這個產品的需求程度及其與價格間的關係

在正常狀況下，當廠商將價格下降時，消費者當然會搶著去買或多買些。例如：百貨公司或大賣場週年慶、年終慶或有折扣優惠時，經常看到擠滿了消費的人潮來買東西。反之，如果有速食業宣布漢堡漲價，有可能會減少一些人去購買，而改吃其他較便宜的餐點。

4. 因此，廠商須密切觀察：(1) 市場的買氣及 (2) 消費者的需求變化等狀況，做出最好的「價格決策」。

需求與價格兩者間的關係

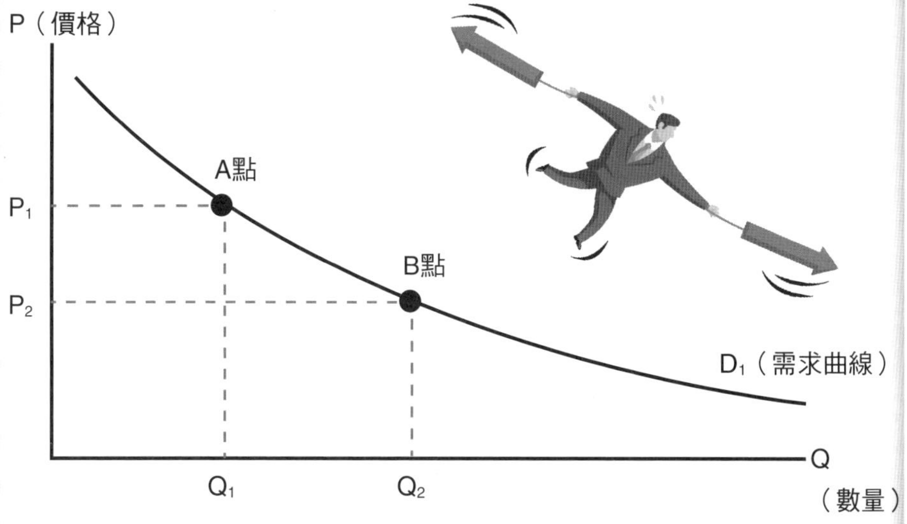

B點：代表價格下降，而使需求數量增加到Q_2。

A點：代表價格上升，而使需求減少到Q_1。

需求與價格兩者在特殊狀況下的需求曲線

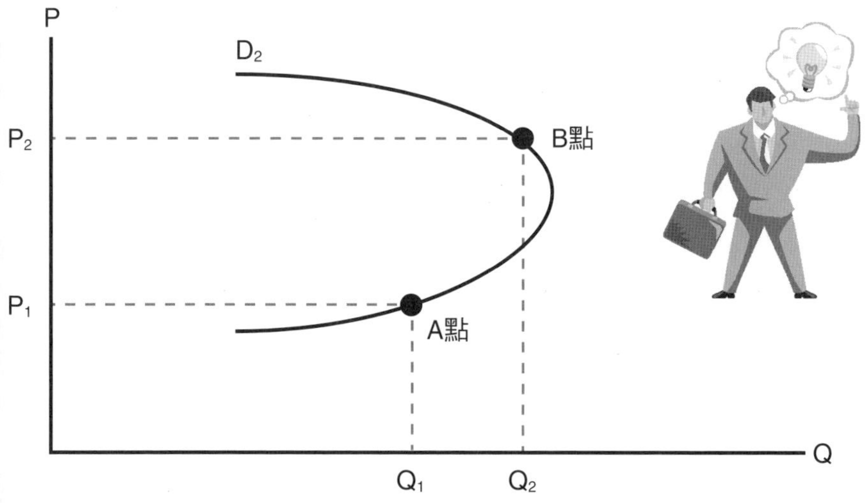

Unit 2-4 需求的兩種價格彈性，以及不同經濟市場的四種型態定價

一、需求的兩種價格彈性

1.「需求的價格彈性」之定義

所謂需求的價格彈性，如以公式來看的話，可以表示如下：

$$需求的價格彈性=\frac{需求量變動百分比}{價格變動百分比}$$

此意指會有高或低的需求彈性，或是說當價格上升或下降變化時，對消費者心中需求量所引起之增加或減少的狀況、程度或彈性如何。

2. 高價格彈性需求

(1)此意指當價格有些微變化時，即會引起需求量較大的變動。

(2)舉例：例如：當歐洲名牌包包有降價促銷活動時，可能會引起搶購熱潮。

3. 低價格彈性需求

(1)此意指當價格有些微變化時，對需求量的改變並不敏感。

(2)舉例：例如：稻米降價時，很少有家庭主婦會買十多包米放在家裡，故米是一種低需求彈性的商品。

二、不同經濟市場的四種型態的定價

如果按照經濟學理論來看的話，其市場可區分為四種：

1. 完全競爭市場

(1)狀況：廠商很多，購買者也很多，產品同質性高，市場進入門檻低。

(2)舉例：例如：早餐店、泡麵產品、衛生紙產品等均屬之。

(3)價格狀況：廠商不容易定太高價格，因為競爭太多。

2. 獨占性競爭市場

(1)狀況：廠商也不少，產品同質性有些高，但也有若干異質性。

(2)例舉：例如：比較特殊的中餐廳或西餐廳，業者可以依自身的餐飲特色而訂定價格。但此價格只能比上述第一種狀況稍微高一些。

(3)價格狀況：廠商定價有的會高些，因為競爭者比第一種狀況緩和些。

3. 寡占競爭市場

(1)狀況：廠商很少，整個市場大概只有二至四家而已。此時定價可能會比前述二種狀況更高。

(2)舉例：例如：台灣石油公司只有中油及台塑石油二家，二家為寡占。鋼鐵廠也不太多，故中鋼每年獲利均不少。水泥廠大概亦屬寡占市場。

(3)價格狀況：廠商定價通常會更高，獲利會更好。

4. 獨占市場

(1)狀況：廠商只有一家獨占，此時定價可能最高。但是，如果是國營事業，則會受到價格上限的管制，以利民生。

(2)舉例：例如：台電公司、台灣省自來水公司等均屬之。然而，現今廠商或國營事業獨占狀況已日趨漸少。

(3)價格狀況：廠商定價通常會最高，獲取最大利潤；但此類型企業為數甚少。

四種不同經濟市場型態

1. 完全競爭市場
（定價最低）

2. 獨占性競爭市場
（定價次低）

3. 寡占競爭市場
（定價次高）

4. 獨占市場
（定價最高）

高／低價格彈性的商品

1. 高價格彈性

・名牌包包、服飾、鞋子、旅遊、娛樂、保養品

・降價顯著時，消費者即會多買！

2. 低價格彈性

・稻米、醬油、鹽、糖

・即使降價再多，消費者也不會多買！

Unit 2-5 工廠出貨價到最終零售價的倍數範圍 2~5 倍間

一、工廠出貨價到最終零售價的倍數範圍：2 ～ 5 倍間

1. 為何高出如此倍數？

各通路商均要賺上一手，在企業實務操作上，我們可以發現工廠的原來發貨成本，到最終零售店的價格標示，往往是這個出貨價格的2～5倍之間，當然也有少數狀況是超過5倍，甚至達6倍或7倍之高。

當通路商的階層愈多，被賺一手的狀況就愈多，因此，到消費者手上時，正是原來工廠出貨成本的2～5倍之間。

至於是2倍、3倍或5倍，這要看下述五種狀況而定：

(1)不同的行業別／產業別；(2)不同的產品別或品牌別；(3)不同的市場別；(4)不同的公司別；(5) 不同的國家流通產業結構別。

如右圖示，在狀況2.中，台灣工廠出口到美國的產品，其所經過的通路商，可能包括了：台灣工廠→台灣出口貿易商→美國進口代理商→美國各州總經銷商→各州各地經銷商→各州各地零售店等，是很冗長的通路過程。

2. 舉例

(1)化妝保養品業（4倍）

化妝保養品的倍數通常比較高些，一般名牌大概都有 4 倍以上。例如：某項名牌化妝品的一瓶保養品出貨成本只有 500 元而已，但乘上 5 倍，到百貨公司專櫃上的最終零售定價，即成為 2,500 元（500 元 ×5 倍）之高。它的成本，大概只有定價的 20%而已。

(2)茶飲料業（2倍）

夏天一瓶茶飲料在便利商店貨架上假設只賣 20 元，其工廠出貨價格，可能在 10 元左右，故為 2 倍。

(3)外銷出口產品到美國市場（3～4倍）

例如：某鞋子工廠外銷產品，出口「FOB」的工廠出貨價格，假設每一件為 30 美元，到了美國鞋子零售店內的賣價，可能會高達 3 倍的 90 美元，甚或 4 倍的 120 美元之高。（註：FOB 為 Free On Board 之意，意指台灣外銷廠商從台灣港口或飛機場出貨之計價。）

3. 通路商的階層

可能包括：進口商、代理商、總經銷商、大盤商、中盤商、經銷商、交易商、連鎖店、零售店、百貨公司、大賣場、超市、便利商店等。

二、擺脫價格戰的法寶，就是差異化

差異化的方向有二：

一是採取非價格競爭往往比價格戰更有力。例如：增加產品的功能或特性、強調服務、設計促銷計畫、提供保證或贈品、銷售通路升級等。

二是創建品牌。品牌價值往往高出產品功能價值數倍甚至數百倍，那是台灣企業的弱點，但也是永續經營關鍵機會與策略轉折點。

三、以「定價」作為市場區隔變數

國內第一大連鎖餐飲集團王品公司，即是以「定價」的不同，作為市場區隔的重要變數。如右圖示，在10個旗下品牌中，其價格分布從210元到1,500元的餐點均有。

工廠出貨價到最終零售價的倍數範圍在2～5倍間

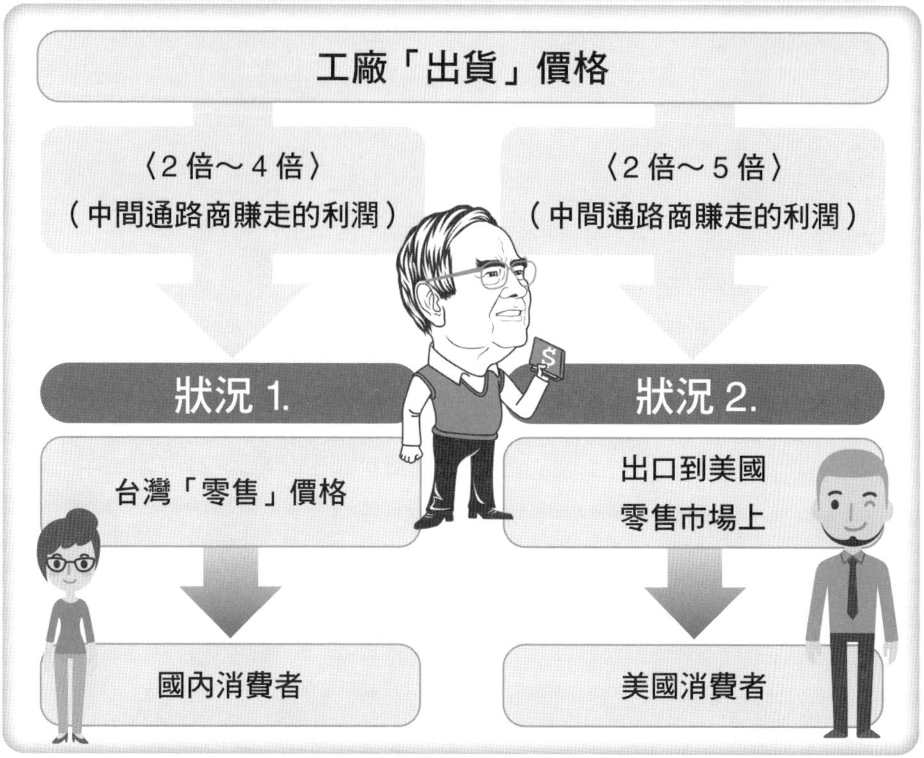

王品餐飲旗下品牌的策略價格定位圖

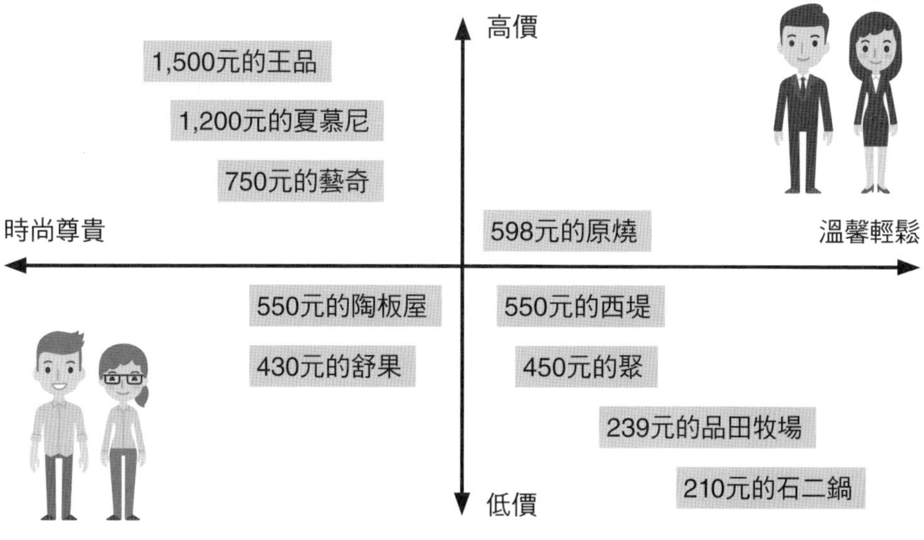

第 3 章

價格的重要性、行銷策略的角色及定價的基礎概念模式

Unit 3-1 價格的重要性及在行銷策略的角色

「價格」（Price）對企業到底有哪些重要性呢？從企業實務角度來看，「價格」對企業的經營及行銷，都帶來以下的正面重要性。

1. 價格，對企業營收與獲利的影響，是行銷 4P 中最具直接性的第一個 P

「價格」是行銷4P中，對企業營收（Revenue）及獲利（Profit）具有直接反映影響力的第一個P。因為，企業營收額的形成，就是營業量乘上營業價格。然後，企業要賺取多少毛利率，再扣除掉公司的營業費用（或稱管銷費用），即形成公司的利潤。如果營收額及毛利額不足，就形成公司的虧損。

2. 價格，可快速做出因應對策，是有效的市場反應與行銷對策工具

企業實務上，面對每天快速變化的激烈行銷競爭中，「價格」這個P，是可以快速反應或改變的。例如：當情勢迫不得已時，Price（價格）可以在明天（一夕之間）立即降價或上升改變。它不像其他3P〔產品（Product）、通路（Place），及推廣（Promotion）〕，都必須要有一段時間去規劃及協調、準備，才能執行完成。故「價格」是快速反映市場需求變化及競爭對手快速改變的因應工具。

3. 價格，對消費者而言是在購買決策時重要的外部參考與敏感線索

在面對台灣大環境不景氣、物價上漲與M型社會所得兩極化的時代之下，消費者變得消費心態保守且更加精打細算。換言之，消費者對產品的價格或賣場的價格，顯得更加敏感與關心。因此，唯有在低價或做促銷活動時，才會有購買行為。所以，價格亦是消費者的一個重要外部參考與敏感的購買決策線索。因此，「價格=消費者線索」的等式就成立了。

4. 價格，須與其他行銷 3P 做同步搭配作業，才會產生更大與整體性的效益

行銷4P強調的是操作面的「一氣呵成」與「配套作業」（Package Operation），價格不能單獨來看待及操作。如果定價策略或價格的調整改變，能同時搭配其他行銷3P（產品、通路及推廣）操作時，其發生的效果就會比較大。

例如，萬不得已要調降價格時，要思考到產品面（Product）的事宜，包括調降哪些品類、品牌、品項的價格？或是推出另一個低價位的副品牌來因應就好？在通路面（Place），也要考慮到是哪些通路可以調降？或是全面通路調降呢？在推廣面（Promotion），應做哪些公關、媒體及廣告宣傳活動以告知消費者，而引起消費者的有效搶購呢？

因此，一定要思考上述其他3P是否也同步做好了配套措施。

5. 價格，對企業的上游供應商而言，亦具有重要性連動指標

那就是當廠商的價格要往下降時，他們也可能要求上游原物料、零組件、半成品、包材、包裝等供應商能同步做配合，共體時艱。例如：液晶電視機要降價，則上游的面板供應商也要降低價格才行。

6. 價格，對消費者有心理上的影響性

例如：高價、名牌、奢華品；對消費者有心理上的尊榮、虛榮心理感受及快樂；或是感受到好品質。另外，訂定低的價格時，也會讓另一群低所得的人感受到產品的便宜及物超所值的心理感受。例如：全聯福利中心的定價，就比一般零售店及大賣場更加便宜些，故銷路能如黑馬般竄起。

價格重要性的六要點

1.價格，對企業營收具有直接影響性，是行銷4P中最直接的第一個

2.價格，可快速做出因應對策，是一個有效的反應與行銷對策工具

3.價格，對消費者而言，是購買決策時重要的外部參考與敏感線索

4.價格，須與其他行銷3P做同步配套作業，才會有更大的整體效益

5.價格，對上游原物料供應商而言，亦具有連動的影響性

6.價格，對消費者的心理帶來不同面向（高價或低價）的感受與知覺

價格，是行銷的重要工具

1.
價格，對
營收及損益
影響很大
2.
價格，對
消費者的敏感度
影響很大
SALE
3.
價格，是行銷
4P中，重要的
一個P
4.
價格，消費者
心理的認知與
感受，也是影響
因素之一

Unit 3-2 定價對獲利影響的三個面向分析

一、定價若不合理偏高，會如何？

1. 消費者不易接受。 2. 賣出去的量會很少。 3. 業績不佳。

二、定價若不合理偏低，會如何？

1. 公司可能不敷成本而虧錢。
2. 公司可能會少賺錢，獲利偏低。
3. 產品有可能被定位為廉價品，品牌形象不易拉高。
4. 有可能會陷入低價格戰的不利狀況。

所以，定價要：

1. 合理、合宜。
2. 消費者有物超所值感。
3. 公司獲利適中，既沒暴利，也不虧損。
4. 要有長期生存的競爭力。
5. 要與產品定位相契合。

三、定價對獲利影響的重要性三個面向分析

定價對任何廠商當然是非常重要，因為這牽涉到三個面向，值得深思。

1. 從競爭者看

當您被其他競爭對手用低價割喉攻擊時，如果應對不當或不夠及時，可能會喪失市場領導地位。可是，如果您跟著降價，也會產生不小的損失。

舉例：《蘋果日報》從香港到台灣，進軍台灣報業市場，幾年來，由於當初的10元低價策略成功，再加上該報的編輯手法與內容的差異化，使該報的閱讀率，在短短二、三年內已追過《中國時報》、《聯合報》、《自由時報》，成為AC尼爾森閱報率調查中的第一大報。《蘋果日報》初期的10元定價，其實是虧錢經營的。但是，此舉也迫使《中國時報》及《聯合報》不得不將原來的15元定價，同時下調到10元。這樣一來，該二大報的每月淨損失，如下計算：

一份損失5元收入 × 30天 × 50萬份

每月損失額×12個月=－9億（一年的損失）。從上述來看，不要小看一份報紙降5元，一年實際損失高達9億元。難怪最近幾年來，國內幾乎各大報業都不賺錢。後來，《蘋果日報》將定價調升為15元，可是《聯合》、《中時》及《自由》等三大報卻不敢調升，仍為10元。

2. 從消費者看

當廠商推出一個新商品或改良式商品上市時，它所定的價位，對消費者而言，是否可以接受，與競爭品牌比較，是否具有競爭力。

3. 從公司自身損益來看

公司定多少價格，當然基本上還是先要考量到有沒有錢賺或是不能虧錢賣。但到底要賺多少毛利才是最恰當的，這必須依賴很多因素來決定，包括：(1)商品特色；(2)獨特性；(3)流行性；(4)生命週期；(5)競爭環境；(6)公司基本政策；(7)公司當前的策略行動原則；(8)消費者的需求性；(9)其他等因素。

當然，也有少數狀況下，公司為了某種大戰略、大政策及大目標，會以虧錢方式來決定價格策略，也是曾有的例子。不過，這畢竟不多，而且也不是常態。

競爭對手影響定價很大因素

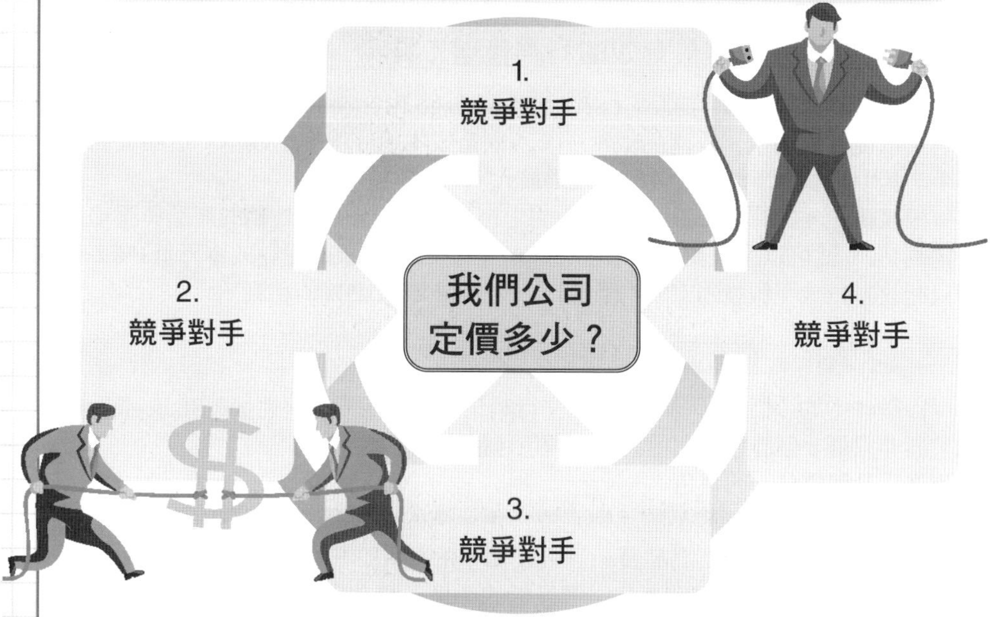

定價合理、合宜四原則

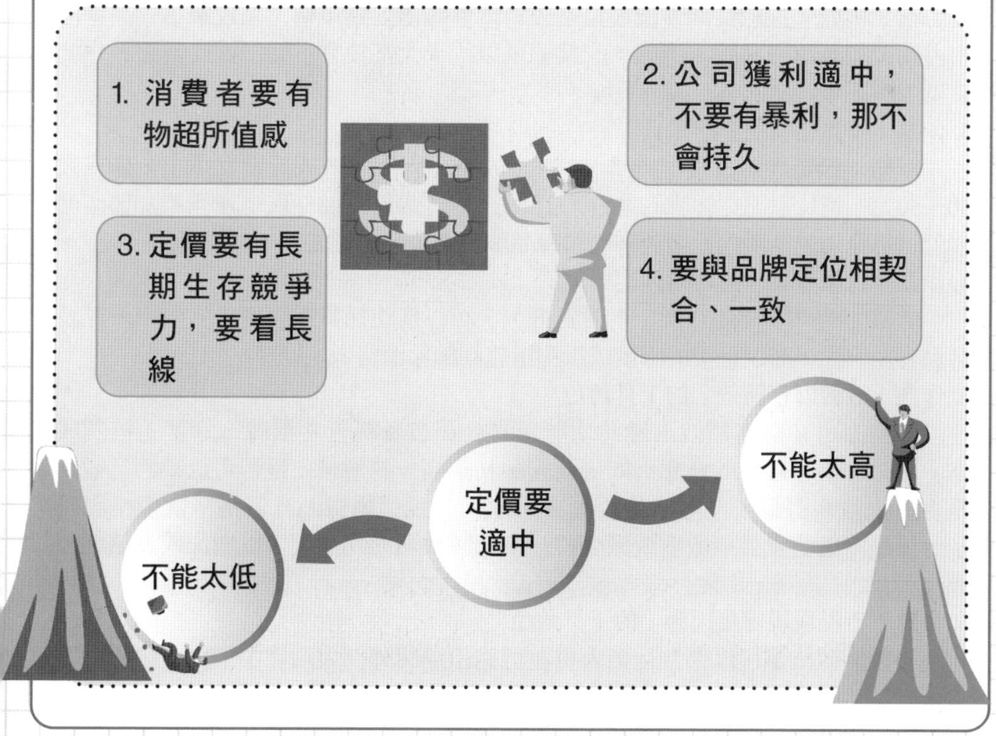

1. 消費者要有物超所值感
2. 公司獲利適中，不要有暴利，那不會持久
3. 定價要有長期生存競爭力，要看長線
4. 要與品牌定位相契合、一致
定價要適中
不能太高
不能太低

Unit 3-3 價格在行銷策略中的六大角色

一、價格，是企業最有效的利潤管理工具

根據標準普爾500平均經濟（S&P 500 Average Economics）的研究，企業改善獲利可以從「價格」、「產品數量」、「固定成本」、「變動成本」這四大面向著手，其中又以「價格」能發揮的效果最大。

根據統計，對於標準普爾500指數的上市公司來說，只要他們的產品與服務價格提高1%，就可以讓利潤一舉增加7.1%。相對的，如果是變動成本降低1%，利潤只能改善4.6%；假設固定成本降低1%，也頂多增加1.5%的利潤。

二、「價格」在行銷策略中的六大角色

行銷4P中的「價格」，其實可以在行銷策略中扮演「策略性」（Strategic）角色，而非只是一個靜態的角色。這些角色包括下述各項：

1. 作為「品牌定位」的角色

價格可以作為這個產品的品牌定位角色。例如：極高價位的汽車，像賓士、BMW、LEXUS都被視為高品質、高級豪華型的品牌形象與定位所在。再如全聯福利中心是所有超市同業中產品定價最低的，是「實在真便宜的所在」，滿符合全聯超市的品牌定位。

2. 作為「競爭工具」的角色

價格的調整及改變，可以提供一個快速或可能有效攻擊競爭對手的不錯工具及方法。例如：採取長期性低價策略或短期性降價促銷策略，來攻擊第一品牌的市占率或超越第一品牌。例如：家樂福就以「天天都便宜」的口號為號召，作為在量販店或零售流通業的競爭手段。

3. 作為「差異化特色」的工具

例如：像壹咖啡、丹堤咖啡、85度C咖啡，均屬平價或低價咖啡，一杯只要40～50元，遠比星巴克咖啡的逾百元低廉很多。因此，像85度C咖啡蛋糕加盟店發展就很迅速，成為國內低價咖啡的領導品牌，與星巴克形成不一樣的特色。

4. 作為「行銷方案」的考量因素

價格的調降（全面八折、全面對折），可以促使昂貴電視廣告支出少一點及活動少辦一點，而以直接的降價或折扣措施回饋給消費者。

5. 作為「改善財務績效」的工具角色

價格亦可在財務績效上發揮功能。當公司發覺經營虧損時，除了「控制成本」之外，不可避免的會想到如果能夠順利調高一些價格，是否可以轉虧為盈？是否過去價格訂低了一些？是否顧客可以接受我們稍微調升價格？當價格調升後，但是對銷售量並無改變或減少時，則此時公司的利潤即可以增加或者讓虧損減少。

6. 作為「市場環境變化因應」的工具角色

最後，價格還可以作為行銷人員在行銷市場與外部大環境中不斷變化的因應對策工具。例如：當市場需求大於供給時，即可能調升價格，以多獲利潤。

「價格」在行銷策略中的六大角色

1.作為「品牌定位」的角色

2.作為「競爭工具」的角色

3.作為「差異化特色」的工具

4.作為「行銷方案」的考量因素

5.作為「改善財務績效」的工具角色

6.作為「市場環境變化因應」的工具角色

企業改善獲利四大要素

Unit 3-4 定價的基礎概念模式：價格帶

1. 價格的「上限」、「下限」及「價格帶」

有關「定價」的第一個基礎概念模式，就是價格的「上限」、「下限」及「價格帶」（Price Zone）之意義為何。茲圖示如右頁。

廠商的「價格帶」，會在天花板的上限及地板的下限兩者間移動。有可能向上移動，即調漲價格；亦有可能向下移動，即調降價格。調漲或調降是經常看到的，也是廠商在各種影響因素下，經常採取的主動或被動的對策因應。

2. 廠商「向下限移動」（降價）的因素

廠商有可能向下限移動，例如：我們看到的液晶電視機、手機、筆記型電腦、數位照相機等，市場價格是長期性向下限移動的趨勢。

各廠商降價，有各行各業不同的因素，但總結來說，大概有以下幾點：

(1) 市場競爭對手激烈廝殺降價競爭。
(2) 上游原物料或上游零組件的供應商成本得到下降，因此下游廠商產品當然也會跟著降價。
(3) 市場長期性不景氣、買氣低迷、消費者保守心態，故要降價刺激買氣。
(4) 落後的競爭對手企圖爭奪更大的市占率排名或市場地位，故也會降價，採取低價攻擊行銷策略。
(5) 政府行政單位依法指示廠商調降價格。例如：NCC 委員會依法調降電信公司上網及電話費率。

3. 廠商「向上限移動」（漲價）的因素

比較常見的廠商漲價因素，主要有以下幾點：

(1) 廠商的原物料來源或零組件來源，或國外原產品來源漲價，均迫使國內廠商的產品價格不得不調漲。
(2) 匯率變化使貿易商或代理商從國外進口的產品必須漲價。
(3) 廠商為彰顯高品質的新產品，或獨特性、差異化的新產品，也會採取價格向上攻的狀況。例如：統一企業的 Dr. Milker 玻璃瓶裝鮮奶一瓶 40 元，即是向高價衝的產品。
(4) 國外歐洲名牌精品採取全球限量銷售或客製化產品措施，亦會使價格上升。
(5) 市場需求大增，也可能使廠商藉機向上調漲，以賺取更多利潤。

4. 小結

總結來看，如右圖所示。

廠商定價的原則：

(1) 最初價格帶落在價格上限與價格下限之間的範圍。
(2) 實際最後定價的價格範圍及選定最後一個價格，則端視影響降價各因素與影響漲價各因素的綜合性分析及判斷而定。

廠商定價的價格帶

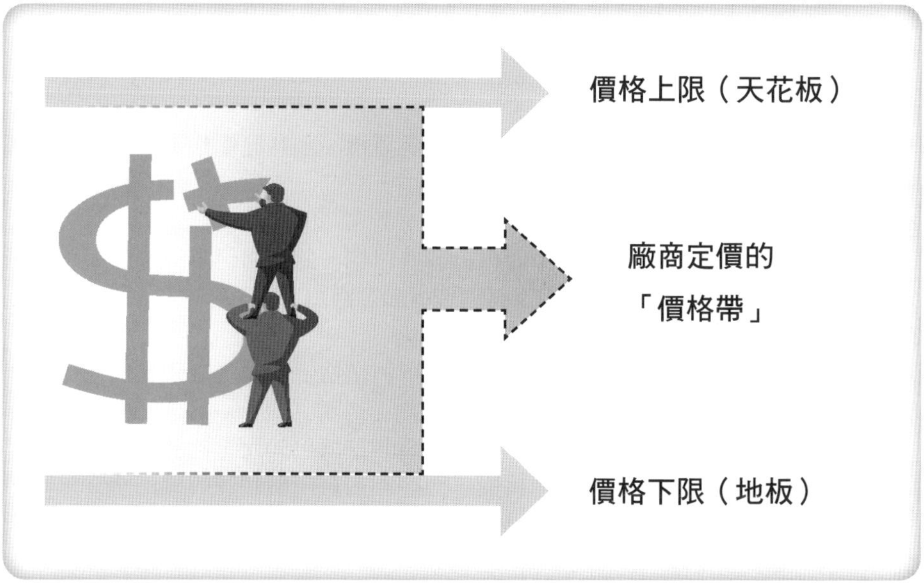

定價上下限與價格帶的基礎概念模式

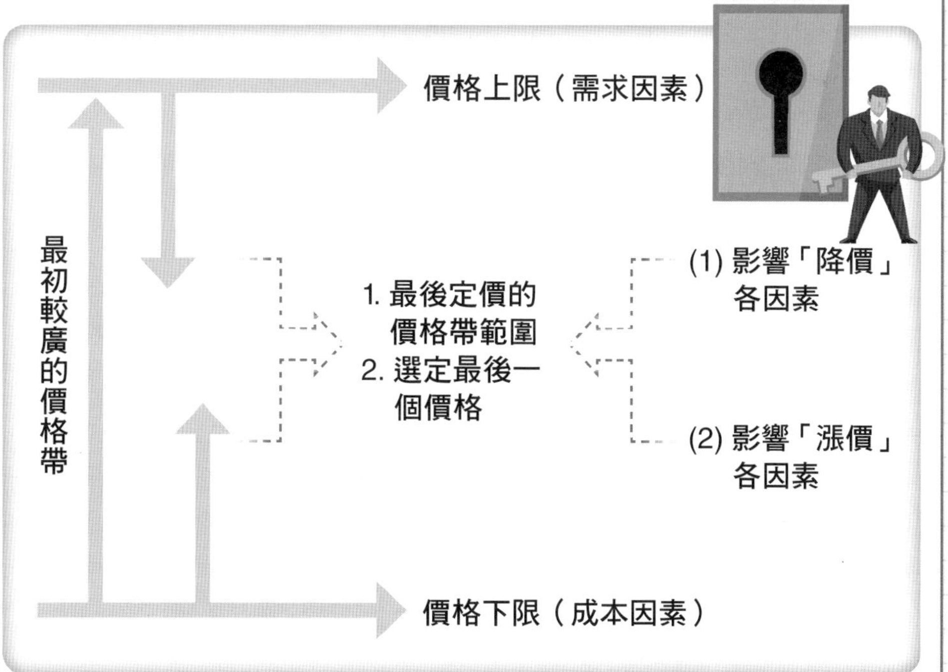

Unit 3-5 價格帶意義，以及價格敏感度

一、價格下限、上限、價格帶及知覺價格帶之區別

有幾個名詞，我們應該加以區別說明，如右圖所示：

1. 價格下限

係指廠商所訂的價格數字，不能再低於此目標，因為此價格下限即是其最基本的製造成本加上基本微薄利潤。

2. 價格上限

係指廠商所訂的價格數字，不能再高於此目標，此價格已為消費者所可感受到的最高價格。若訂再高，就可能沒有消費者願意購買。

3. 價格帶（Price Zone）

所謂「價格帶」，即是指廠商對價格下限與價格上限兩者之間的任何可能一個最後確定的價格。

例如：以泡麵為例，若現在市面上最高價的是每包50元，此為泡麵的價格上限，若超過此價格，消費者就難以接受，而寧願去買一個超商的國民便當來吃。另一方面，一包泡麵的最低價可能為20元，此為泡麵的價格下限，若低於此價格，這包泡麵就會少賺，無法達成原定賺錢目標。

4. 消費者「知覺價格帶」（Perceived Price Zone）

如右圖所示，它與廠商價格帶的區別，是它可能還低於廠商的價格下限，亦即消費者知覺到此產品定價仍偏高，其品質、質感及設計又不怎麼好。例如：也許有人認為某一種泡麵應該再低於20元；如18元或16元。這是從消費者知覺價格來看。但這16元最低價的一包泡麵已不能再低了，因為它已等於製造成本，再低廠商就是虧本賣，這當然是不可能的。除非是在特定的促銷活動、大拍賣活動、即期品或快報廢品的時候，才可能出現。

二、不同顧客對價格「敏感度」（Price Sensitivity）會不一樣

1.「價格敏感度」，對每一個人都不太相同

(1) 的確，不同的顧客群會對廠商所訂的同一個價格感受不同。例如：名媛貴婦覺得一個 LV 包包要價 3.6 萬元並不算貴，但對一般基層女性上班族而言，她們一定會覺得貴了些，雖然她們仍然有可能一生會買一個來用。

(2) 因此，我們可以這樣下結論：「有些顧客對於價格比較敏感，有些顧客則不會」。

(3) 或者說：「有些顧客專門找便宜貨，有些顧客則不會太在乎價格」。

(4) 一般來說，比較高所得者或極為富有者，是相對不太在乎價格變化的。而 M 型社會左端的低所得者，則會四處尋找便宜貨或促銷品。

2. 顧客在乎什麼

基本上來說，顧客在乎什麼或敏感什麼，主要看不同的顧客群而定。他們大概在乎七個項目，這些項目在他們心中，可能會有不一樣的權重比例，這七個在乎項目，如右圖所示。

定價上限、下限、價格帶及知覺價格帶

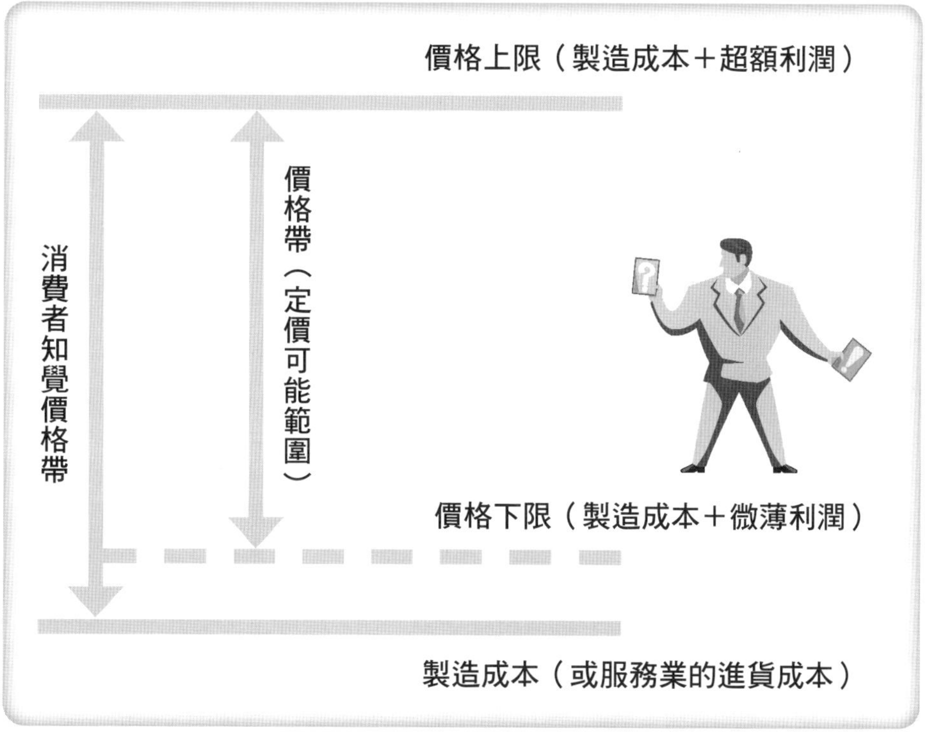

顧客購物會在乎的七項目

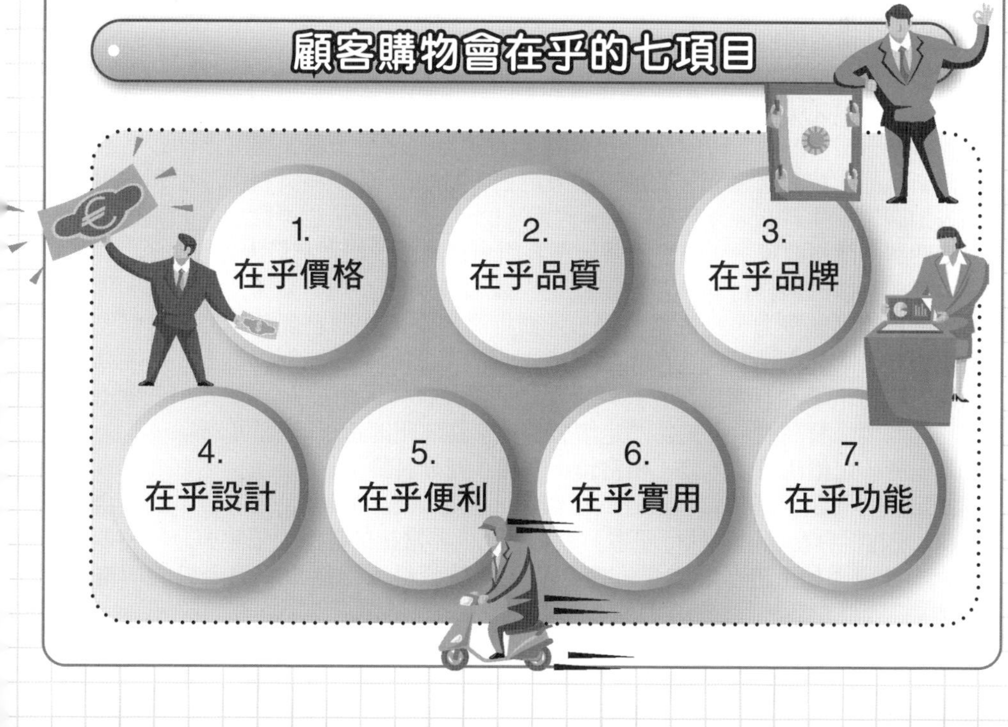

Unit 3-6 定價的金字塔五層過程

國外知名的學者專家Thomas T. Nagle及John E. Hogan（那格與霍岡）二人在2006年的著作《定價策略與戰術》（*The Strategy and Tactics of Pricing*）一書中，指出「定價」就像在造一座金字塔一樣，它有一個較複雜但完整的五種過程。

1. 第一層「價值創造」：您產品的藍海在哪裡

產品訂定價格時，要找出與競爭對手最大的差別。藉由市場調查，找出這個「差異」在消費者心中到底值多少錢。

例如：蘋果最早第一個出了iPod數位音樂隨身聽，之後又出了iPhone 手機及iPad平板電腦。三星手機與亞曼尼精品；LG手機與PRADA精品；LV名牌精品以及Intel的微處理器的四個核心等，這些產品都為消費者創造出功能、效用、心理尊榮、美的享受等價值。

2. 第二層「價格結構」：價格應該有一組且富彈性變化

許多經理人把「定價」想成「尋找一個獨一無二的完美價格」。而這個價格若訂得太高，損失低價端的潛在顧客；訂得太低，則損失利潤。最後，不得不選一個看起來「剛剛好」的價錢，結果賠了市占率，又折損了獲利。

因此，價錢不該只有一個，而該有「一組」且具彈性化，依照消費時間、消費者特性、消費數量、產品生命週期、市場供需變化、產業結構等各種價值，分別來差別定價。

其實，不少新商品由於它的獨特性、唯一性、創新性及吸引力，像iPod、iPhone、iPad、LV名牌精品的全球限量銷售新款，或是SONY、Panasonic液晶電視機、音樂手機、照相手機等剛上市的前三個月或前半年，其實際銷售定價都非常高，過一陣子後，有競爭對手出現，這些極高定價的產品價格也會逐步下滑；這都是事實。

3. 第三層「溝通價格」：會賣，也還要會定價

創造出溝通的價值，此即行銷力量，最好的例子就是iPod。一開始，因為品牌和風格等「心理價值」，iPod初期上市時，在美國定價299美元（約台幣1萬元），是一般MP3的2.3倍；加上音樂必須從專屬網站上下載，讓許多消費者都對這個新產品抱持觀望態度。於是，蘋果電腦（Apple）找了些具有潮流引領作用的名人拍廣告，強調iPod的下載功能，傳遞「iPod不但流行，也很實用」的訊息。

4. 第四層「價格政策」：集思廣益，讓客觀事實說話，使獲利最大化

達成定價的最終目的與目標，就是「獲利最大化」：(1)業務部門相信，降價可以提高產品競爭力，提高銷售量，進而提高利潤；(2)財務部門認為，嚴格控制邊際獲利，才能創造利潤，所以偏好成本定價；(3)行銷部門則認為，為了提高價值感，維持市場占有率以建立長期獲利，要謹慎操作促銷折扣；最後(4)就會出現財務部門要求訂高價、行銷部門定價居中、業務部門則希望低價的歧異。

5. 第五層「定價決策」，要「相當慎重」且「充分討論」

定價的問題相當複雜，最好的定價法。就是讓客觀事實說話。日本農產合作社COOP札幌專務理事（執行理事）大見英明，非常相信數據的蒐集與分析。他認為，「如果不研究昨天POS（即時銷售）系統資料，就無法解決今日的價格問題。」

定價的金字塔過程

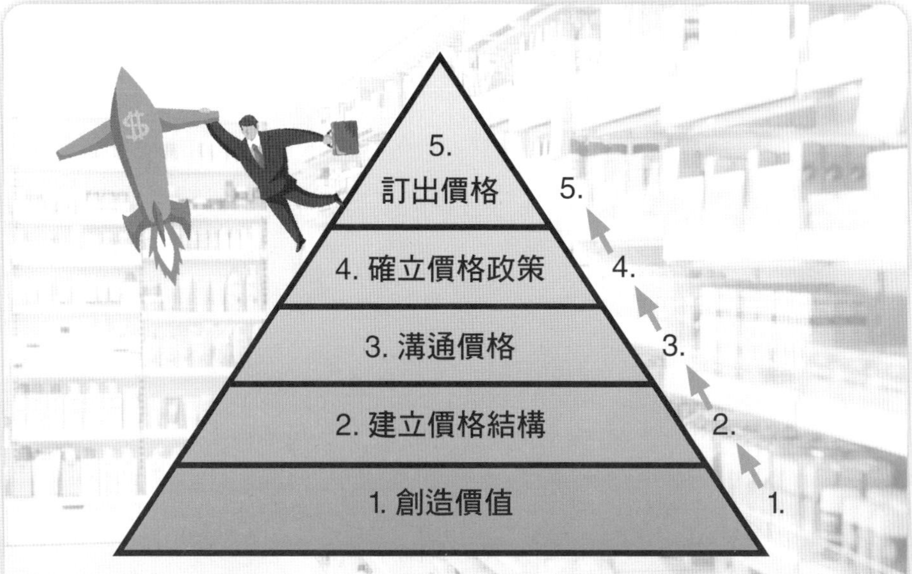

資料來源：拉斐．穆罕默德（Rafi Mohammed, 2007）。

價格的藍海：在價值創造

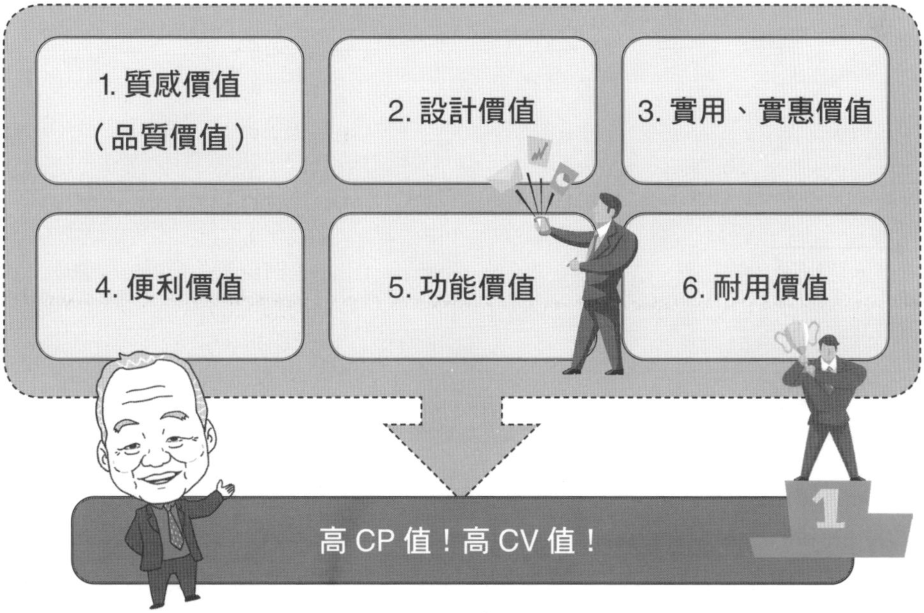

第 4 章

產品價值才是定價基礎與平價奢華時代來臨

Unit 4-1 產品價值，才是定價基礎

一、產品認知價值與定價的關聯性

廠商應儘量創造出正面與好的「產品認知價值」。

第一：廠商最重要的就是如何創造我們在消費者心目中的顧客「認知價值」（Perceived Value）。例如：在液晶電視裡，SONY及Panasonic品牌的認知價值，比國內大同、奇美、東元、歌林、聲寶等都還高。因此，其產品定價似乎就可以高出幾千元到上萬元。此種顧客認知價值，亦可以視為顧客願意支付的「最高」價格。

第二：如右圖所示，廠商經由區隔目標客層，力求創造出與競爭對手的差異化，並定位出自己公司產品或服務的特色。然後，採取一系列行銷4P的策略組合與計畫，推動產品的高知名度、好形象度、好口碑、喜愛度及忠誠習慣度，最後，就能不斷提升產品在顧客心目中的認知價值，與願意支付的較高或較合理之價格，為公司創造出較好的獲利預算。

第三：另外，在右圖的虛線部分，代表著本公司的價格操作也會影響著競爭對手的行銷互動策略，而對手廠商的競爭行為，當然也會讓顧客對我們的認知價值產生若干影響。

「顧客認知價值」是定價行為與思維的核心所在。

二、產品價值提升的面向

如何使：

1.品質更好。

2.品質更穩定。

3.功能更好。

4.耐用性更久。

5.原物料等級更高。

6.設計更提升、更有質感。

7.成分更好、更優。

8.帶給消費者利益點更多、更好。

9.獨家特色形成。

10.包裝更有質感。

不能創造產品價值，就易於陷入低價格戰

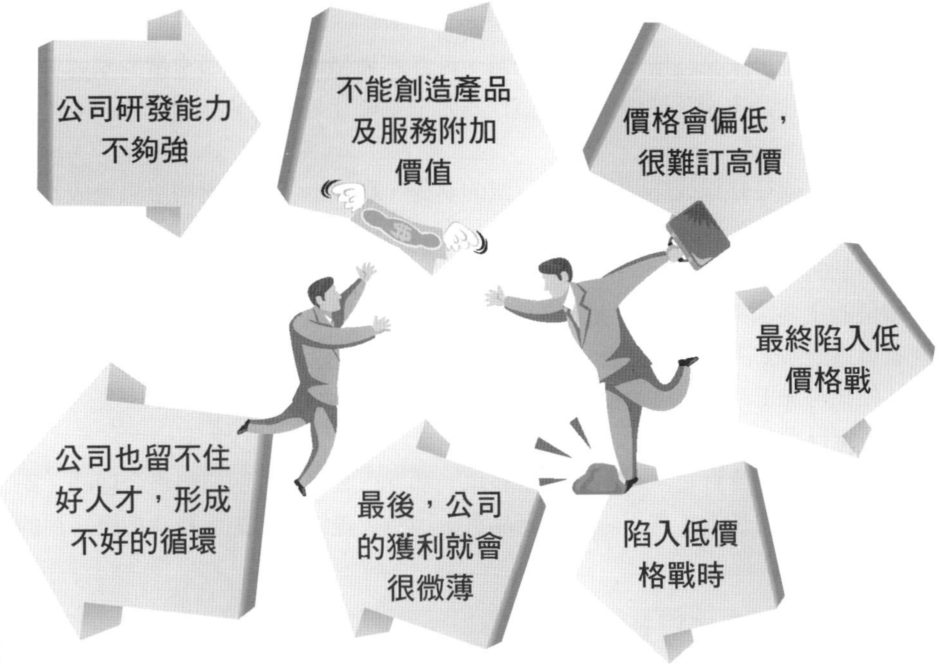

顧客認知價值、價格及利潤的關係

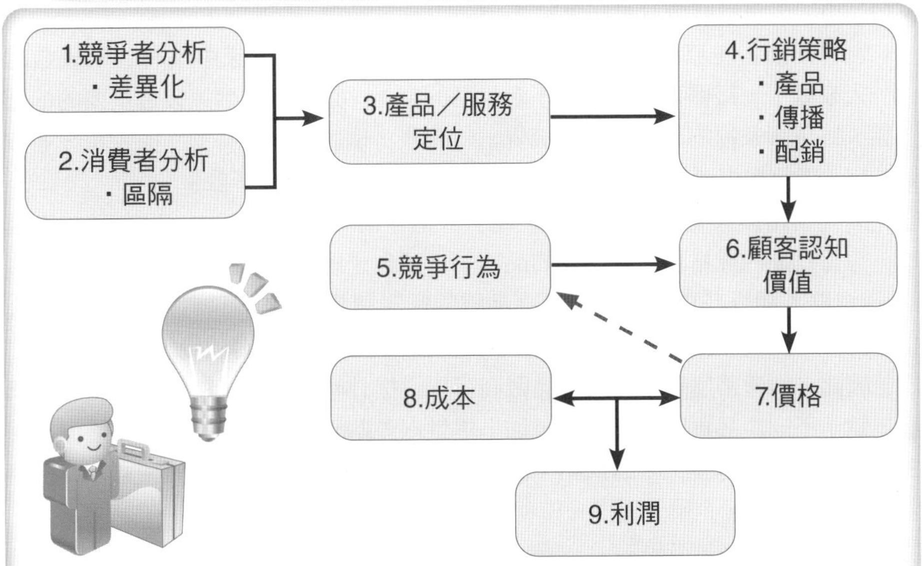

資料來源：劉怡伶譯（2004），《定價聖經》，藍鯨出版社，p.12。

Unit 4-2 以「價值」作為定價的基礎

一、以「價值」作為定價的基礎

國內行銷專家葉益成（2007）認為，產品不僅是依成本來做定價的基礎，更重要的是在產品上增添價值，以價值作為定價基礎比較理想。茲摘述他精闢的觀點如下：

傳統思維往往以成本當作產品定價的基礎。事實上，決定價格不只是成本，更重要的是價值。

產品的價值包含：1.實體價值；2.核心價值；3.附加價值。生產成本是構成實體價值的主要因素，若一味強調，易淪為價格戰。兩塊相同黃金成分的金條，消費者會以價格來決定購買與否，如果把設計元素加在裡面，就擁有了核心價值。

如果再加上品牌、貼心服務等附加價值，則產品的價值被墊高，企業的競爭力也將獲得提升。

如果產品本身實在沒有明顯的差異化，那就用服務來證明價格是合理的。不能因為服務是附加的，就不重視服務品質。因為，差勁的附加服務會把原客戶的肯定和認同斷送掉。

二、讓產品價值提升三倍

依據政大商學院別蓮蒂教授的看法，M型社會來臨，中產階級正快速消失，其中大部分向下沉淪為中、下階級，消費力大幅縮水。若有人在有限收入下仍想維持一定的生活品質，寧可一個人過，形成「一人家庭」這個市場區隔，也是居家精品市場最有發展潛力的一塊。

在台灣廣告主協會的一場餐會中，別蓮蒂教授指出，家中沒有其他成員的「一人家庭」，每個物品就像是不會說話的家人，是他們回到家後最重要的情感依靠。為了讓家裡的東西「更有感覺」，有些「個體戶」會將物品擬人化，並取個名字，讓每樣東西都有了生命，其實「這都是在投射一個『我』。」

個人利用擬人化物品的方式，宣示這是「屬於我的東西」，只有我一人獨享，每個物品的風格也代表「我的品味」，這也是居家精品能切入這塊商機的關鍵。 這群人願意花更多錢，買更高品質的家居精品犒賞自己，實踐屬於「個人化」的使用體驗，滿足「我」的幻想，使自己的家住起來更有感覺、更愉悅。

因此，別蓮蒂建議，居家精品廠商可以從提升產品功能、特別的設計概念出發，賦予不同產品更豐富的故事，加上提供額外貼心的服務，讓產品的價值提升三倍，讓消費者有多一點的感動，滿足他們的「感覺」，給予他們願意花費雙倍費用購買的理由，企業便能提升獲利。

產品價值的五種組合

讓產品價值提升三倍

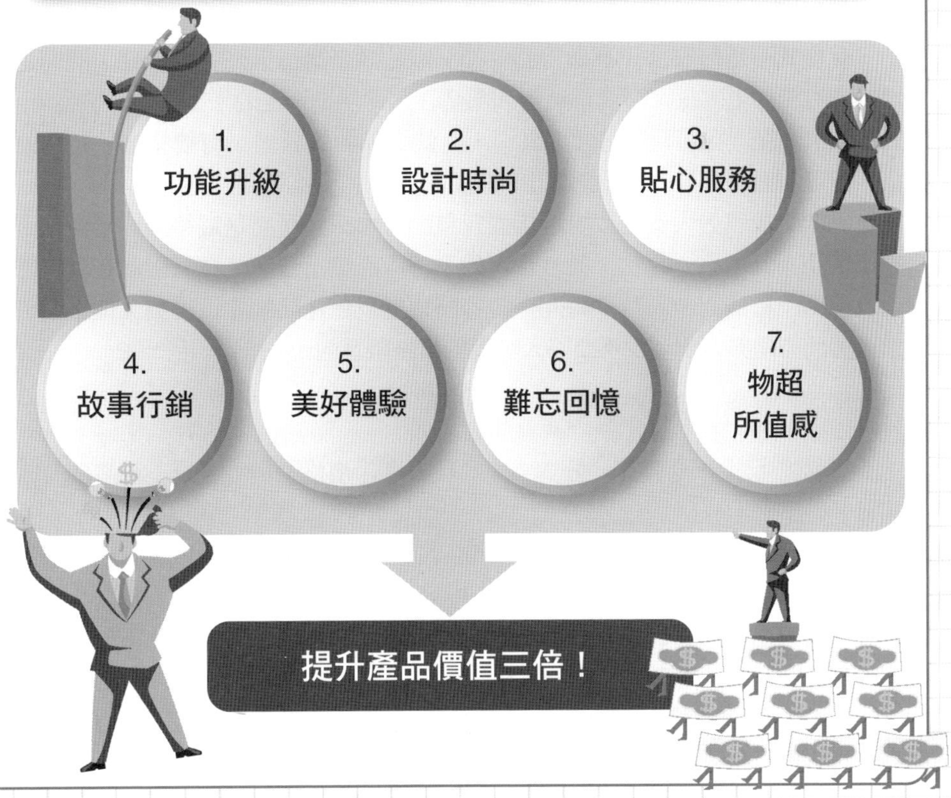

Unit 4-3 最佳定價模式：價格＝價值＋成本

一、最佳的定價模式是：價格＝價值＋成本

近年來，低價策略導向的大賣場林立，寵壞了消費者；網路的普及，更讓消費者可以迅速比價；加上銷售過程中，殺價、折扣、特殊合約等因素，會使成交價格下跌。種種因素影響之下，正確的定價策略就成為獲利關鍵。

利潤與售價間的關係原本就相當敏感。回過頭來看，你公司的產品價格是怎麼訂定出來的？

《定價聖經》一書指出，七成的企業都採用「成本加成定價法」。即：財務部門算出成本，加上獲利，最後得出售價。這就是常聽到的「餐廳食物的售價是成本的3倍」、「服裝的售價是成本的10倍」等說法的由來，亦即「成本+獲利=價格」的定價模式。

顧客是根據產品帶來的「價值」，選擇願意支付的金額。理解這個道理後，企業開始轉向「顧客導向定價策略」，找出消費者「願意」付出的價錢，甚至藉由行銷與銷售技巧，提高顧客願意付出的價錢。

成本該扮演的唯一角色，就是價格的下限，原本的定價公式也翻轉成「價格＝價值＋成本」。「你認為產品值多少錢，你就收多少錢」。《好價錢讓你賺翻天》（*The Art of Pricing*）作者拉斐．穆罕默德（Rafi Mohammed）下了如此結論。

此模式不是每家公司都做得到。穆罕默德話是講得很好、很正確，問題是：請問在實務界上，每家廠商都做得到嗎？答案當然是否定的。上述：「價格=價值+成本」的最佳模式，只適合大公司、有知名品牌的公司、有獨特唯一特色的產品、有專利權、有獨占性及剛上市的產品等，才有資格做到如此。

試問：我們去大賣場或附近店面買東西，哪一個產品是這種最佳定價法？這種定價法，其價格一定比一般性合理的平價產品高出很多。這只限制在具特殊性者，包括：特殊對象、特殊時間、特殊階段期及特殊品牌才做得到，但廠商仍然值得朝此方向努力，至少不要陷入紅海低價格戰區內。

二、「價格」與「品質」的關係

俗話說：.「一分錢，一分貨」，此代表著「價格」與「品質」兩者間有密切關聯。

不同的市場區隔會有所謂的價格／品質關係（Price-Quality Relationship）。另外還有一種關係，即產品／價格組合（Product-Price Mix）。

「價值」（Value）其實可以視為價格與品質的組合，價格與品質應相輔相成，高品質產品自然價格會高一些。

最後，不同的市場區隔會被不同的價格／品質因素所吸引。了解價格／品質之間的關係，也是定價管理上的重要課題。

最佳定價模式：價格＝價值＋成本

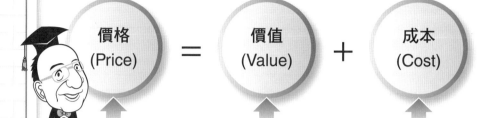

價格 (Price) ＝ 價值 (Value) ＋ 成本 (Cost)

- 價格 (Price) ← 有效拉升價格
- 價值 (Value) ← 不斷創造新價值
- 成本 (Cost) ← 控制成本

價格與品質關係

一分錢 ＝ 一分貨

- 一分錢 → 定價能力
- 一分貨 → 高品質！高質感！

價值創造的重要性大於成本節省

價值創造 ＞ 成本節省

- 價值創造 → 價值創造無窮！
- 成本節省 → 成本節省有限！

Unit 4-4 價格 = 價值（Price=Value）

一、價值認知

定價最重要的部分是什麼？我認為是一個詞：價值（Value）。進一步說，即：「對顧客的價值」。顧客願意支付的價格，就是公司能取得的價格，這反映出顧客對商品或服務的「價值認知」。

通常高品牌、高品質的產品，定價都比一般來得貴一些。例如：在家電類中，SONY、Panasoinc、象印、虎牌、日立等品牌的定價，都比別的品牌貴一些。這是因為顧客認知到這些品牌具有較高的品質保證性，故願意付出較高的價格。

二、價值的 3 種類

行銷經理對價值的操作有三種類，說明如下：

1、創新價值（Value-creation）

有關材料的品質等級、性能表現、設計時尚感等，都會激發顧客內心的認知價值；而這也是公司要求研發人員及商品開發人員在「創新」（Innovation）方面可以發揮作用的地方。

2、傳遞價值（Value-transfer）

包括描述產品、獨特銷售主張、打造品牌力、產品外包裝、產品陳列方式等，都可以影響價值的傳遞；亦即在傳遞價值方面也可以提高分量。

3、保有價值（Value-keep）

售後服務、產品的保證、保障、客製化的服務等，都是形塑持續正向價值認知的決定性因素。

三、價格設定在產品理念構思之初就開始了

其實，價格設定高、低或中價位，在產品理念構思之初就應該開始了。當我們設想這個新產品將是具有創新性、高品質、高價值感的時候，就知道這也將是我們高價位品項的一種。

四、價格終將被遺忘，只有產品的品質還在

所謂「一分錢，一分貨」，即代表價格與品質、價值是同一方向的，高價格就必然是高品質。價格常常很短暫，而且很快會被遺忘；很多消費者行為研究，就算是剛買的東西，有時也想不起它具體的價格。但是產品的品質水準認知，不管是好還是壞，都會伴隨著我們。

五、小結

1. 記住，最根本的購買動力，源自於顧客眼中的認知價值（Perceived-value）。
2. 只有讓顧客感受到價值，才能創造顧客購買的意願。
3. 若能強烈讓顧客感受到價值創新與出色的傳遞價值，會讓顧客更願意付錢購買。
4. 行銷經理人應該協同公司的研發團隊及商品開發團隊，努力去創造三種價值：
   (1)創新價值。
   (2)傳遞價值。
   (3)保有價值。
5. 行銷經理人必須確保產品的高品質，並且不斷加以改良、改造、升級、強化及全面提升。

提升顧客對我們品牌的認知價值

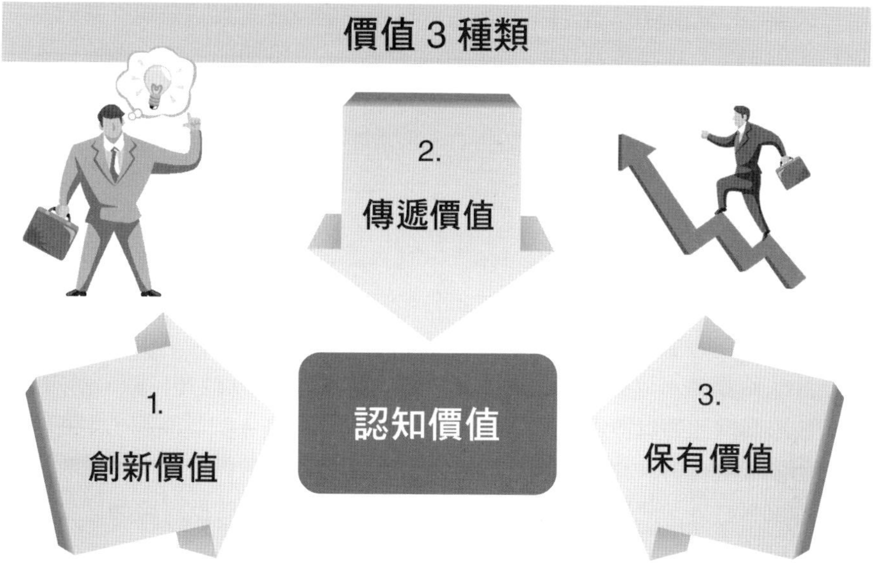

價格＝價值＝對顧客的價值

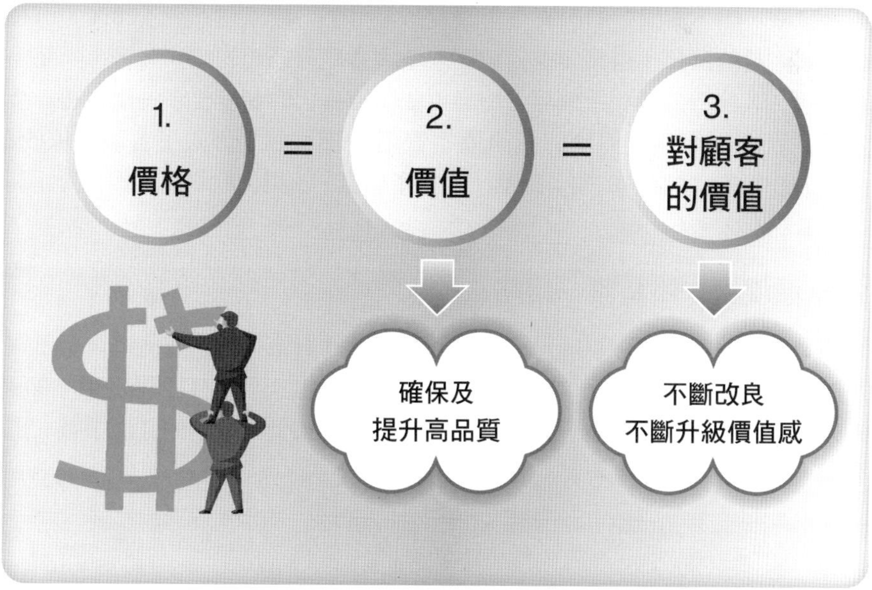

Unit 4-5 日本可果美飲料的價格策略

可果美（KAGOME）是日本知名的飲料廠商之一，尤其該公司一系列的蔬菜汁飲料，例如：「蔬菜生活100」、「蔬菜1日」、「番茄汁」等，均是日本飲料市場市占率較高的代理品牌。

然而，飲料產品在日本各大賣場中，經常陷入超低價的惡性競爭，導致飲料廠商的獲利非常微薄，甚至是虧本經營。

一、新價格策略

可果美公司總經理喜崗浩二，在2003年當時是營業部副總經理。他那時就向全體營業人員下達嚴禁低價販售的宣言，禁止一切不合理的促銷價格戰，成為業務人員的工作常態。以蔬菜汁飲料為例，平均每瓶零售價從270日圓，滑落到170日圓，與廠商理想的目標零售價340日圓，差了一半之多。究其原因，主要歸罪於促銷費用的大幅提升。以可果美公司為例，連續三年，販促費用占總營收比例，已經高達20%之巨。此比例不斷攀升的情況下，已對微利的飲料廠商產生獲利績效的明顯壓迫。

喜崗浩二總經理終於覺悟到價格低下與獲利嚴重衰退的危機感，而轉向到獲利重現的意識改革。他下令大幅削減及管制促銷費用；換言之，就是不能再低價賣可果美飲料，必須把價格回復上來，此種回復提升價格，成為當時明確的價格策略。

此策略一出，剛開始的出貨銷售數量，每月平均較以往下滑了20%，引起大部分營業人員的反彈。可果美總公司要求全國各地分公司的業務部署、商品、顧客、業績、販促費及獲利績效等，均必須依照總公司的制度要求，建立起一套每天都可以及時從網路上看到的資訊情報管理系統；並且導入了各產品線的BU（Business Unit）體制，例如：蔬菜汁飲料產品線、水果汁飲料產品線等營運利潤中心組織制度。

二、低價格，不是唯一策略

喜崗總經理表示：「不能再追尋低價格對應的對策，一定要從消費者所關心在乎的價值利益切入及滿足他們。另外，全體員工也一定要有獲利政策的高度共識，行銷策略一定要從根本思考上轉換，不能再陷入低價促銷的紅海爭戰。這樣的公司，才能看到長期的未來，也才能永續存活下去。」

走火入魔的超低價策略，導致虧損

降價！ 降價！

↓

超低價惡性競爭

↑

降價！促銷！ 降價！促銷！

→ 廠商獲利微薄 → 甚至導致虧損

公司應設立「價格長」

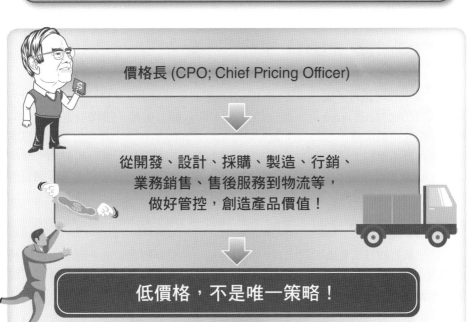

價格長 (CPO; Chief Pricing Officer)

↓

從開發、設計、採購、製造、行銷、業務銷售、售後服務到物流等，做好管控，創造產品價值！

↓

低價格，不是唯一策略！

Unit 4-6 LV精品高價的勝利方程式：手工打造＋創新設計＋名人代言行銷

一、LV是LVMH精品集團金雞母——流行150多年歷史，永不褪色的時尚品牌

1854年，法國行李箱工匠達人路易．威登在馬車旅行盛行的巴黎開了第一間專賣店，主顧客都是如香奈兒夫人、埃及皇后Ismail Pasha、法國總統等皇室貴族。自此之後，LV將19世紀貴族的旅遊享受，轉化為21世紀都會的生活品味，魅力蔓延全球。

坐落在艾菲爾鐵塔與聖母院的LV巴黎旗艦店，儼然是一座品牌印鈔機。《經濟學人》曾報導指出，光是LV就占路威酩軒集團170億美元年銷售額的四分之一，也占了集團淨利的三分之一。

二、不找OEM代工商，高科技嚴格測試

「為了維持品質，我們不找代工，工廠也幾乎全部集中在法國境內。」路易威登總裁卡雪爾表示。

路易威登位於巴黎總店的地下室，設置一個有多項高科技器材的實驗室，機械手臂將重達3.5公斤的皮包反覆舉起、丟下，整個測試過程長達四天，就是為了測試皮包的耐用度。另外，也會以紫外線照射燈來測試取材自北歐牛皮的皮革褪色情形，用機器人手臂來測試手環上飾品的密合度等，也會有專門負責拉鍊開合的測試機，每個拉鍊要經過5,000次的開關測試，才能通過考驗。

三、創新設計，掌握時尚領導

1997年，百年皮件巨人LV決定內建時尚基因，與時代接軌。

LV董事長阿諾特（Bernad Arnault）晉用當時年方30歲、來自紐約的時裝設計新貴賈克伯（Marc Jacob），讓皮件巨人LV跨入時裝市場，慢慢引進時裝、鞋履、腕錶、高級珠寶，也為皮件加入時尚元素。2003年春天，賈克伯選擇與日本流行文化藝術家村上隆合作，還是以經典花紋為底，設計出一系列可愛的「櫻花包」，LV轉型策略奏效。老店品牌時尚化，不僅刺激原本忠誠客群的再度購買需求，也取得年輕客層的全面認同，成為既經典又流行的品牌。

四、名人行銷，旅遊、運動與名牌精品的結合

路易威登找好萊塢女明星代言，可以看到「品牌年輕化」的企圖，之前路易威登找上珍妮佛・羅培茲（Jennifer Lopez）當品牌代言人，就是因她具有「成熟、影響力及性感」的女性特質。

除了找女明星代言外，路易威登還長期舉辦路易威登盃帆船賽。此外，為結合旅行箱這款經典產品，路易威登也推出一系列的《旅遊筆記》與《城市指南》等旅遊書。藉由運動與旅遊的推波助瀾，路易威登的品牌形象已大大不同。

LV 關鍵成功六大因素

1.商品力
高品質、高質感、創新時尚

2.名人行銷與活動行銷

3.全球市場布局完整
歐洲／美國／亞洲新興市場

4.品牌力（品牌資產）

5.通路力
大型旗艦店及高級專賣店

6.服務力
以VIP貴賓級高水準服務對待

LV：不找 OEM 代工，高科技嚴格測試

1.
法國工廠
自己做

2.
師傅手工
製作

3.
嚴格品質
檢測

確保 LV 一貫的高級品質保證！

Unit 4-7 高價案例

案例一 3M產品的價格就是比人貴，因為它的產品比別家好

發現3M產品的價值、願意購買，3M公司業績年年成長。趙台生上任3M台灣總經理，他每天下午5時在辦公室打開電腦看業績報表，都不禁看得呵呵笑，「因為業績很好，過去的努力開花結果了，尤其第四季是電子產業外銷旺季，消費產品在年底也即將熱賣。」趙台生是個目標導向的管理者，2013年喊出「三年內業績成長二倍」，希望刺激員工打拚，帶動公司營運成長。

2015年上半年，3M台灣的業績成長19%，前10月的數字表現，包括營收、利潤、績效等，都比日本和韓國兩地更好，過去一年台灣的消費市場表現較弱，但3M做工業產品供應給電子業，而隨電子業外銷產能的支撐，3M在台灣擁有很大利基。趙台生不諱言，3M的產品比別人好，但強調「價值」，不是「價格」。舉個例子，「別人一個掛鉤賣5元，為什麼3M掛鉤賣50元？因為消費者覺得好用，這就是價值。」

案例二 麗思卡爾頓頂級服務冠全球，服務全球最富裕5%人口

亞洲最昂貴的大飯店——麗思卡爾頓（The Ritz-Carlton）2006年正式在日本東京都營業，最高樓、視野最好的房間，一晚要價210萬日圓（折合台幣約60萬元），超過當時東京同業大飯店最高的25萬新台幣行情，引起東京有錢人士的注目。

麗思卡爾頓成立於1905年，在第二次世界大戰後逐漸衰敗。到2016年為止，麗思其實只是個成立僅32年的年輕飯店企業，目前全球共有70家據點。而麗思卡爾頓10多年來迅速崛起，主要是在美國連續三個年度得到極為嚴謹的美國國家經營品質賞所致。麗思卡爾頓定位在頂級大飯店，美國總公司總經理西蒙古柏（Simon F. Cooper）表示：「麗思卡爾頓長期以來就是鎖定全球人口前5%，以及日本東京人口前1%最富裕階層人士為目標客層。」

東京麗思執行董事酒井光雄表示，麗思在日本成功理由之一，即是「以日本最富裕階層的1%為顧客設定」，麗思認為感動客人不是偶然的，服務是可以科學化的，不能依賴個人能力。例如，在麗思大飯店整理客房的清潔人員是以計點數來衡量此人的績效。另外，麗思設計一套「服務品質指數」（Service Quality Index；簡稱SQI），從SQI中的指數，可以計算出不滿意指數。

麗思之所以名冠全球，並不是在於豪華裝潢與設施，而是在於根本的經營理念，就是要創造出令顧客感動的服務。

3M 產品價格貴，但仍賣得好

別家：
一個掛鉤賣 5 元
→
3M：
一個掛鉤賣 50 元

別家：
一支拖把賣 100 元
→
3M：
一支拖把賣 300 元

消費者覺得 3M 產品好用，這就是價值！
有價值感，就能有好價格！

麗思卡爾頓大飯店，服務全球最富裕 5% 人口

麗思卡爾頓
高檔大飯店
（高檔定價）

服務全球
前 5% 最富裕
層人士

服務東京
人口前 1%
最富裕層
人士

頂級品質！頂級服務！頂級價格！

Unit 4-8 「平價奢華」時代來臨

一、何謂平價奢華？

所謂平價奢華，是提供近似、甚至更好的品質，卻只要同級商品八成甚至五成的價格。這些在M型社會中，卡好定位的商家，營收成長動輒兩、三成，是民間消費成長率10倍左右。

二、「平價奢華」與「窮人時尚」是未來消費的主流

台灣奧美策略發展與研究中心行銷總監吳雅媚分析，台灣進入M型社會後，市場消費趨勢變成「少花點錢，但要品味和品質」。例如：新車款SWIFT、TIIDA、YARIS，雖然是平價小車，但走雅痞風格，和以前的小車走向完全不同。

之前金融業者要打一批新廣告，宣布經營貴賓理財的進入門檻，從300萬直接降到100萬等，都是順應這個潮流，奧美內部提文案，也朝「平價奢華」、「窮人時尚」方向著手。

多年前日本知名管理學者大前研一在《M型社會》一書中，曾預言許多人將淪為中下階層，但是消費者又要求多一點奢華感，因此認為「平價奢華」將是未來消費的主流。

案例　台中赤鬼牛排館

2007年1月在台中開幕的「赤鬼牛排館」，大手筆斥資3,000多萬裝潢，連排油煙管都是鍍金的，一份豬排卻只要120元，一開幕便造成轟動，餐廳門口天天大排長龍，每日賣出1,300客，假日則高達1,700客，最高曾創下一桌翻17輪的紀錄，單月營業額有800萬元的實力。

赤鬼牛排創辦人張世仁在台中逢甲夜市擺攤起家，還經營全台最紅的日船章魚小丸子及重口味麵線，對平價餐飲市場有獨到的觀察。張世仁強調，「平價餐飲因為利薄，所以一定要衡量」，「赤鬼開幕前我就算過一天一定要賣超過800客才能賺錢，否則就會賠錢。」

為了拉高每桌的週轉率，赤鬼店內以熱情如火的大紅色為裝潢基調，網友評價「紅色不但讓人食慾大增，吃的時候動作變快，吃完就想離開。」

「平價奢華」時代來臨

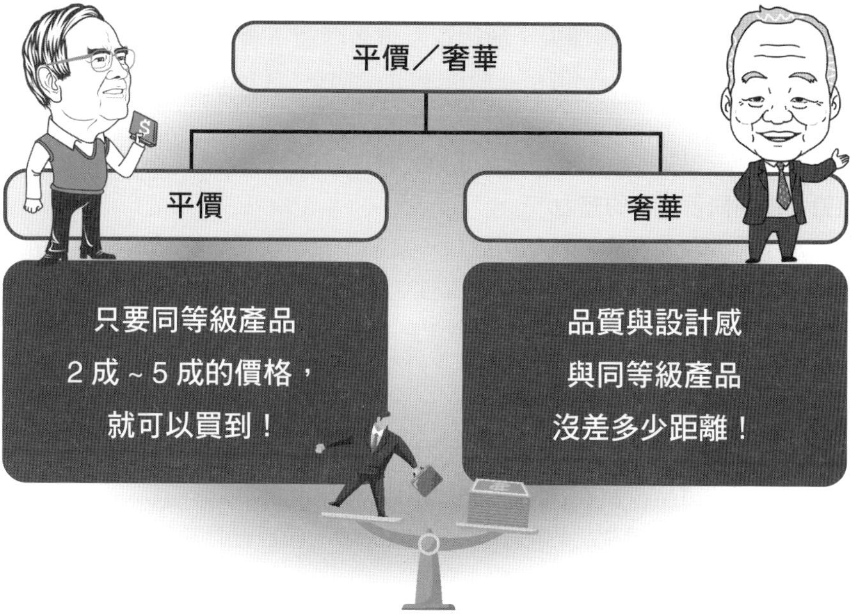

「平價奢華」與「窮人時尚」是未來消費的主流

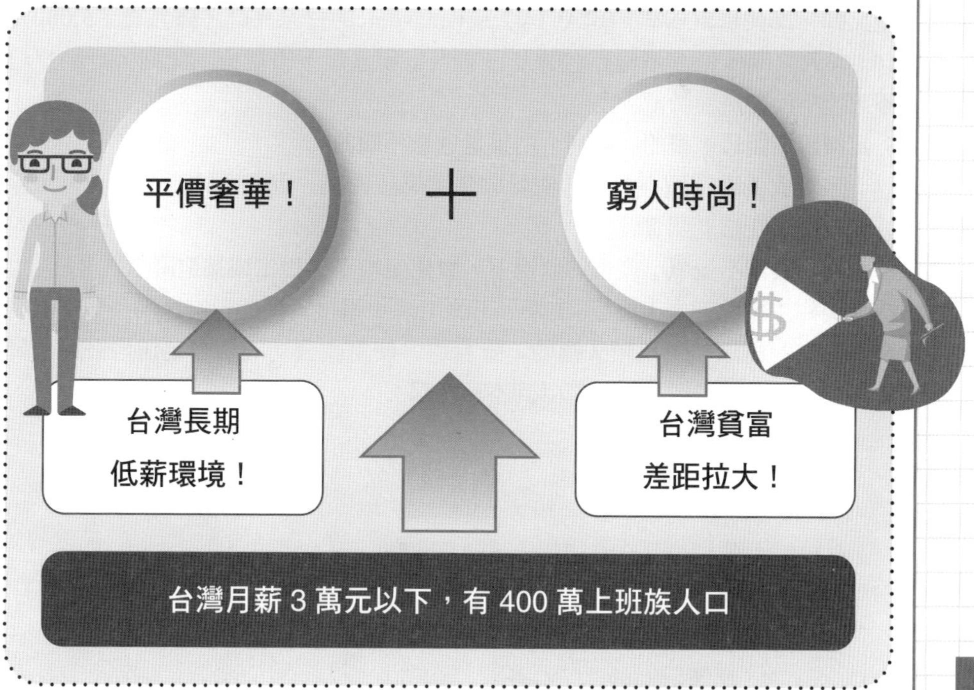

Unit 4-9 定價問題為何令人頭痛的六大原因

台灣地區一些行銷經理人，他們認為定價問題不會如歐美經理人所想的嚴重。作者個人認為，假設定價是一個重要的「議題」（Issue），定價不當，才會為公司製造出問題。

依據作者蒐集及歸納出的原因，定價思維面臨幾個問題點：

1. 面對「產品同質性」的壓力

這是不爭的現實問題。例如：飲料、食品、日常用品、液晶電視機、報紙、小家電用品、咖啡等，產品本質上差異性並不太大，您可以提高一些價格，雖然獲利會好些，但問題在於能否賣得動？

2. 面對「競爭者」的壓力

這也是一個現實問題。在市場競爭廝殺上，競爭對手經常採取促銷價格戰或是低價格戰來搶食市場大餅，那我們的定價策略該如何因應呢？

3. 面對「自己公司品牌太多」的狀況壓力

有時候公司某同類產品的品項出了太多品牌，使自己打自己的狀況出現，那麼要訂多少價格才能降低不利呢？

4. 面對某類產品「逐年價格下滑」的大勢走向壓力

例如：近幾年來，液晶電視機（LCD TV）的價格，從最早期剛出來時的10幾萬，降到目前的1萬多（30~40吋）、2萬多（40~50吋）及3萬多（50~60吋）的國產品牌。即使是SONY（BRAVIA）或Panasonic的日系品牌，雖然貴了5,000元至10,000元之間，但其價格在台灣及日本也呈現逐年下滑現象。此刻，行銷經理人不可能不面對這種降價大勢。

5. 定價跟老闆最重視的「獲利」結果是息息相關的

定價太低或定價不當，迫使營收預算無法達成，則公司的預期獲利也不會達成，此刻就要被老闆責難了。

6. 面對「長期不景氣」產業的狀況下，致使定價不易穩定或被迫降價

例如：國內廣告市場近3年來，不論電視、報紙、廣播等均呈現些微下滑的趨勢，尤其電視廣告量比較大幅的下降衰退，使電視公司的廣告定價也被迫下降，此舉自然使公司營收及獲利都受到不利衝擊。

定價問題令人頭痛的六大原因

1.面對產品同質性的壓力沉重

2.面對競爭者的壓力沉重

3.面對自己公司品牌太多的狀況壓力沉重

4.面對某類產品逐年價格下滑的大勢壓力沉重

5.定價與獲利息息相關的壓力沉重

6.面對國內市場處於長期不景氣的狀況壓力沉重

定價頭痛的關鍵分析

1.
產業、市場、經濟不景氣，定價拉升很不易

2.
同業競爭太激烈，定價拉升很不易

3.
產品同質性太高，定價拉升不易

4.
價格逐年下滑，已成趨勢，不易停住

5.
原物料及零組件成本不斷上漲，價格不易同步上升

Unit 4-10 成為「高明定價者」的四大邏輯性條件

美國知名的定價學者專家羅伯・道隆（Robert J. Dolan）及赫曼・賽門（Herman Simon）在其知名著作《定價聖經》（*Power Pricing*）中，曾經指出公司人員應該如何成為「高明定價者」的四大條件，茲將重點摘述如下：

一、要有正確的定價觀點

這二位定價學者專家指出，影響公司最終利潤（Profit）有三個要素，如下公式：

利潤＝（銷售量 × 價格）－成本

因此，公司行銷人員要管理三件事，才能提高獲利：

1. 要思考如何增加及提高每週、每月及每年的各項產品銷售量；
2. 要思考如何持續、降低產品製造成本及總公司、分公司的管銷費用；
3. 要思考如何「有效」的管理「定價」議題，使定價具有更高度的槓桿效應。

這二位國外知名學者認為應重視「價值創造」，因為「高明定價者=高明價值創造者」。

高明定價者不會將定價交由市場或競爭者決定，他會為自己產品的特點和呈現，創造出「價值」。他會將「價值創造」、「價值萃取」（Value Extraction）和定價結合起來，並且深知「利潤系統」（Profit System）中各要素之間的關聯。

二、應建立事實資料檔案

當然，要有正確的高明定價，公司行銷業務部門、財務部門及製造部門一定要：

1.擁有自己公司過去長期以來，有關各種定價、成本及利潤的關係數據；
2.擁有各種促銷活動或價格變動的影響關係數據；
3.擁有各種競爭對手的數據與比較性。

三、要掌握分析工具並界定範圍

道隆及賽門這二位學者專家接著指出：「高明定價者以事實資料檔案為基礎，針對顧客和競爭者進行系統化分析，以便評估調整定價策略的可行性。分析的範圍包括顧客反應、競爭者反應，以及價格對於市場占有率和產業獲利的影響。」

四、決策與執行能力

公司要有一個優質良好的業務、行銷、市場、財會、研發技術及生產等人才團隊，在執行長或總經理的領導下，做出明確的決策，並交付全公司相關員工去實踐執行力。

成為「高明定價者」的四大條件

1. 要有正確的定價觀點

(1) 利潤＝（銷售量 × 價格）－成本

(2) 高明定價者＝高明價值創造者

（Price → Value）

2. 應建立事實資料檔案

長期蒐集自己公司、競爭對手及整個行業的相關數據資料

3. 要掌握分析工具並界定範圍

依據資料，展開系統分析，並評估或調整價格策略

4. 決策與執行能力

(1) 執行長或行銷長的最佳決策

(2) 全體員工的執行能力

Unit 4-11 正確定價應避免四點錯誤

公司行銷人員對於正確的定價行動，在思維上與具體行動上，應注意避免以下幾點錯誤。

一、須結合「定價」與「行銷組合元素」一起運作

新產品或既有產品的定價操作，必須與行銷組合其他元素一起分析。其他元素包括：產品品質、廣告預算、通路密布、促銷活動、業務推廣、媒體公關、精緻服務、顧客滿意等。

二、須結合定價與「目標顧客群」、「品牌定位」元素一起研判

訂多少價錢，自然要針對我們的目標顧客族群與產品定位為何而決定。例如：LEXUS、Benz、BMW的高級轎車定價，自然不能訂太低，否則會損及其高級車的形象。

三、定價要「具有彈性」，不須一成不變

市場競爭、科技環境與消費者環境經常在改變，連iPad平板電腦、ASUS筆記型電腦、SONY與Panasonic液晶電視機、iPhone手機、國內高鐵及北高國內航空機票等商品，也都要實際降價或辦促銷活動。這顯示產品定價不可能一成不變，定價決策及反應要具有彈性，須視下列條件而定：

1.「競爭對手」的行動價格如何；
2.隨著「時間與季節」變化的價格如何；
3.「不同產品」的毛利率價格如何；
4.「不同顧客群」的可接受價格如何；
5.公司「不同產品線」彼此間的協調性及差異性；
6.公司「不同品牌間」彼此的協調性及差異性；
7.「產品成本」的變化，價格可能也跟著調整。

四、定價不要忽略了「市場的本質」

廠商對產品的定價，有時候要觀察到特定國內市場或國外市場的本質如何，要深度的看到本質。舉例來說，以大學教科書而言，中文教科書目前的定價最好在500元以內，然後打個85折，約400多元，是一個可以讓全台灣大多數學生接受的價格帶。

這與過去600、700元的教科書定價時代已有很大不同。主因是近幾年台灣市場與經濟不太景氣、新貧族增加、M型社會成形、大學生比較不愛唸書等，這些都是這個市場的本質因素。

再如近幾年國內液晶電視機崛起，市場賣得不錯，每年都有六、七十萬台的市場規模銷售量，這是因為產品大幅降價的結果。因此，只要P（價格）下降，Q（數量）就能上揚，這也是它的市場本質。

正確定價應避免四點錯誤

1. 定價必須結合行銷4P組合元素一起分析運作
2. 定價不能脫離品牌定位及目標顧客群的一致性
3. 定價必須視市場變化而機動調整，不能一成不變或死守某個價格
4. 定價不要忽略市場本質的特性，要注意大環境的變化

定價要緊密連結的因素

1. TA是誰？（目標客群？）
2. 品牌定位在哪裡？
3. 競爭對手訂多少價格？

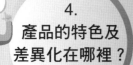

4. 產品的特色及差異化在哪裡？
5. 產品的價值感在哪裡？

第 5 章

影響定價的多元面向因素及定價程序

Unit 5-1 最新M型社會的消費趨勢

一、商品市場的兩種變化

在日本或台灣，由於市場所得層的兩極化，以及M型社會與M型消費明確的發展，過去長期以來的商品市場金字塔型的結構，已改變為二個倒三角形的商品消費型態。如右圖所示。

二、兩極化市場商品，同時發展並進

今後，市場商品將朝兩極化並進發展。

一是朝可獲更大滿足感的高級品開發方向努力前進，以搶食M型消費右端10%、20%的高所得者或個性化消費者。

二是朝更低價格的商品開發及上市。但值得注意的是，所謂低價格並不能與較差的品質畫上等號（即低價格≠低品質）。相反地，在「平價奢華風」的消費環境中，反而更是要做出「高品味、好品質，但又能低價格」的商品，如此必能勝出。

另外，在中價位及中等程度品質領域的商品，一定會衰退，市場空間會被高價和低價所壓縮，以及重新再分配，隨著全球化發展的趨勢，具有全球化市場行銷的產品及開發，其未來需求也必會擴增。因此，很多商品設計與開發，應以全球化市場眼光來因應，才能獲取更大的全球成長商機。

以國內或日本食品飲料業為例，不管是高價位的Premium（高附加價值）食品飲料，或是低價食品飲料，很多大廠也都是同步朝兩極化產品開發及上市。例如：日本第一大速食麵公司日清食品，在2006年12月就曾發售超容量（即麵條是過去的二倍）產品，但價格卻與過去一般平價的190日圓速食麵相當。因此，食品飲料大廠不只要經營「上流社會」，同時也要想到有更廣大的「平民社會」需求需要被滿足。

三、結語：M型社會來臨，市場空間重新配置

綜合來看，隨著M型社會及M型消費趨勢的日益成形，市場規模及市場空間已向高價與低價（平價）兩邊靠攏，中間地帶的市場空間已被分流及更新配置了。廠商未來必須朝更有質感的產品開發，以及高價與低價兩手靈活的定價策略應用，然後鎖定目標客層，展開全方位行銷，必可長保勝出。

過去長期以來的商品市場考量

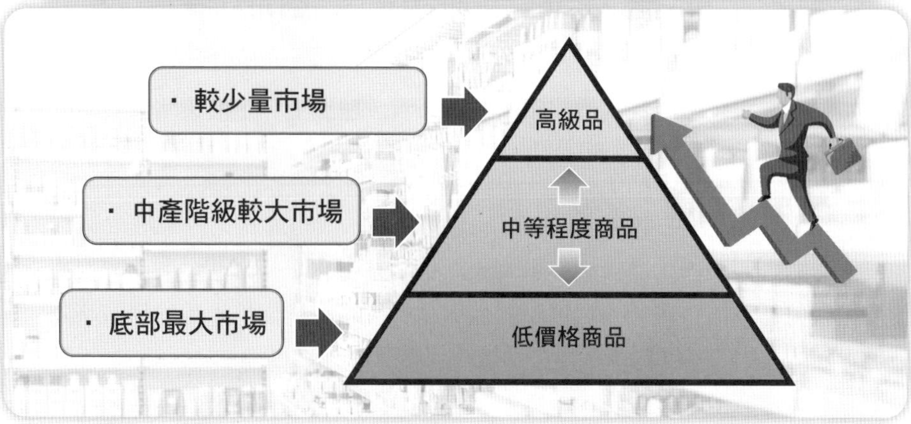

今後（未來）的商品市場預測

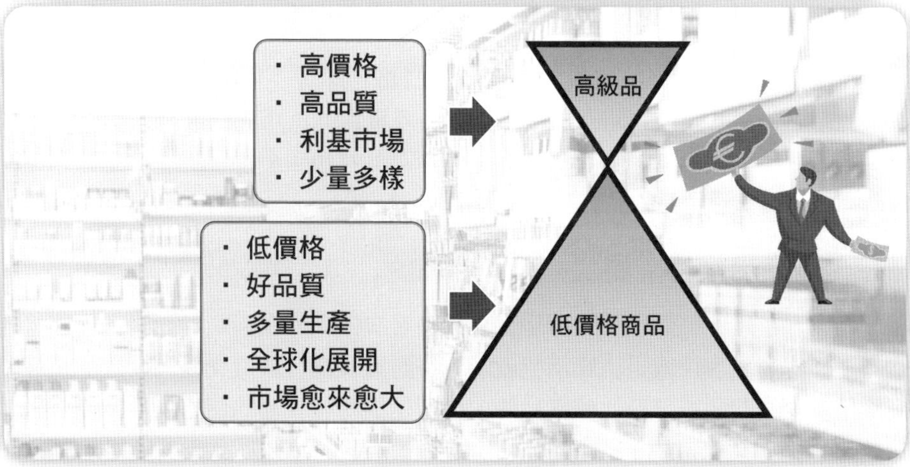

M 型化消費市場

Unit 5-2 影響定價策略的三個思維層次

如果從宏觀戰略層次到微觀戰術層次來看，理論上，定價策略應考慮的觀點及內涵，是有三種不同層次的差別。

一、「產業價格」層次

定價策略最宏觀、最遠處要思考的是整個產業層次，以及我們在這個產業的價值處在何種價值位置。而這種整體性與趨勢性的產業價格應走向何方？為何是這種走向？我們的因應對策為何？都是應該思考及研究的。

而對產業價格層次的影響因素，可能涉及：1. 國際化的供需狀況；2. 科技性的突破；3. 國際化的產業政策；4. 全球化趨勢；5. 國際法令規範；以及6. 國內各種影響產業走向及其價格的多元因素。

二、「產品／市場價格」層次

在產業價格最高層次之後的第二層次價格，即是「產品／市場」的價格層次。此時，公司的定價策略及最後價格就要考量到：1. 市場的競爭狀況；2. 市場的供需；3. 市場規模；4. 市場成長性；5. 產品的特色；6. 產品的生命階段週期；7. 產品的定位；8. 產品的品質等諸多因素。

三、「交易價格」層次

最後，在最下一個層次的即是交易價格層次。此層次指廠商面對各種零售通路商、經銷商、客戶或是終端消費者時，在討論及進行買賣交易，其定價或最終價格是多少的問題，這是比較細微的，但卻是很明確具體的價格條件及價格數據的結果。例如：某家飲料公司將產品上架統一超商時，要賣多少價格給統一超商？統一超商又要賣多少價格給來店顧客？這些都是最終交易價格談判、議價或討論的過程及結果。

定價策略的三個思維層次

1. 「產業價格」層次
2. 「產品／市場價格」層次
3. 「交易價格」層次

產品／市場價格層次的因素

1. 市場的競爭狀況
2. 市場的供需狀況
3. 市場規模
4. 市場成長性
5. 產品的特色
6. 產品的生命週期（PLC）
7. 產品的定位
8. 產品的品質

產業價格層次的因素

1. 國際供需狀況
2. 全球產業狀況
3. 全球科技突破狀況
4. 國內產業發展及趨勢狀況

Unit 5-3 影響定價策略評估的要素 (Part I)

「定價策略」（Price Strategy）是定價管理的最高層次問題，也是必須用策略性思考去看待的問題與決策。

以全方位角度來看，一個公司的「定價策略」，高階決策者應該思考及評估以下幾項要素：

一、「產業的競爭態勢」與「主力競爭對手」

定價策略第一個要考慮及評估的是，整個產業或這個產業的競爭態勢如何，以及主力競爭對手狀況如何。例如：這個行業是高度競爭與完全競爭的態勢，幾乎有十幾、二十個有名的牌子在市場上激烈競爭廝殺，那麼廠商的定價策略，就很難有高價策略或獨特性策略施展的空間。反之，如果產業進入門檻很高，產業的競爭態勢很少，就幾乎是寡占行業。例如：台灣生產石油產品的只有中油及台塑石化公司，那麼他們的定價策略就常是隨心所欲。

二、「公司的定位」及「品牌的定位與形象」

廠商「定價策略」第二個必須考量及評估的是，本公司或本品牌的定位或被消費者定位在什麼層次、什麼特性與價格帶。例如：一談起LV、CHANEL、GUCCI、Cartier、HERMÈS等，就知道這是高級、高價、高品質的名牌精品；再如Benz、BMW、LEXUS等，亦為高級及高價位的豪華轎車。當然，另外也有被定位在低價、平價、一般品質的產品或服務業。公司或品牌一旦被消費者定位之後，幾乎就很難改變它的價格策略，或是訂定與消費者不同認知看法的價格策略。例如，進到星巴克咖啡跟進到平價的丹堤咖啡或壹咖啡，顯然您要付的咖啡價錢是不一樣的，而這也是您心裡早就明白的。

三、價格在公司行銷 4P 中，「角色扮演」的重要性程度如何

評估定價策略的第三個因素，就是指Price（價格）這個因素在行銷4P戰略及戰術活動中的重要性程度如何。有些行業它很重要，有些行業卻不一定重要。舉例來說，一般性報紙，永遠都是10元；一般性小包裝飲料都是10元，或寶特瓶飲料一般都是20元；坐捷運、坐公車、看有線電視每月月費等，也都是固定的，不太容易有什麼大改變或大策略可言，此時就不太需要為定價策略傷腦筋。但是，有些行業的一些產品價格因素就扮演比較重要的角色。例如：名牌精品、轎車、餐廳、家電、服飾、化妝保養品、男裝等，其價格策略就可以有比較大的權力和必要性去評估及制定。

四、「財務績效」的要求與目標

影響定價策略的第四個因素，即是公司高層對公司經營的財務績效目標與要求如何。有些外商、名牌公司或跨國性大企業，對全球各地子公司的財務績效目標與達成要求非常嚴格，一定要達成預定目標數據。但有些國內的中小企業主，由於自己是老闆，其對財務績效大或小的彈性空間就比較大。換言之，有時候可能少賺一點。這個不同的觀點，也會影響定價策略的走向。

影響定價策略評估的要素

1. 產業競爭態勢與主力競爭對手
2. 公司與品牌的定位及形象
3. 價格在行銷4P中，角色扮演的重要性
4. 財務績效的要求與目標
5. 產品生命週期在哪一階段
6. 產品的創新性、領先性、差異化及獨特性
7. 市占率多少
8. 價值導向或價格導向的信念
9. 行業特性是否不同
10. 兼具社會責任問題

品牌定位與價格相關性很高

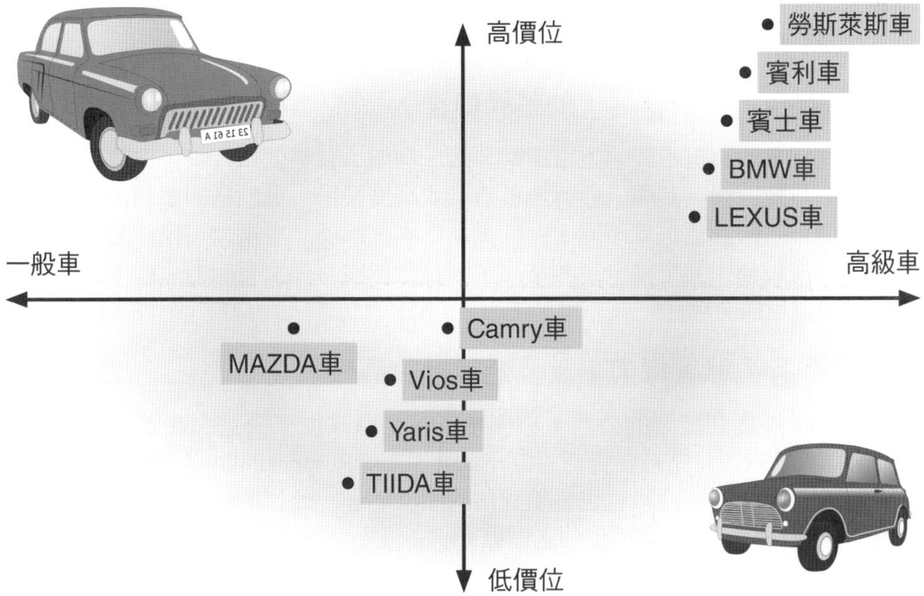

Unit 5-4 影響定價策略評估的要素 (Part II)

五、「產品生命週期」在哪一個階段

影響定價策略制定的第五個因素，是這個產品的生命週期是處在哪一個階段。例如：假設現在NB（筆記型電腦）、LCD TV（液晶電視機）、智慧型手機、平板電腦等處在高度成長期，因此定價策略的施展方向與空間就可以大一些或彈性一些，或多變化一些。反之，如果處在衰退期的商品，可能毫無定價策略可言，唯一的策略就是不斷降低價格才能賣出。

六、創新性、領先性、差異化與獨特性

影響產品定價策略的第六個因素，即是這個產品的創新、領先、差異與獨特程度如何。如果程度愈高，則定價策略就會有自主性與獨斷性。反之，如果是普普通通、泛泛之輩的產品，則就沒有定價策略評估的必要性。

七、「市占率」多少

像統一超商的店數超過全國便利商店二分之一以上，全聯福利中心也超過全國二分之一的市占率，舒潔衛生紙、Airwave／Extra／青箭口香糖等市占率也均超過二分之一以上。這些高市占率的產品，其在市場上很有通路Power（通路力，通路為王），影響力很強。因此，其定價策略評估就比較有自主性及獨立性。

八、公司是採取「價值導向」或「價格導向」的政策與信念

影響定價策略的第八個因素是公司高階經營事業，是採取價值或價格導向。此即指採取價值導向的公司，不允許公司的產品價格是低價格或是經常促銷價格。反之，價格導向的公司，就是價格會向下調降，不能堅持價值原則。低價格就常伴隨著較低品質的狀況出現。

十、產品「行業特性」的差異與否

不同行業的確有不同的定價策略評估。例如：有些公司行業，像高科技或尖端領先的科技行業，其與一般傳統製造業或高度競爭、低門檻的服務業，當然在決定定價策略的評估也就不同。例如：像日本、歐洲、美國公司出產的精密醫療診斷高科技設備，其定價一定非常高，因為全球沒有幾家有能力生產，故其定價策略就可以橫掃全球。

十、兼具「顧客導向」及「企業社會責任」

目前賺錢獲利豐厚的公司，亦開始考慮到應該從事公益、慈善、文化、教育、救濟等CSR（企業社會責任；Corporate Social Responsibility）活動。換言之，價格合理化而非價格高級化也是須評估的因素之一。此目的即在塑造良好的企業形象，避免被貼上「為富不仁」之標籤。

產品生命週期（PLC）與定價

很有相關性（智慧型手機目前價格下滑中）

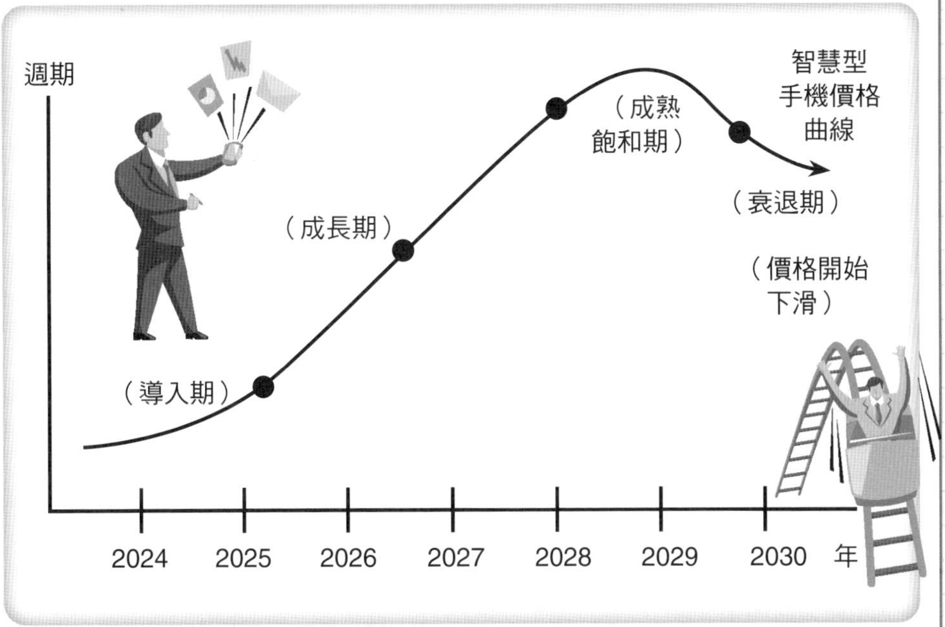

創新、差異、獨特與定價有相關性

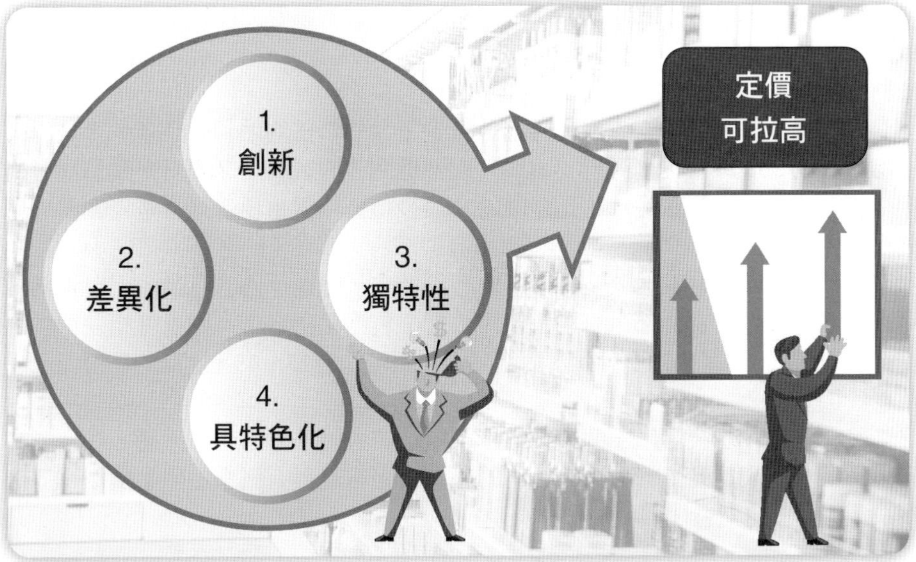

Unit 5-5 對一個產品定價，應考慮的各面向因素

不管對一個新產品、改良式產品或產品線組合的產品，產品定價其實也不是那麼容易或隨便訂出最後的出售價格。在企業實務上，公司必須考量到以下幾個面向的因素：

1. 產品面向策略因素

(1)這個產品的獨特性、唯一性或創新性；

(2)這個產品的品質程序，是極高品質、中等品質或低品質；

(3)這個產品的功能性如何，是多元功能或簡單功能；

(4)這個產品的定位何在。

2. 消費者面向策略因素

(1)這個產品的銷售目標對象是誰？是名媛貴婦、一般家庭主婦、一般上班族女性或學生女性……。

(2)這些 Target Audience（TA；目標對象）的消費能力、消費價格帶接受度、消費價格觀、消費習性、消費的心理、消費的目的等因素為何？

3. 競爭者面向因素

主力競爭對手現在在市場上是否有相近似的產品？他們的售價多少？他們的產品組合與功能性、品質如何？他們的定位與銷售對象如何？他們的銷售成績與行銷宣傳如何等因素。

4. 通路商面向因素

此類產品的通路類型、通路配銷密度如何？通路結構與主力通路、次要通路如何？通路商要賺多少毛利率？通路商與此產品的配適度如何？獨家通路或多元通路等因素。

5. 市場與大環境面向的因素

整個經濟環境與市場景氣狀況如何？M型社會的影響力如何？未來景氣悲觀或樂觀？消費者的保守心態如何？政府的可能政策為何？以及流行性等因素。

6. 回歸公司本身

這個產品的製造成本或採購成本是多少？我們希望的毛利率是多少？是過去平均水準的三成或要更高到五、六成，或降低到二成或……？還有，我們應分攤多少管銷費用給這個產品，才是淨賺的？最後這一項很重要，通常是老闆要思考的重點。

當然，可能還有其他更多的因素要考量進去，因為不同的行業，而有不同的考量因素。例如：賣一部汽車的定價，跟賣一包泡麵的定價，兩者就相差很多，一部2,000c.c.的車就要70多萬元，而泡麵一包可能只有25～45元之間的差價而已，故差異很大。

綜上所述，想要訂出一個最後價格，還是要考慮不少因素。不過，在企業實務上，業務部人員及主管對市場價格的訊息，平常就很有概念並熟悉操作，他們下決策的速度自然會快很多。

對產品價格定價應考慮的七個面向

1. 產品面向策略因素
2. 消費者面向策略因素
3. 競爭者面向策略因素
4. 通路商面向策略因素
5. 市場與大環境面向因素
6. 公司自身面向因素
7. 其他諸多可能的因素

歸納六大面向來看定價

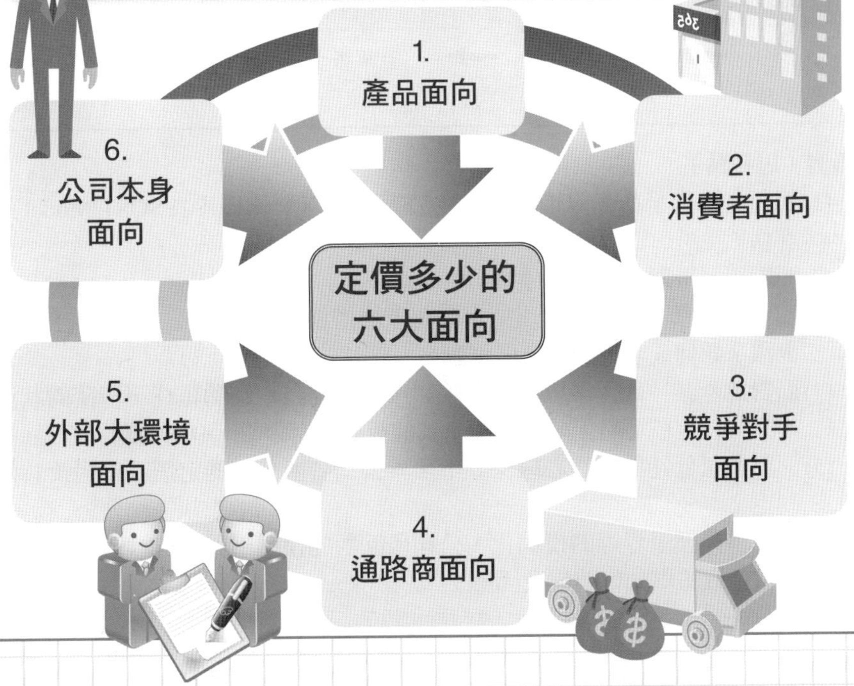

Unit 5-6 定價決策之因素分析與SOST步驟

一、影響定價的七個完整面向與因素

一個有系統、有邏輯、有思維進行的定價決策，以全方位的完整性來看待影響定價的因素面向，主要有如下七大面向（Dimension），如右圖所示。

1.顧客（目標客層）面向因素；
2.競爭對手與市場競爭的態勢面向因素；
3.成本面向因素；
4.財務面向因素；
5.行銷面向因素；
6.研發、採購、製造面向因素；
7.外部大環境面向因素。

二、SOST：現況分析→目標→策略→戰術計畫的四個步驟

1. 何謂 SOST？

對於行銷作為及行銷企劃時，包括定價決策在內，我們應該以系統方法去思考定價決策及其相關問題。

因此，本書作者提出一個比較簡單的系統步驟，即是：

S →	O →	S →	T
(1) 定價的情境與現況分析（Situation Analysis）	(2) 明確定價目標何在（Price objective）	(3) 思考定價的主軸策略為何（Strategy）	(4) 詳訂定價的戰術計畫行動為何（Tactics）
(1) 現況分析 → S	(2) 目標 → O	(3) 策略 → S	(4) 戰術行動 T

2. 舉例（思考點）

(1) 面對主力競爭廠商降價措施，本公司該如何因應？請依 SOST Model 進行評估。
(2) 面對新競爭對手加入且分食市場，本公司該如何因應？
(3) 面對國際原物料頻頻上漲，本公司產品價格是否要上漲？上漲多少？如何上漲？如何成功低調的完成推動？
(4) 面對此產業、此行業或此產品線的市場價格長期趨勢是往下滑落的狀況，本公司在定價策略上如何因應？其他行銷 4P 策略上又如何操作？
(5) 面對景氣低迷與消費心態保守下，本公司各產品線的定價因應對策該如何制定？
(6) 面對跨業競爭界線的模糊化，公司所面對的競爭壓力將日益嚴重，本公司的定價政策該如何改變及因應？

影響定價決策的七大面向因素細目

定價決策的七大面向因素

1. 顧客面向因素
(1)目標市場、目標客層為何
(2)顧客可接受的價格帶或價格為何
(3)價格是否感到物超所值
(4)對價格的敏感度
(5)消費者的需求度
(6)消費能力的狀況
(7)其他因素狀況

2. 競爭對手與市場競爭態勢因素
(1)主要競爭對手定價的變化
(2)新加入市場競爭者的狀況
(3)此類產品的市場價格總趨勢

3. 成本面向因素
(1)原物料、零組件成本的變化
(2)人事成本的變化
(3)製造總成本的變化
(4)管銷費用的變化

4. 財務面向因素
(1)對公司及事業部門別、產品別或品牌別的年度預算達成狀況
(2)對公司總體的營收及損益的變化
(3)對損益平衡點及轉虧為盈的變化

5. 行銷面向因素
(1)行銷目標為何
(2)行銷策略為何
(3)市場定位為何
(4)品牌定位為何
(5)市場區隔為何
(6)對通路商、經銷商的改變為何
(7)對行銷 4P 組合計畫的影響為何

6. 研發、採購及製造面向因素
(1)研發設計是否可以再降產品成本
(2)採購是否可以再降原物料及零組件成本
(3)製造流程是否可以再降產品成本

7. 外部大環境面向因素
(1)經濟與景氣狀況
(2)法令、法規狀況
(3)產業政策狀況
(4)國際貿易及國際規範狀況
(5)匯率狀況
(6)人口與社會變化狀況(人口老化、少子化)
(7)其他因素狀況

SOST 分析步驟

1. S現況分析 (Situation) → 2. O目標分析 (Objective) → 3. S策略制定 (Strategy) → 4. T戰術行動 (Tactics)

Unit 5-7 影響廠商定價因素：3C 因素及其他因素

一、影響定價的 3C 因素

影響廠商定價或調整價格的因素非常多，但總體而言，以3C因素為主，包括以下3項：

1. 成本（Cost）

廠商的「製造成本」、「進貨成本」或「服務成本」一旦上升，就很可能被迫再調漲價格。例如：近期麵包、飲料、泡麵、牛奶、咖啡、紙品、速食餐等均因麵粉及原物料上漲，而不得不調漲價格。

2. 競爭對手（Competitors）

主力競爭對手的一舉一動，也會深深影響著本公司的定價走向。例如：市場第二品牌用「殺價策略」攻擊第一品牌，那麼第一品牌為維護其市占率，難道長期都不會降低因應嗎？

3. 顧客（Customer）

另一個C，則是必須考量到我們目標客層消費者的：(1)需求狀況；(2)比較心理狀況；(3)品牌忠誠度狀況；(4)所設定的目標客層屬性狀況；(5)對價格變動的敏感度；(6)其他可能的顧客因素。

總之，3C因素是影響廠商定價與調整價格的主要原由，如右圖所示。

二、影響定價的其他次要因素

當然，除了上述主要3C因素外，還有下列次要影響定價因素，包括：

1.通路的變化；

2.匯率的變化；

3.法令、法規限制的變化；

4.通貨膨脹的變化；

5.國際貿易限制的變化；

6.銷售條件的變化；

7.本公司行銷策略與定位的變化；

8.本公司行銷4P組合的變化；

9.本公司市占率的變化；

10.定價與本品牌形象及定位的變化；

11.定價與公司預算達成率關係的變化；

12.其他因素等。

影響價格訂定的主要 3C 因素

3.
顧客因素
依消費者對此產品的
需求程度而定
1.
成本因素
依產品的製造
成本或進貨成
本多少而決定
影響價格訂定
之 3C 因素
2.
競爭對手的
因素
考慮到競爭
對手的價位
是多少
消費者覺得合理、滿足，
甚至物超所值的可接受價格

3C 因素與定價

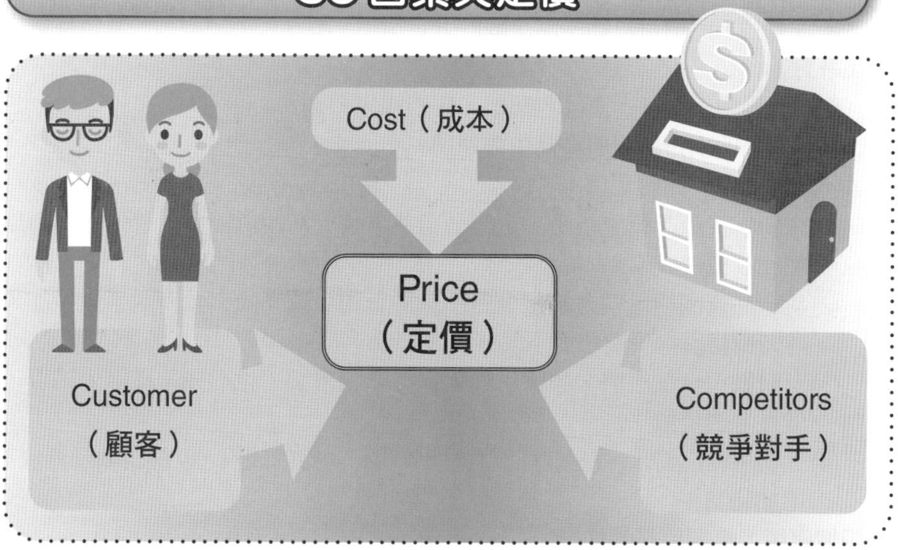
Cost（成本）
Price
（定價）
Customer
（顧客）
Competitors
（競爭對手）

Unit 5-8 定價決策所需的資訊情報項目

一、定價決策所需要的資訊情報項目

廠商及其高階主管在制定「定價決策」時，應該有蒐集充分且完整的資訊情報項目，如此才能做出正確的「判斷」（Judgement）及「決策」（Decision Making）。廠商需要哪些定價決策的資訊情報項目呢？大致包括：

1.預判競爭對手的表現及下一步做法；

2.判定我們的市場區隔及目標客層的資訊情報；

3.找出目標客層（顧客）他們的需求及其程度的資訊情報；

4.界定整個市場的競爭大環境資訊情報；

5.研判顧客品牌忠誠度及品牌選擇偏好的資訊情報；

6.研判顧客對價格敏感度改變的資訊情報；

7.研判顧客購買量資訊情報；

8.預估本公司自身產品製造成本或進貨成本變化的資訊情報；

9.預估本公司年度預算目標達成率資訊情報。

二、決定商品或服務的價格區間之五大因素

根據國內創業顧問專家呂仁瑞（2007）的長期經驗與認知，他認為要決定一個商品或服務的價格，應考慮下列五大因素：

1. 成本

總單位成本＝銷貨成本（製造成本）＋管銷費用（廣告、行政及其他相關費用的分攤），這是底價，除非特殊狀況，否則不可能低於此價格。

2. 特定目標顧客群的需求

需求愈強，定價可以高一點，弱的就定價低一點。

3. 競爭對手

市場競爭對手愈多，產品愈類似，相對需求愈弱。

4. 商品或服務的上市時間與產品生命週期

不同時間有不同的定價：

(1) 當新科技產品剛上市時，定價一定非常高，初期無競爭對手，訂高價以快速回收投資成本。

(2) 新產品賣高價，就會讓競爭對手覺得有利可圖，吸引眾多競爭對手加入，此時價格就會受衝擊而下降。

(3) 有時則採低價策略，讓競爭對手覺得無利可圖，也形成一種進入障礙，這就是滲透定價法。

(4) 低價可刺激需求，提高產能很快就會達到一定的規模，就能有效降低成本，增加利潤。

5. 降價與否，端賴價格彈性

就是消費者對價格變動的敏感性。

定價決策所需要的九大資訊情報項目

1. 預判競爭對手的做法
2. 判定我們的目標市場及目標客層
3. 找出目標客層的需求程度
4. 界定整個市場的競爭大環境
5. 研判顧客的品牌忠誠度及品牌選擇偏好
6. 研判顧客對價格敏感度
7. 研判顧客購買量
8. 預估本公司製造成本變化狀況
9. 預估本公司年度預算目標達成率狀況

價格區間變化的影響因素

價格上限（天花板）

1. 競爭對手的定價
2. 公司的成本多少
3. 目標客群的需求性如何
4. 產品生命週期階段（PLC）
5. 產品降價需求彈性如何

價格下限（地板）

Unit 5-9 價格反應的系統化架構

「價格」在自由市場運作，它並不是一年到頭都不變的。尤其，在面對有些競爭激烈的行業，或市場買氣低迷下，價格反應的改變及調整，更是經常可以在大賣場或門市店中看到。

就企業實務面來看，作者個人提出一個「價格反應的系統化架構」，如下圖示，並簡述如下。

第一：基本上，本公司自身與對手在市場上競爭，可能會因行業的不同、產業的不同、市場的不同或產品類別的不同，透過「價格機制」運作，可能會產生「穩定狀況」或「不穩定狀況」。穩定狀況係指這個產品或此行業產品的價格變化不大，故會有較長時期的穩定不變。而「不穩定狀況」，則是指此產品或此行業的價格變化比較大，競爭比較激烈。

第二：接著亦有可能會有新加入者進入市場競爭，或採取價格戰策略，破壞市場價格的穩定性。

第三：當市場價格穩定時，企業營運就比較OK，而能達到穩定且合理的獲利結果。

第四：當市場價格不穩定時，本公司自身就要提出各種行銷4P的因應對策或單一的價格因應對策。最後，本公司自身的獲利結果，將會因長期不穩定而使獲利及營收均降低。

總結來說，價格因素、價格反應系統與廠商完整的因應對策，都是環環相扣的。再者，市場也面臨著既有競爭者及新加入競爭者雙重競爭或攻擊、搶食的現實與壓力。故廠商更要有系統的去思考及建立這種反應的「機制」與「對策」。

價格反應的系統化架構

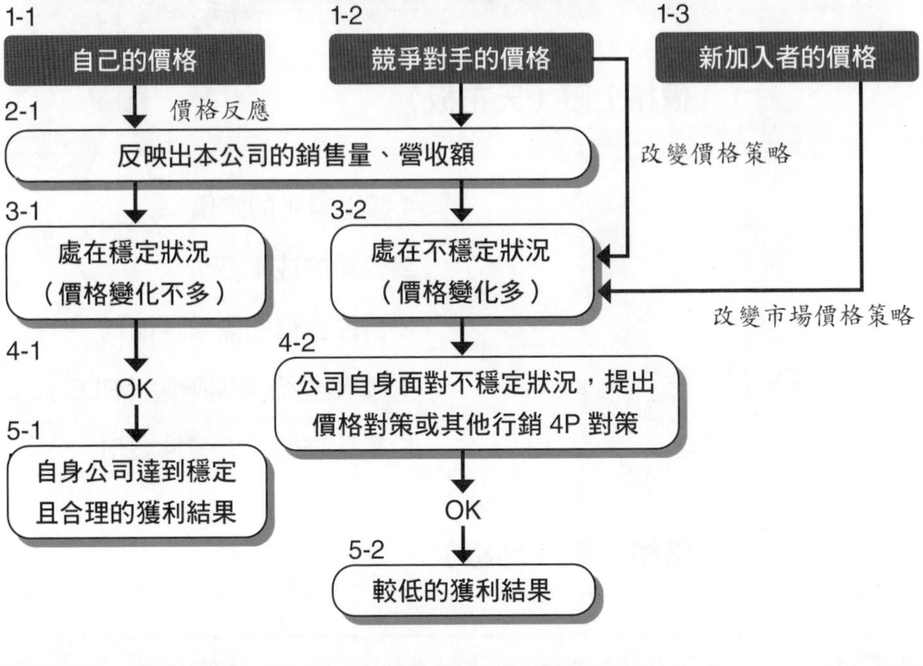

價格反應的三大系統相互爭奪市場

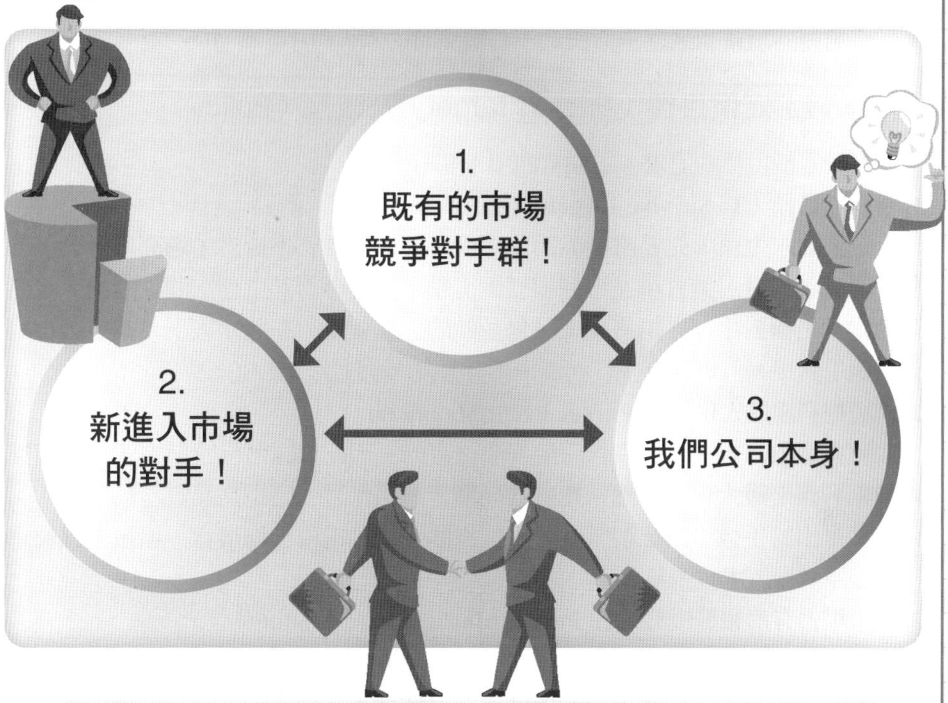
1.
既有的市場
競爭對手群！
2.
新進入市場
的對手！
3.
我們公司本身！

台灣智慧型手機為例

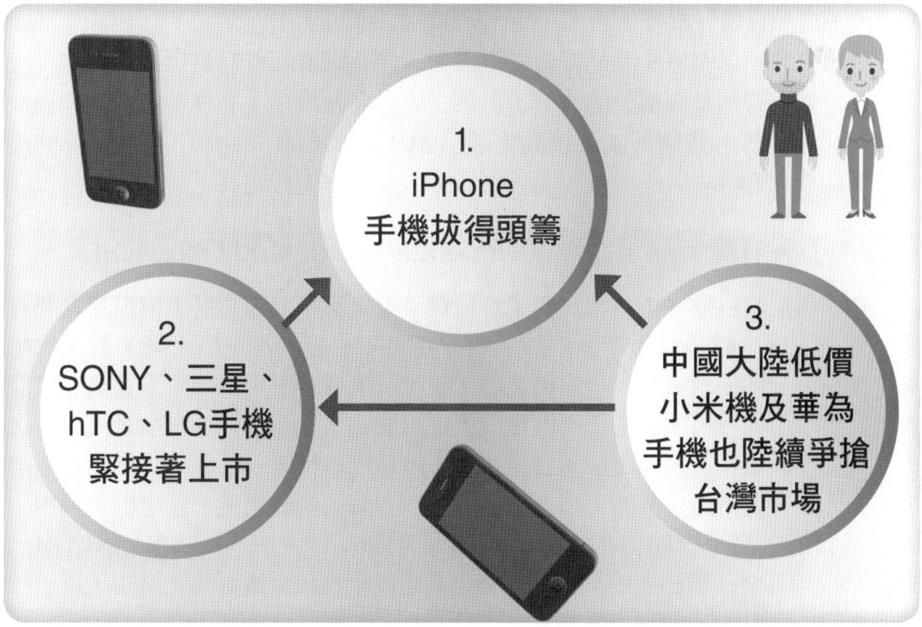
1.
iPhone
手機拔得頭籌
2.
SONY、三星、
hTC、LG手機
緊接著上市
3.
中國大陸低價
小米機及華為
手機也陸續爭搶
台灣市場

Unit 5-10 定價程序的步驟 (Part I)

企業對一項新產品之定價決策，其較完整之六大程序步驟如下：

一、確定定價目標（Pricing Target）及政策（Policy）

對於定價目標的追求，主要有四項：

1. 求生存目標（To Survive Target）

企業要求生存，先要將產品銷售出去，因此定價若不恰當（過高或過低），勢必影響銷售量，銷售量達不到損益平衡點，自會影響其生存空間。因此，必須先考量此定價對生存之銷售量或銷售盈餘的影響程度。在此政策下，其定價會稍低於競爭對手，但仍能有些許利潤。

2. 求短期利潤最大化（To Pursue Profit Maximum）

有些企業為求在短期投資報酬回收之目的，因此以高價位定價方式，企圖獲取短期利潤之最大化；當然，此處之高價位並不保證一定是高品質產品。例如：像早期推出的手機、筆記型電腦、平板電腦及液晶電視機均很貴，但後來就便宜了，因為供過於求且普及化。

3. 求市場占有率領導優勢（To Pursue Market Share Leading）

有些企業定價的出發點，並不在於追求短期利潤之最大化，而是希望先占據較大的市場占有率，創造市場知名度與領導優勢，然後再去考慮利潤最大化之目標。因此，可能會以較低價位去搶攻市場。例如：味全康師傅以中國第一品牌及16元賞味超低價，搶占統一速食麵的50%市占率。

4. 求產品高品質領導優勢（To Pursue Quality Leading）

少數企業則以堅持產品品質之領導優勢，作為定價之首要目標；換言之，在此之下定價，必然是高價位的方式。例如：國外名牌汽車、名牌服飾、名牌皮件及名牌化妝品等。像國外兩大精品集團LVMH及GUCCI，其旗下各系列品牌產品，均採高價策略。

二、了解消費者需求水準（Understand Demand Condition）

在確認定價目標之後，其次要了解消費者需求水準。因為需求與價格之間有顯著關係。就一般經濟學理論來說，有一條需求曲線，當價格下降，需求會增加；價格上升則需求會減少。定價之前，要了解消費者需求水準，主要是希望能夠面對實際市場行情，並酌衡不同價位下之可能銷售量。當然，有少數高品牌之產品，當提高價格後，反而使銷售量增加，這是因價格的一部分為「虛榮心」附加上去的，非屬常態。例如：現在國內高等教育有高學費趨勢，就是因為國內一般民眾有追求高學歷的需求所致。再如國外Cartier、FENDI、BVLGARI、TIFFANY等珠寶、鑽石與手錶，其價格也高達數十萬元或數百萬元之譜，這是炫耀價值的名牌產品。

定價程序六步驟

1. 確定定價目標及政策

2. 了解消費者的需求水準

3. 計算產品成本

4. 分析競爭者的產品及價位（知己知彼）

5. 選定定價方法

6. 擇定最終定價

定價政策及目標有四種選擇

定價政策

1. 追求短期利潤最大
2. 追求市占率優勢及最大化
3. 追求高品質、高檔定位形象
4. 追求能生存下去

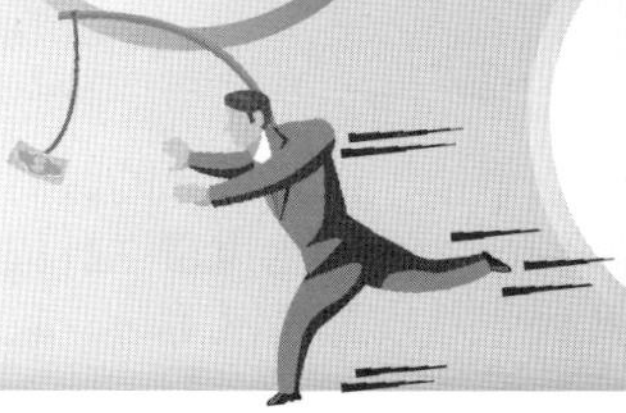

Unit 5-11 定價程序的步驟 (Part II)

三、計算產品成本（Forecast Product Unit Cost）

第三個步驟是要估算產品的單位成本，因為這是定價的最下限。在產品成本方面，有兩點應加以說明。

1. 產品成本內容

一個比較具完整性之成本估算，應該包括產品的直接成本，如材料、零組件、直接人工成本、廠務管理費用等。另外，也應包括費用的分攤，例如：廣告、促銷費、總公司間接人員費以及管理費用等。製造業的零組件及材料成本占比較大，而服務業則以人力成本占較大。

2. 產品成本會隨量增而下降

成本中的機械設備折舊費分攤、廠務幕僚人員薪資及總公司各項費用，都屬固定。當銷售量增加時（生產量也增加），每一個單位產品成本將會隨之下降。例如：生產10萬部及50萬部汽車廠的成本，就會有很大不同。

四、分析競爭者的產品及價位（Analyze Competitor's Product and Price）

我們可以這麼說，界定產品需求程序，即是告訴我們定價的最上限，而預估產品單位成本，即屬定價之最下限；而分析競爭者的產品及價位，則有利於我們在上、下限之間，擇定一個較合宜且較具市場競爭力之價位。分析對手的產品及價位，主要就是要增強本身的市場競爭力，期使不要陷於價格苦戰之泥淖中，而能認清大局勢。特別是對於第一品牌或市占率較高品牌的定價，尤應深入分析、比較、評估，訂出最有攻擊力的價格策略。

五、擇定定價的方法（Select Pricing Method）

分析過上述四項狀況後，在最後定價決定之前，必須選擇哪一種方式的定價方法，將在後文再做詳細說明。

六、擇定最終之價格（Finalize the Price）

第五步驟的各項定價方法目的，是要縮小擇定最終價格之考慮範圍。除此之外，對最後價格之確定，尚須考慮：

1. 心理的因素

產品除了經濟實用性外，尚有心理之因素摻雜在內，亦應一併加以評估。有些產品屬性不是最便宜就好，因為有些消費者認為「便宜必沒好貨」。

2. 公司的定價政策

此次定價是否與公司過去一貫的定價政策有衝突，如果有，合理的解釋為何？是否要改變？改變了是否就更好？

3. 定價對於相關團體之影響

這些相關團體包括公司的營業單位、行銷企劃單位，以及外部的政府主管機關、民間消費團體、通路團體以及公關媒體等。例如：國內水電費、計程車費、公車費、航空機票費、瓦斯費、有線電視費以及民生基本消費品等，一旦漲價就會引起一陣議論。

產品定價的三大成本分析估算

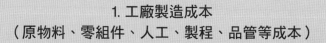

1. 工廠製造成本
（原物料、零組件、人工、製程、品管等成本）

＋

2. 物流倉儲成本

＋

3. 總公司管銷費用的分攤

⇩

產品的全部成本

了解及分析競品價格

分析前五大品牌的
目前價格如何
我們的產品定價？

Unit 5-12 確定價格前的各種調查方法、對象及進行 (Part I)

廠商對於一個耐久性產品或非耐久性產品的推出，或既有產品改良後再推出，到底應訂在多少價位，必須用心斟酌。

一、兩種截然不同的決定價格做法

企業實務上，有二種截然不同的思維及做法：第一種是憑行銷業務人員的直觀能力與過往豐富經驗，並參酌各項內外部因素，可能就決定了這個產品的上市售價。例如：茶飲料一瓶20元、鮮奶一瓶30元、泡麵一包40元等。

第二種則是比較慎重一點，公司會進行各種調查及詢問，然後參考這些廣泛性的市調結果或消費者意見，最後再決定定價多少。

二、確定價格前的各種調查方法

對於新產品或改善產品的最終定價調查方法，大致有以下幾種：

1. 量化調查（大量份數資料）

1.電話問卷訪問；

2.家庭留置問卷或家庭現場問卷訪問；

3.街訪（街頭問卷訪問）；

4.集合地點問卷訪問；

5.網路問卷填卷回覆；

6.其他方法。

2. 質化調查（少量消費者本人）

1.顧客焦點團體座談會（FGI、FGD方式）的口頭意見表達；

2.通路商焦點團體座談會；

3.業務員的內部討論會。

（註：Focus Group Interview, FGI；Focus Group Discussion, FGD）

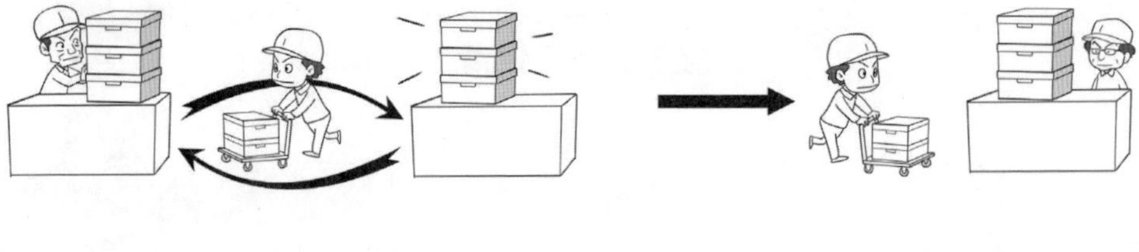

業務部決定最終定價的兩種方式

1\. 憑業務部人員過去豐富的市場經驗與直觀能力決定售價

或

2\. 增加一些市調加以補充，以科學化數據支撐決定售價

決定售價的市調對象

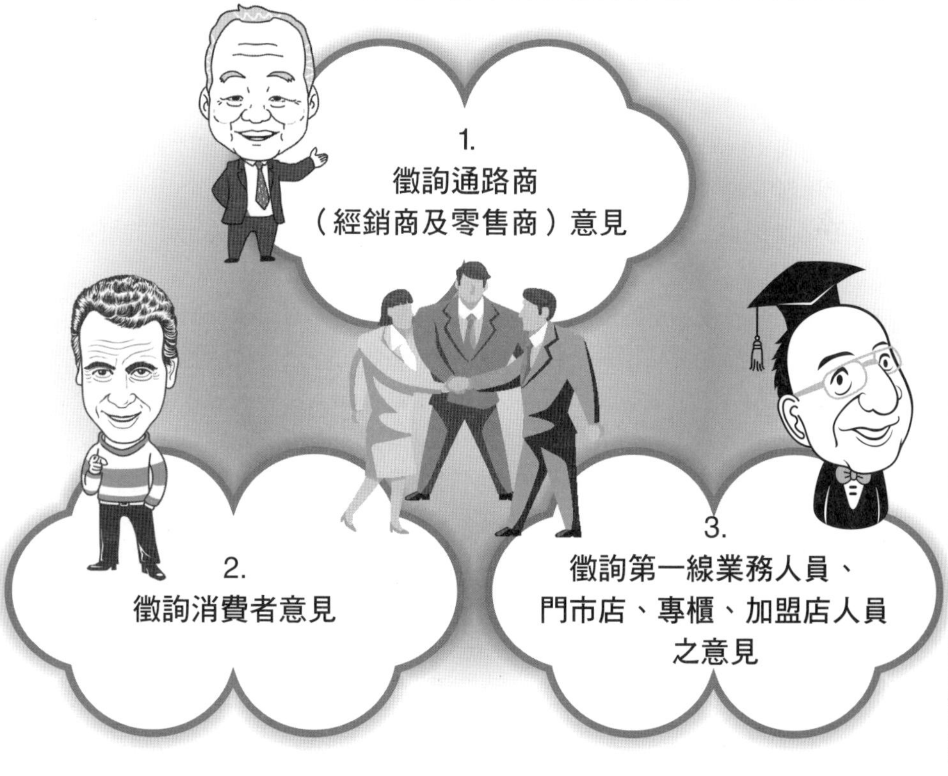

1\. 徵詢通路商（經銷商及零售商）意見

2\. 徵詢消費者意見

3\. 徵詢第一線業務人員、門市店、專櫃、加盟店人員之意見

Unit 5-13 確定價格前的各種調查方法、對象及進行 (Part II)

三、確定價格前的各種調查對象

確定最終價格的調查對象，可有幾種對象：

1. 是顧客也是目標顧客群（Target Consumer）；
2. 是通路商。包括零售店店長、店員、店老闆、經銷商老闆、大賣場採購人員，或代理商採購人員等。這些都是每天接觸到顧客或是手上握有銷售及採購資料情報的人，所以也了解顧客可以接受的價格或最終的一個價格；
3. 是公司業務人員及直營店門市人員。這些每天負責銷售業績、在店內或客戶那邊促銷的人員，也有市場及價格的敏銳度，因此，也可以是參考訂定的對象之一；
4. 是這個行業的專家或學者。有些專家或學者長期研究某個產品，他們的 Sense（知覺度）也許可以提供一些參考意見；
5. 是公司內部各部門相關人員，也是可以作為市調的參考意見；
6. 最後，公司官方網站的網友或會員俱樂部的成員，也可以作為參考意見的對象。

四、定價調查的進行舉例

茲舉一個原本公司就定位在高價位的夏天鮮乳產品定價為例：

1. 以焦點團體座談會（FGI）方式進行；
2. 每場次 10 位目標顧客消費者；
3. 計舉辦五場次（共計 50 人次）；
4. 每場次提供公司主要競爭前三名鮮奶品牌與本公司即將上市的鮮奶品牌（共四種品牌）；
5. 先請出席者喝完不同的四種品牌，以了解各品牌的口味及配方；
6. 請出席者觀察產品包裝、設計、包材、品名、成分、功能等資料；
7. 由公司人員列出這些競爭者品牌的容量數（ml）及店面零售價格多少；
8. 最後，請出席人員勾選對公司品牌可以接受的價格是多少；
9. 提出幾個最終的確定價格，讓他們勾選是哪一個價格，並詢問他們理由。

Unit 5-14 定價要與品牌定位相契合

一、定價要與品牌定位（產品定位）相契合、一致

全球頂級
名牌精品
LV、GUCCI、HERMÈS、Dior、CHANEL

全球高級
奢華轎車
勞斯萊斯、賓利、賓士、BMW

全球都採取奢華高價位

↓

高價與其形象及定位才一致

二、日常消費品比較不容易訂高價

米、醬油、洗髮精、牙刷、牙膏、沐浴乳、香皂、餅乾、糖果、燕麥片、沙拉油等

↓

1. 產品獨特性較少
2. 產品品質差異化不大
3. 產品需求量不會太大

↓

所以，不易訂出高價

三、影響廠商制定及調整價格最大因素：競爭者因素（競品）

競爭對手價格變化因素

大大影響相關業者品牌的定價改變因應

若不改變，恐怕會影響到自身的常態銷售量

四、匯率變動也會影響定價的調查

例如：從日本進口產品

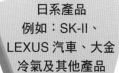

日系產品
例如：SK-II、
LEXUS 汽車、大金
冷氣及其他產品

日圓匯率貶值，
相對台幣升值

日系產品在
台灣的售價就
應該下降

例如：從歐洲進口產品

例如：Benz 汽車、BMW 汽車、Audi 汽車、
歐系化妝品等

↓

歐元貶值，相對台幣升值

↓

歐系產品在台灣的售價就應該下降

五、有品牌的國外產品，通常定價也會比國產品高一些

膳魔師隨身瓶 → 定價比國產的鍋寶隨身瓶高一些

象印熱水瓶 → 定價比國產的尚朋堂更高一些

SONY 筆記型電腦 → 定價比國產的 acer、ASUS 要高一些

Panasonic 節能電冰箱 → 定價比國產的三洋、東元、歌林、大同要高一些

第 6 章

定價的成本分析與損益分析

Unit 6-1 對損益表的認識與分析 (Part I)

一、對營收、成本、費用與損益的必備基本概念

對於行銷定價的知識，首先應該對公司每月都必須即時檢討的「損益表」（Income Statement）有一個基本的認識及知道如何應用。

1. 損益簡表項目

營業收入（Q×P＝銷售量 × 銷售價格）
－營業成本（製造業稱為製造成本，服務業稱為進貨成本）

營業毛利（毛利額）
－營業費用（管銷費用）

營業損益（賺錢時，稱為營業淨利；虧損時，稱為營業淨損）
± 營業外收入與支出（指利息、匯兌、轉投資、資產處分等）

稅前損益（賺錢時，稱為稅前獲利；虧損時，稱為稅前虧損）
－稅負（17%）

稅後損益（稅後獲利）
÷ 在外流通股數

每股盈餘（Earning Per Share, EPS）

2. 行銷經理人每天即時性應注意影響損益變化的因素

(1)每日實際總銷售日報表或每週總銷售日報表是否達成目標預算。

(2)各種重要通路的銷售日報表或每週通路銷售日報表是否達成目標預算。

(3)各產品別或各品牌別的銷售日報表或每週銷售日報告，是否達成目標預算。

(4)每週或每月的營業費用（或稱管銷費用）支用是否在預算控管範圍內？

(5)每週或每月全部公司的損益如何，是賺錢或虧損？是在哪個產品、哪個品牌或哪個事業部產生獲利或虧損？

總之，必須注意分析及思考右頁圖示的每日、每週及每月變化狀況如何。

某飲料公司每月損益狀況的三種可能狀況舉例

狀況 1 獲利不錯	狀況 2 損益平衡	狀況 3 虧損
營業收入：2 億元 －營業成本：（1.4 億元）	1.8 億元 － 1.4 億元	1.7 億元 － 1.4 億元
營業毛利：6,000 萬元 （毛利率 30%） －營業費用：（4,000 萬元） （費用率 20%）	4,000 萬元（毛利率 22%） （4,000 萬元）（費用率 20%）	3,000 萬元（毛利率 18%） （4,000 萬元）
營業淨利：2,000 萬元 ± 營業外收支：200 萬元	0 萬元 0 萬元	－ 1,000 萬元 0 萬元
稅前淨利：2,200 萬元 （稅前獲利率 11%） －所得稅 17%374 萬元		
稅後淨利：1,862 萬元 （稅後獲利率 8.6%）	0 萬元（獲利率 0%）	－ 1,000 萬元（虧損率 6%）
說明 狀況 1 之下，營收額還不錯，每月做到 2 億業績，故產生 6,000 萬元毛利額，再扣除營業費用 4,000 萬元，仍有 2,000 萬元營業淨利，再考慮營業外收支 200 萬元，故產生當月分的稅前淨利額 2,200 萬元，稅前淨利率為 11%，毛利率為 30%，均屬合理良好狀況。	**說明** 狀況 2 之下，因營業額只做到 1.8 億元，比狀況 1 略差，故呈現損益兩平狀況，即當月分不賺錢也不賠錢，應努力提高營業收入額。	**說明** 狀況 3 是最差的狀況，營收額只做到 1.7 億，故毛利額只有 3,000 萬元，尚不足以支應營業費用 4,000 萬元，故出現當月分虧損狀況。

1. 每天：營業收入如何 → 2. 每月：營業成本支出如何 → 3. 每月：營業費用支出（管銷費用）如何 → 4. 每月：營業獲利或虧損如何

公司每天業績統計來源

- 通路商、零售商 POS 資訊系統
- 直營營業所、分公司資訊系統
- 加盟店 POS 資訊系統

→ 公司每個品項到底賣了多少個、多少箱、多少件、多少包及多少金額

Unit 6-2 對損益表的認識與分析 (Part II)

二、損益表的分析與應用

1. 當公司呈現虧損時，有哪些原因呢？
   (1) 可能是營業收入額不夠。其中又可能是銷售量（Q）不夠，也可能是價格（P）偏低等所致；
   (2) 可能是營業成本偏高。其中包括製造成本中的人力成本、零組件成本、原料成本或製造費用等偏高所致。如是服務業，則是指進貨成本、進口成本，或採購成本偏高所致；
   (3) 可能是營業費用偏高，包括管理費用及銷售費用偏高所致。此即指幕僚人員薪資、房租、銷售獎金、交際費、健保費、勞保費、加班費等是否偏高；
   (4) 可能是營業外支出偏高所致。包括：利息負擔大（借款太多）、匯兌損失大、資產處分損失、轉投資損失等。
2. 基本上來說，公司對某商品的定價，應該是看此產品或公司的每月毛利額，是否可超過（Cover）該產品或該公司的每月管銷費用及利息費用，如有才算是可以賺錢的商品或公司。所以，基本上廠商應該都有很豐富的過去經營經驗，去抓一個適當的毛利率（Gross Margin）或毛利額。例如：某一個商品的成本是1,000元，廠商如抓30%毛利率，即是將此產品定價為1,300元左右。亦即每個商品可以賺300元毛利額，如果每個月賣出10萬個，表示每月可以賺3,000萬元毛利額。如果這3,000萬元毛利額，足以Cover公司的管銷費用及利息，就代表公司這個月可以獲利賺錢。
3. 不過，不管從Q（銷量）、P（價格）來看，這二個也都是動態與變化的。因為，本公司每個月的Q與P是多少，牽涉諸多因素的影響。包括：
   (1) 本公司內部的因素，例如：新產品、廣宣費支出、產品品質、品牌、口碑、特色、業務戰力等。
   (2) 本公司外部的因素，例如：競爭對手的多少、是否供過於求、是否使出促銷戰或價格戰、市場景氣好不好等。

因此，總結來看，企業廠商每天都在機動及嚴密注意整個內外部環境的變化，而隨時做行銷4P策略上的因應及反擊措施。

從損益表看：企業虧損的可能原因

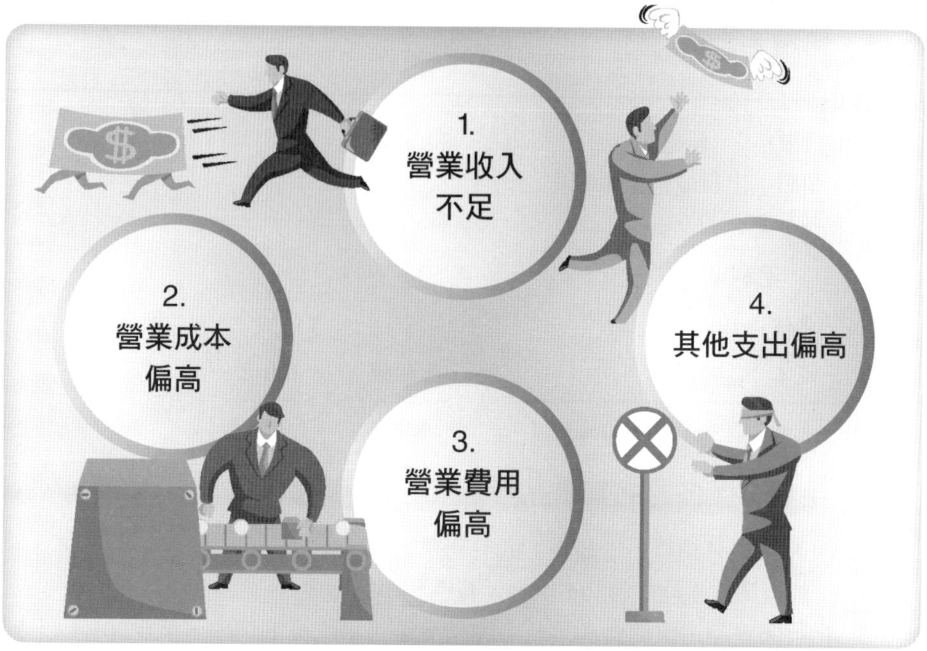

銷售額＝P（售價）×Q（銷售量）

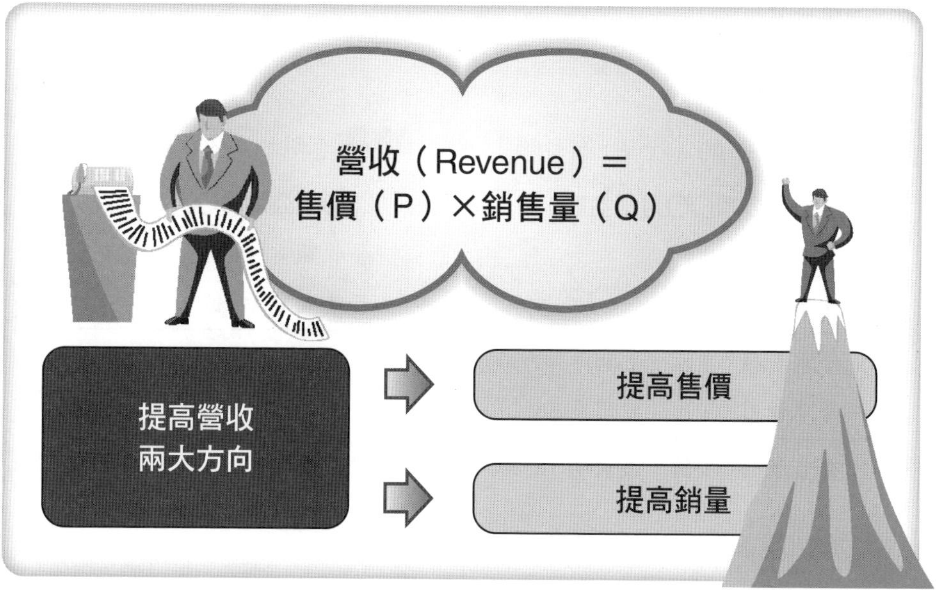

Unit 6-3 毛利率分析

一、何謂毛利率

製造業：

1.出貨價格 － 製造成本＝毛利額

2.毛利額÷出貨價格＝毛利率

例：

毛利率

售價：1,000 元

－成本：　700 元

毛利：　300 元（30%）

$$\frac{\text{毛利額}}{\text{售價}}=\frac{300\text{ 元}}{1{,}000\text{ 元}}=30\%$$

二、毛利率因各行各業有所不同（合理毛利率：30～40%）

1. OEM代工外銷資訊電腦業：低毛利率約3～6%。
2. 一般行業：平均中等30～40%，有毛利率3～4成。
3. 化妝保養品、保健食品業及名牌精品業，平均高毛利率，至少50%以上到100%（5成～1倍）。

一般行業，大部分合理的毛利率：約3～4成之間（賺30～40%毛利額）。

但毛利額不是最後的獲利額，還需要扣除營業費用：

營業毛利

－營業費用

營業淨利（真正有賺錢）

例1　毛利率 40% 狀況：有盈餘

（○○公司○○月損益表）

營收額：　10 億

－營業成本：6 億

營業毛利：4 億（毛利率 40%）

－營業費用：3 億（費用率 30%）

營業淨利：1 億（獲利率 10%）

例2　毛利率 30% 狀況：無盈餘

（○○公司○○月損益表）

營收額：　10 億

－營業成本：7 億

營業毛利：3 億（毛利率 30%）

－營業費用：3 億（費用率 30%）

營業淨利：0 元（不賺錢）

毛利率與價格關係：廠商毛利率上升的目的，想要多賺一些

毛利率提高

↓

代表定價就會跟著提高

例如：某件服飾定價 1,000 元，毛利額 300 元時，
則代表毛利率為 30%

若想多賺一些，把毛利率提高到 40% 時，則代表定價要拉高到 1,200 元，毛利額為 480 元，比過去的 300 元毛利額增高！

要慎重操作毛利率提高

1. 毛利率提高 → 2. 雖可提高單件的利潤

↓

3. 但也有可能拉低了總銷售量，因為消費者覺得產品漲價了，故不買

↓

4. 所以最終總利潤是否增加，無法精準預估

毛利率降低

↓

代表：定價就會跟著降低

目的：想要提高銷售量，刺激買氣

毛利率下降 → 等同價格下降 → 所以應該會提高銷售業績 → 但也要注意，毛利率下降代表獲利率也可能下滑

Unit 6-4 獲利率分析

一、獲利率與淨利率

獲利率／淨利率 ＝ 毛利額（或稱淨利額）／營收額

例：

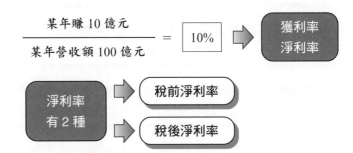

某年賺 10 億元／某年營收額 100 億元 ＝ 10% → 獲利率／淨利率

淨利率有 2 種 → 稅前淨利率、稅後淨利率

二、國內各大零售百貨業的毛利率及淨利率

百貨公司、便利商店、超市量販店 → 毛利率平均 30~35% → 淨利率平均 3~6% 之間

1. 利潤＝總營業收入－總製造成本－總營業費用

因此，最後公司利潤（獲利）的產生，就是總營業收入扣除總製造成本，再扣除總營業費用或管銷費用之後，才是真正賺到的錢。

2. 舉例

某飲料工廠賣茶飲料：

(1) 營業收入：4億元（一年賣4,000萬瓶，每瓶出售給經銷商的價格為10元，故總收入為一年4億元）。

(2) 營業成本：2.8億元（係指產品的製造成本而言，假設一年花掉2.8億元，故成本率為70%）。

(3) 營業毛利：1.2億（毛利率為30%，一年毛利額為1.2億元）。

(4) 營業費用：0.8億。

(5) 營業淨利：4,000萬元。

故，基本上，該飲料公司一年營收4億元，而最終扣除製造成本及總公司的管銷費用後，最後獲利4,000萬元，獲利率為10%左右，這算是不錯的成果。

新光三越

年營收額 800 億元
×5% 淨利率
40 億淨利額

統一 7-11

年營收額 1,200 億元
×4% 淨利率
48 億淨利額

國內零售百貨業高度競爭 → 毛利率及淨利率均低 → 但營收額較大 → 故，每年賺的淨利額也還可以，但都是辛苦錢

三、國內網購業毛利率及淨利率

前四大
PChome
雅虎奇摩
momo
博客來

→ 毛利率平均：13 ～ 15%
淨利率平均：3 ～ 6%

四、BU 制度崛起

BU（Business Unit）
・獨立責任利潤中心單位，責任事業單位

↓

每個單位要自負盈虧

每個 BU
- 若賺錢：分獎金、紅利
- 若虧錢：可能會減薪或裁撤

BU 制
- 不吃大鍋飯
- ・權責一致
  ・權責分清楚

Unit 6-5 BU制與損益表的關聯性

在實務上，現在很多企業都採取產品BU制或品牌BU制、分店別BU制、事業部BU制，在各個獨立自主與權責合一且責任利潤中心制度下，各個BU都必須與每月損益表相結合，來觀察它們的經營績效與行銷效益。

一、BU制的損益表格

損益表（按BU組織體系）

	(1) 全公司	(2) 各事業部別	(3) 各產品別	(4) 各品牌別	(5) 各分公司別	(6) 各分館別	(7) 各店別
營業收入							
營業成本							
營業毛利							
營業費用							
營業損益							
營業外收入與支出							
稅前損益							
備註							

（註：BU，即指Business Unit，係為責任利潤中心組織體制，為一個獨立自負盈虧的授權營運單位。）

案例一 台灣P&G（寶僑）公司洗髮精有四個BU的每月損益表

	潘婷	海倫仙度絲	飛柔	沙宣
營業收入	0000	0000	0000	0000
－（營業成本）	（0000）	（0000）	（0000）	（0000）
營業毛利	0000	0000	0000	0000
－（營業費用）	（0000）	（0000）	（0000）	（0000）
營業損益	0000	0000	0000	0000
±（營業外收支）	（0000）	（0000）	（0000）	（0000）
稅前損益	0000	0000	0000	0000

案例二 多芬洗髮用品損益表（某月）

	多芬洗髮品	多芬沐浴品	合計
營業收入	3,000 萬	2,000 萬	5,000 萬
－（營業成本）	（2,100 萬）	（1,400 萬）	（3,500 萬）
營業毛利	900 萬	600 萬	1,500 萬
－（營業費用）	（500 萬）	（300 萬）	（800 萬）
營業損益	400 萬	300 萬	700 萬
±（營業外收支）	（100 萬）	（100 萬）	（200 萬）
稅前損益	300 萬	200 萬	500 萬

說明：

(1) $毛利率 = \frac{毛利額}{營收額} = \frac{1{,}500\ 萬}{5{,}000\ 萬} = 30\%$

(2) $稅前淨利率 = \frac{稅前淨利額}{營收額} = \frac{500\ 萬}{5{,}000\ 萬} = 10\%$

(3)多芬洗髮品：某月稅前獲利300萬元

(4)多芬沐浴品：某月稅前獲利200萬元

(5)合計營業收入：5,000萬（某月），若平均乘上12個月，則年度營收額為6億元。

案例三 某食品飲料公司有四種產品線的每月損益表

	鮮乳產品	茶飲料產品	果汁產品	咖啡飲料
營業收入	0000	0000	0000	0000
－（營業成本）	（0000）	（0000）	（0000）	（0000）
營業毛利	0000	0000	0000	0000
－（營業費用）	（0000）	（0000）	（0000）	（0000）
營業損益	0000	0000	0000	0000
±（營業外收支）	（0000）	（0000）	（0000）	（0000）
稅前損益	0000	0000	0000	0000

案例四 新光三越百貨公司分館的每月損益表

	台北信義店	台北站前店	台中店	合計
營業收入	0000	0000	0000	---------
－（營業成本）	（0000）	（0000）	（0000）	---------
營業毛利	0000	0000	0000	---------
－（營業費用）	（0000）	（0000）	（0000）	---------
營業損益	0000	0000	0000	---------
±（營業外收支）	（0000）	（0000）	（0000）	---------
稅前損益	0000	0000	0000	

Unit 6-6 對成本結構分析的了解

「成本」影響著價格，因此對產品的「成本」當然要深入了解。不只財會部門、工廠部門或商品開發部門，行銷企劃及業務人員也應該同時有所了解。對成本結構知識的了解及分析，可以從兩種角度來看待，茲分述如下：

一、固定成本與變動成本的角度

1. 固定成本（Fix Cost）

所謂產品的固定成本，即是指不隨著生產量或銷售量變動而變動的成本，即稱為固定成本。例如：工廠管理人員、幕僚人員的薪資或是借款利息費用、固定的資產設備折舊費用等。

2. 變動成本（Variable Cost）

即是指產品的成本，隨著生產量或銷售量變動而變動的成本，即稱為變動成本。例如：原物料、零組件、配件、包裝瓶、包材、現場工廠作業員的薪資、加班費等均屬之。

舉例來說，當一家工廠的筆記型電腦、液晶電視機或手機的生產量從10萬台，變動增加到20萬台時，其採購的零組件、配件成本，自然也會增加二倍。而作業員的人數也必須增加才行，故組裝作業員人數的總薪資也會跟著增加。這些都是變動成本，但固定成本則可能不會有太大的變動。

3. 總成本＝固定成本＋變動成本

因此，總成本即為固定成本加上變動成本二項之和，而形成這個產品的總成本。

二、製造成本＋總公司管銷費用的角度

另外一種角度是，在企業實務中，大部分均採取損益表的概念而定。

1. 製造成本（Manufacture Cost）

工廠製造產品的全部成本，即稱為製造成本。製造成本的項目，主要有三項：

(1) 是原物料或零組件的材料成本；

(2) 是工廠現場作業員及工廠幕僚、管理人員的薪資成本及獎金成本；

(3) 是製造費用，即是為了製造完成而發生的間接費用，除了上述材料成本及人事薪資成本以外的各種支出，即可視為製造費用。例如：製程費用、倉儲費用、品管費用、物流費用等。

故總製造成本＝原物料成本＋工廠人事成本＋製造費用。

2. 總公司管銷費用（或稱營業費用，Expense）

但除了工廠的總製造成本之外，實際上還有一些費用沒有算進去，那就是總公司的管銷費用。包括：總公司所有人員的人事薪資費，上自董事長、下至總機小姐的薪水，加上業務人員的業績獎金、辦公室租金、員工退休金提撥、辦公設備的折舊攤提、廣告宣傳費用、通路費用，以及一切的雜支（例如：水電費、電話費等）。

成本結構分析角度（之一）

總成本 ＝ 固定成本 ＋ 變動成本

固定成本：
- 折舊費用
- 工廠管理人員薪水
- 作業員固定薪水

變動成本：
- 原物料成本
- 零組件成本
- 現場作業員獎金及加班費
- 品管成本

成本結構分析角度（之二）

總成本與總費用 ＝ 1. 工廠製造成本 或 2. 進貨成本 ＋ 總公司管銷費用

1. 工廠製造成本 或 2. 進貨成本：
- 營業成本

總公司管銷費用：
- 營業費用

Unit 6-7 產品的「成本分析」應考慮之因素

當然，企業在考量訂多少價格時，基本的要件，必然會考量到成本因素。因為，定價不能低於成本，否則就是虧錢在賣。短期為了某些策略性因素，可以虧錢賣；但長期當然不能虧本。因此，此處我們要做一些成本與價格相關聯的因素考量，茲說明如下幾點：

一、產品成本的構成要素

如果就製造業而言，其產品的構成要素，包括產品的原物料、零組件的成本、人力加工、組裝付出的工廠人事成本、品管成本以及工廠裡面間接人員或幕僚人員的協助工作單位之人事成本，最後還有一些為生產製造而支出的必要費用項目等。因此，我們可以這樣說，產品的製造成本，包括三大項，一是原物料與零組件；二是人力薪資成本；三是相關衍生的製造費用（例如：租金、水電費用等）。

是以在不景氣時期，廠商經常要採取成本措施，通常其可採行的行動就是遷廠到中國大陸或東南亞，因為當地的土地成本、人事薪資成本、製造費用及零組件採購等，都比在台灣生產便宜些。

二、成本的數量效應

產品的「製造成本」，其實與製造多少「數量」具有密切直接性的關聯。例如：一個年產100萬輛的汽車大公司與一個年產20萬輛的中型汽車公司，其每部車的製造成本自然會有差異。

大車廠由於零組件採購數量大，因此可以與上游供應商議價或殺價，中小廠的採購量少，就不易殺價，因此大廠的製造成本一定會比中小廠低一些。

三、學習曲線或經驗效應

一個30年的汽車廠跟一個3年的汽車廠相比，它們的組裝車工人速度與效率，一定比3年的年輕工廠工人要快一些。所謂「熟能生巧」，即是學習曲線的意義。因此，同樣在8個工作小時內，熟練技工所做出來的數量就會多一些，相對來說，就是成本會低一些。

四、競爭優勢條件優良

廠商可能擁有一些獨特的競爭優勢項目，例如：研發R&D能力很強，或是採購能力很強，或是流程創新、工廠人力的向心力、團結心很強，或是工廠地點非常好等因素，這些競爭優勢條件比競爭對手好時，其製造成本也可能會低一些。

透過上述四點分析與說明，看來「成本」分析也不簡單，也要考量不少因素。而企業針對新產品或既有產品的「定價」或「價格競爭力」之來源，更要考慮到這些如何使成本下降（Cost Down）的因素，並做全方位的努力，如此才能使價格在市場上有競爭力，以及具有較佳的毛利率或獲利率可言。

工廠製造成本三大項目

1.
採購成本（原物料、零組件、配件或半成品）

＋

2.
人工成本（現場作業員、工程師、工廠管理人員薪水與獎金）

＋

3.
製造費用（水電費、租金、瓦斯費、折舊費等）

＝ 工廠產品製造成本

規模經濟化及學習經驗，均可降低工廠總成本

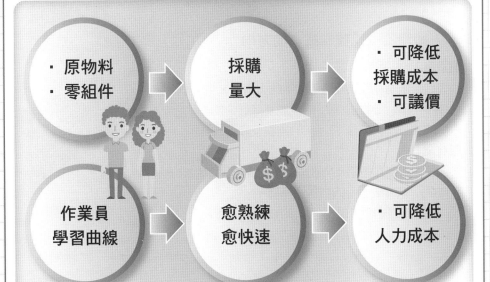

・原物料
・零組件
→ 採購量大
→ ・可降低採購成本
・可議價

作業員學習曲線
→ 愈熟練
愈快速
→ ・可降低人力成本

Unit 6-8 規模經濟、學習效果與控制成本方向

一、規模經濟與學習效果

1. 規模經濟

對工廠或任何服務業而言，都存在著「規模經濟」（Scale of Economy）的效益。此即指當企業的工廠規模或生產量規模愈來愈大時，例如：成長1倍、2倍、3倍時，會產生規模經濟的「正面」效益；主要是指「成本會降低」的好效益。例如，原物料或零組件的採購成本，可以議價而降低。

而對服務業而言，例如：當加盟店或直營店超過某一個總店數的規模之後，亦可以得到其成本與費用的降低，因而可以開始賺錢。

故對任何行業、公司經營或工廠經營而言，努力營運成長而達到規模經濟時，即可降低成本，而且可望開始獲利賺錢。反之，企業經營的生產、銷售或總店數若未達規模經濟效益時，有可能大部分狀況是虧錢的。因此，一般來說，新事業或新公司在前3年、甚至前5年，都有可能是虧本營運；因為它們的經營尚未達到規模經濟，包括店數、顧客數、營收額、銷售量、產品線等。

2. 學習效果（Learning Effect）

學習效果係指工廠作業員、管理員或是服務業的現場服務人員均會隨著生產經驗或服務經驗的不斷累積，使其工作愈加熟練而加快效率（Efficiency）；故使生產成本或服務成本得到有效降低，此即「一回生，兩回熟」的意思。

您可以想一想，設立剛滿3個月，及設立滿10年的工廠或門市店，其員工的熟練度當然會不同。

二、廠商降低或控制成本的方向

1. 製造業

製造業廠商在控制及降低成本的方向上，可參照右圖。

(1) 對工廠「製造成本」的控制及降低。

(2) 對總公司「管銷費用」的控制及降低。

2. 服務業

服務業廠商在控制及降低成本的方向上，如右圖所示。

(1)對「進貨成本」的控制及降低。

(2)對「第一線門市店成本」的控制及降低。

(3)對總公司「管銷費用」的控制及降低。

製造業降低或控制成本方向

1. 對工廠「製造成本」的控制

(1) 對原物料、零組件、配件、半成品等之控制或降低（透過採購之議價尋求降低）
(2) 對工廠第一線作業人員、操作人員人事薪資成本之控制或降低
(3) 對工廠現場管理人員及工廠幕僚人員薪資成本之控制或降低
(4) 對工廠其他製造費用項目之控制或降低

2. 對總公司「管銷費用」的控制

(1) 對總公司及海外行銷單位之管理費用的控制或降低，包括總公司人事費用、辦公室租金費用、利息費用、交際公關費用、加班費用，以及其他雜支費用
(2) 對總公司及海外行銷單位之銷售費用的控制或降低。包括銷售人員數量及人事薪資、銷售獎金等費用

服務業降低或控制成本的方向

1. 對「進貨成本」的控制

(1) 對半成品、完成品採購進貨成本的控制及降低
(2) 對附屬產品採購進貨成本的控制及降低
(3) 對組裝或組合成本的控制及降低

2. 對「第一線門市成本」的控制

(1) 對虧損店評估或是予以裁撤，以降低門市店營運成本
(2) 對門市店人員數量及人事薪資予以控制或降低
(3) 對門市店的日常費用予以控制或降低（例如：水電費、清潔費等）

3. 對總公司「管銷費用」的控制

(1) 對總公司人事薪資、人員數量的控制及降低
(2) 對廣告宣傳費用的控制及降低
(3) 對辦公室租金、交際費及其他雜支費用的控制及降低

Unit 6-9 公司應如何轉虧為盈或賺取更多利潤

企業應如何轉虧為盈，或是在既有基礎上獲取更好的獲利效益呢？主要有以下幾種做法：

一、努力提高營業收入

企業如果虧損或獲利太少，首要原因即是營收額（業績）太低之故。故可考慮下列幾個改善因素：

1. 加強改善產品品質及功能，以獲得顧客的好口碑及肯定，願意經常性購買。
2. 加強開發新產品上市，可以創造新的營收來源，並取代舊有產品。
3. 應適度投入廣告宣傳費支出，以打響品牌知名度，才有利於被購買。
4. 應加強擴大通路的多元性，使公司產品上架更普及，更便利消費者購買。亦可評估適時降價的可行性，以薄利多銷概念帶動銷售量上升。
5. 加強業務銷售組織陣容及人力素質，提升業務組織能力，才能夠提振銷售業績。
6. 增加銷售地區。例如：增加外銷出口的方式，也可以增加銷售量。
7. 另外，有時候反而採取提高售價方式。因為產品的原物料、零組件價格都上漲，迫使產品也必須漲價因應。

二、努力降低營業成本

降低成本也是提高利潤或轉虧為盈常用的方式之一。包括製造成本的降低或是進貨成本的降低。

在製造成本降低方面，可從對最大宗原物料成本、零組件採購成本以及工廠人力成本下降等因素改進。因此，如何在國內外原物料供應商之間，找到最低價供應商，此為重點所在，或是將採購量標準化，儘量集中在少數幾家供應商，以量來制價。

三、努力提高毛利率

企業獲利不佳，很可能是毛利率不夠。要提高毛利率則有兩個途徑：一是提高售價；二是降低成本。

四、努力降低營業費用

要提高毛利率並不容易，因為售價不易提升，成本也不易下降，只有努力降低營業費用，包括：

1.精簡總公司及工廠的幕僚人員，以降低人事費用。

2.節省辦公室房租。可將總公司辦公室遷到二級辦公商圈或移到郊區。

3.節省廣告費支出、交際費及其他雜費。

五、努力降低營業外費用支出

最後，可從：1.利息節省（向銀行借款減少）；2.減少轉投資損失（減少虧錢的轉投資事業）二方面來降低成本支出。

企業轉虧為盈或增加獲利的五大方法

1. 努力提高營業收入
2. 努力降低營業成本
3. 努力提高毛利率
4. 努力降低營業費用
5. 努力降低營業外費用支出

提高銷售量、銷售收入之方向：4P/1S/1C 確實做好

1. 產品力升級
2. 通路力做好
3. 定價力做好
4. 推廣、促銷、廣告、公關力做好
5. 服務力做好
6. CRM做好（顧客關係管理）

Unit 6-10 獲利或虧損的要素分析

一、提高獲利或達成獲利的三要素

從損益表的結構項目來看，企業或各事業部門欲達成獲利或提高獲利，必須努力做到下列三點：

1. 營業收入目標要達成及衝高

主要是提高銷售量，努力把產品銷售出去。

2. 成本要控制及降低

產品製造成本、產品進貨成本或原物料、零組件成本，必須定期檢視及採取行動加以降低或控制不上漲。

3. 費用要控制及降低

營業費用（即管銷費用）必須定期檢視及採取行動加以降低或控制不上漲。包括：

(1)各級幹部薪資控制。

(2)業務部門獎金降低。

(3)房租（大樓辦公室租用）的降低。

(4)用人數量（員工總人數）的控制及減少（例如：遇缺不補）。

(5)廣告費用的降低。

(6)加班費的控制。

(7)其他雜費的控制及降低。

二、導致虧損的四要素

有些企業在某些時候，也可能會有虧損出現，其主要原因在於：

1. 營業收入（營收）偏低

營收偏低或沒有達成預期目標，或沒有達到損益平衡點以上的營收額，將會波及公司無法有足夠的毛利額來產生獲利。故公司業績（營收）差時，即有可能產生當月分的虧損。例如：淡季、不景氣、競爭太激烈時，均使公司營收衰退無法達成目標，公司即會虧損。

2. 成本率偏高

當公司的製造成本率或進貨成本率比別人高時，即會因此使公司無法有足夠的毛利率來賺錢獲利。故要比較別人的成本，為何本公司成本會比別人高。

3. 毛利率偏低

毛利率是獲利的基本指標，一般平常的毛利率大抵在30～50%，如果低於此水準，即非業界水準，便會虧損。當然，資訊3C產品毛利率會較低，而化妝保養品的毛利率則會高些。

故要轉虧為盈，一定要使毛利率有上升的空間，而毛利率上升的二個途徑，不外乎是提高售價或降低成本率，只能朝這二個方向去努力規劃。

4. 營業費用率偏高

最後，營業費用率比別人高，也可能是公司虧損的原因之一，故要分析總管銷費用項目。

如何降低總公司管銷費用

1. 減少用人數量，遇缺不補
2. 降低辦公室租金費用
3. 業務獎金適度管控
4. 廣告費用減少支出
5. 交際費、加班費減少支出

如何降低工廠製造成本

1. 增加自動化設備，減少作業人員
2. 外移中國大陸或東南亞等地區
3. 降低原物料、零組件採購成本
4. 尋找較便宜土地成本之工業區

Unit 6-11 公司從行銷 4P 面向應如何轉虧為盈或賺取更多利潤

如果從行銷4P面向來看，可以加強行銷4P的操作，以增加營收額或增加獲利額，要點如下所述。

一、提高產品力（Product）

產品力是銷售力量的本質，想要達到產品力提升，包括：

1. 不斷改善產品的品質、設計、內涵、包裝等。
2. 打響品牌知名度。
3. 推出優良新產品上市。
4. 強化齊全的產品線組合。

二、提高通路力（Place；Channel）

1. 如何使產品通路更多元化，能有更多的通路布置，以便利消費者。
2. 如何使產品一定要進到主流賣場上架。例如：統一超商、家樂福、全聯福利中心、百貨公司專櫃、屈臣氏等大型連鎖零售通路。
3. 加強在通路賣場的店頭行銷廣宣布置。

三、提高推廣力（Promotion）

1. 加強廣告宣傳的投資。
2. 加強公關媒體報導的投資。
3. 加強人員銷售組織的陣容。
4. 加強大型促銷活動的投資。

四、提高價格力（Price）

1. 定價必須讓消費者感到物超所值。
2. 定價與競爭者產品相較，應具有競爭力。
3. 定價應隨環境變化，而能夠彈性、機動、應變，不能太一成不變。

五、衝高營業收入的方法

營收要衝高或達成目標的方法，不外乎是：

1. 銷售量要增加或衝高。
2. 售價（單價）要上升。

但面對競爭激烈的今天，單價要提高實非易事，因此只有從銷售量方向著手衝高。

從行銷 4P 如何使公司獲利

1.提高產品力

2.提高通路力

3.提高推廣力

4.提高價格力

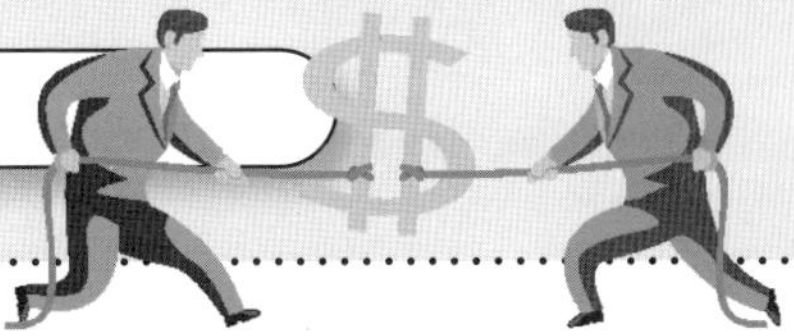

如何提高銷售量之方向

1. 重要節慶打折扣戰、降價戰

2. 舉辦各式各樣促銷活動（買二送一）
3. 持續打造品牌形象及品牌知名度
4. 增強銷售業務員、門市店員、專櫃人員之作戰力
5. 推動平價、低價副品牌

6. 增加網路購物的行銷通路，達到虛實通路皆有
7. 產品力長期改良、推陳出新

8. 加強運用社群行銷與忠誠客群之經營

第 7 章

定價決策管理應注意之要項與面對降價戰爭之決策

Unit 7-1 價格與價值決策不同的兩種思維及定價目標

一、價格與價值決策的兩種不同思維

「價格決定」與「價值決定」是二種完全不同的決策思維，如右圖所示。

1. 以傳統的思維及做法為處理

傳統做法就是以製造成本或進貨成本為基準，然後加上一個利潤率的成數，例如：你想賺三成、四成或五成，甚或1倍等，然後形成最後賣出的價格，提供給你的顧客。

2. 改變傳統的思維及做法

先鎖定您想要的目標顧客群，然後確定他們想要的價值點所在與需求滿足點所在，盡可能提供更好、更創新、更令他們感動的有價值的東西或感受。此種價值比較無法用成本數據為表達基礎，反而用更高的價格去代表此產品的價值，最後再賣給目標顧客。

3. 小結

總之，傳統上以「商品」為出發點，大家都做競爭性、模仿性的商品，最後很可能變成價格競爭，而獲取微薄的利潤而已。第二種則以思考如何為目標顧客創造出更差異化與更獨特化的真正價值感，而可以訂出更高的價格，而獲取較佳的利潤率。

二、定價目標何在及其影響因素

公司高階管理者必須在做出最後的定價之前，想清楚定價的目標為何？哪些是最優先目標？哪些是次優先目標？這些都必須澈底分析、思考。一般而言，在企業實務上，公司高階管理者所想到的目標，大致包括：

1.希望提升或穩固「市場占有率」（市占率）。

2.希望提升或穩固市場「品牌地位」或排名。

3.希望達成公司交代的營業量、營收額為獲利額目標。

4.希望能符合本公司一貫的定位及形象的一致化。

5.希望能配合公司正在執行的行銷策略與行銷政策原則。

6.希望能夠有效攻擊主力競爭對手。

7.希望能夠吸引不同的目標客層。

8.希望能夠造成一炮而紅，形成話題。

9.希望能提早回收當初高昂的研發（R&D）費用。

10.希望能明確公司與品牌的最佳定位呈現。

當然，以上十點不可能同時達成，也不可能都是公司的定價目標，可能只達成裡面的幾個項目。

因此，定價目標到底何在，這又要看下列幾個條件的狀況而定：

1.各公司當前的內部情境因素會有所不同。

2. 各公司的高階經營者或業務最高主管的個人想法、理念及偏好會有所不同。

3.各公司的發展與成長的階段性可能也不同，因此目標也就不同。

4.最後，各公司、各行業所面臨的外部環境狀況可能也不同。

價格與價值兩種不同思維定價決策

1. 傳統：以「成本」為基礎下的定價

商品 → 成本（Cost）＋利潤 → 價格 → 價值 → 顧客

2. 提升：以「價值」為基礎下的定價

顧客 → 價值 → 價格 → 成本（Cost）＋利潤 → 商品

（以顧客為思考起點）

定價目標何在

1. 能達成年度營收及獲利目標
2. 能夠鞏固或提高市占率
3. 能夠保住品牌領先地位
4. 能夠滿足消費者並吸引更多顧客群
5. 維持品牌的定位及形象
6. 最後，有餘力再做攻擊行銷策略之用

Unit 7-2 誰負責最後定價及定價應注意的四項錯誤

一、「誰負責」最後定價及定價的流程

依照企業實務操作，一個新產品或革新改良後的產品，到底誰負責最後定價呢？

基本上，應該有如下幾個實務步驟：

1. 產品定價，對大部分公司而言，當然是營業部門、業務部門或事業部門及其最高主管要做第一步：價格訂定與建議幾種價格。
2. 然後，再呈給公司最高主管，例如：總經理或董事長拍板敲定，即做最後定案。
3. 透過多次的討論會議，加上營業部多年的銷售實戰經驗與通路商的看法，營業部門最後自然要決定一個或二個價格方案，上呈給老闆做最後裁定。

因此，總結來說，誰負責最後定價？最重要有兩個人：一是營業部最高主管，例如：業務部副總經理；二是老闆（董事長）及專業聘任的CEO（執行長）或總經理等最高階主管。

二、定價應注意的四項錯誤

有智慧的企業定價決策者，在定價決策上，應避免下列常見的錯誤。

1. 定價，是行銷 4P 組合的一環，不應把它們切開來看待

此係指定價決策切勿被單獨切割而獨立看待。例如：企業界是不輕易將價格主動拉低的，而寧願改用促銷活動、副品牌或服務方式替代之。故在思考定價決策時，要同時思考產品決策、推廣決策及通路決策，是否應有配套、一致化或互補式、替代式的關聯性做法及改變存在。

2. 定價，不能是永遠一成不變的，應具有彈性

定價，當然不是固定化的，它是一項有利用價值的行銷組合工具，它當然要視整個市場環境變化、競爭對手出招的狀況，而做機動性的彈性應變。

例如：當原物料都在漲價時，廠商的定價當然也要跟著調漲，否則就會虧錢或傷害到利潤率的達成。當大家都在降價時，廠商也不可能自己一個人支撐而不降價，這必然會引起其他不利的傷害點。有智慧的彈性及應變，是定價決策上的考驗與思維。

3. 不要忽略或看錯市場本質

企業定價決策者或業務部主管，應精準的抓對與明確的看準或真實洞察到這個產品市場的本質與趨勢為何。不能透澈看清本質或忽略本質與趨勢的變化，將會影響到定價決策，進而影響到企業營運的損益狀況及其他相關事宜。例如：液晶電視機市場的本質為何、數位照相機市場的本質為何、便利商店市場本質為何等均是。

4. 注意成本的有效控制或降低

定價與成本息息相關，定價是否有競爭力，其實也代表著本公司的成本是否有競爭力。因此，企業定價決策者應努力做好及專注在產品製造成本上的控制或降低。

唯有成本得到有利的持續性降低，定價才會更有彈性，進而變成攻擊或防禦的行銷武器。

誰負責最後定價及定價的流程

財會部門
提供新產品的成本資料

↓

1. 營業部門對新產品定價有初步的看法及方案

↓

2. 營業部門主管召開跨部門定價會議，大家集思廣益，提出看法及意見

(1) 行銷企劃部門參加
(2) 營業部門參加
(3) 工廠部門參加
(4) 財會部門參加
(5) 經營企劃部門參加
(6) 其他可能的必要部門參加

3. 營業部門經過討論後，修改或不修改原訂的價格方案

↓

4. 上簽呈或舉行最後決定價格會議，由老闆或總經理主持

↓

5. 最後，由老闆或總經理拍板確定上市的售價

定價應注意的四項錯誤

1.
定價，是行銷4P組合的一環，不應把它們切開來看待
2.
定價，不是永遠一成不變的，應具有彈性
3.
定價，不要忽略或看錯市場本質
4.
應注意成本的有效控制或降低

Unit 7-3 行銷致勝策略，不能單獨抽離「價格策略」來看待

一、行銷致勝策略，不能單獨抽離「價格策略」來看待

做過行銷實戰的人都知道，一個製造業或服務業產品能成功或擊敗對手而取得第一品牌，不是沒有原因的。它的成功，一定是行銷4P組合完整與配套的整合操作，才會達成目標。抽離任何一個P，說它是行銷致勝的唯一原因，這是不對的，也是不可能的。因此，對本課題的根本看待，亦應抱持如此概念才行。換言之，定價策略與定價管理固然重要，但它只是行銷4P組合配套操作的一環，它必須與其他3P「共同合作、配合及機動運作」，才能發揮價格的功能。

舉例來說：

1. 85 度 C 咖啡連鎖店雖然採取平價策略，而與星巴克咖啡有所區隔。但是 85 度 C 的咖啡、蛋糕、麵包現煮、現做品質及美味的水準，並不會比星巴克差，甚至有些產品還更好吃。此即表示不管訂定高、中或低價位策略，若產品力不強，訂什麼價格策略也沒有用。
2. 再以全聯福利中心來說，其乾貨產品類別、項目或內容，均與家樂福、大潤發一樣，但其價位就比這二家至少低 5 ～ 15% 之多。因此，全聯超市這幾年崛起快速，其產品策略與定價策略配合良好。

二、價格競爭與非價格競爭

1. 價格競爭（Price Competition）

(1) 意義：所謂價格競爭，係指廠商以削減價格作為唯一的市場競爭手段，為求擴大銷售量，攻占市場占有率。

(2) 缺點：

- 若同業均採同樣手段，則演變成殺價戰，終致兩敗俱傷。
- 價格下滑，常會引起產品品質與服務水準之下降。
- 價格競爭對資本財力雄厚之大廠影響很小，但對於小廠商則終將難以為繼。

(3) 優點：

- 價格競爭後，若仍能因銷量增加，而使其盈利不受影響，則不失為有效的行銷手段之一。例如：手機電話費下降後，打電話數量反而增加。
- 當產品或市場特性是反映在價格競爭上時，則此乃必然之手段。

2. 非價格競爭（Non-price Competition）

(1) 意義：所謂非價格競爭，係指廠商不做價格上削減，而另以服務升級、廣告加大、媒體報導、人員銷售增強、產品改善、通路改善等手段，期使銷售量擴大、強化市場占有率。

(2) 優點：除可避免上述價格競爭，其最大優點是能以全面性的戰力來追求銷售績效，而非偏重某一方面。

(3) 缺失：當產品或市場特性屬於價格競爭時，若不配合因應，則會喪失不少市場。

價格策略是行銷 4P 的一環，必須具一致性

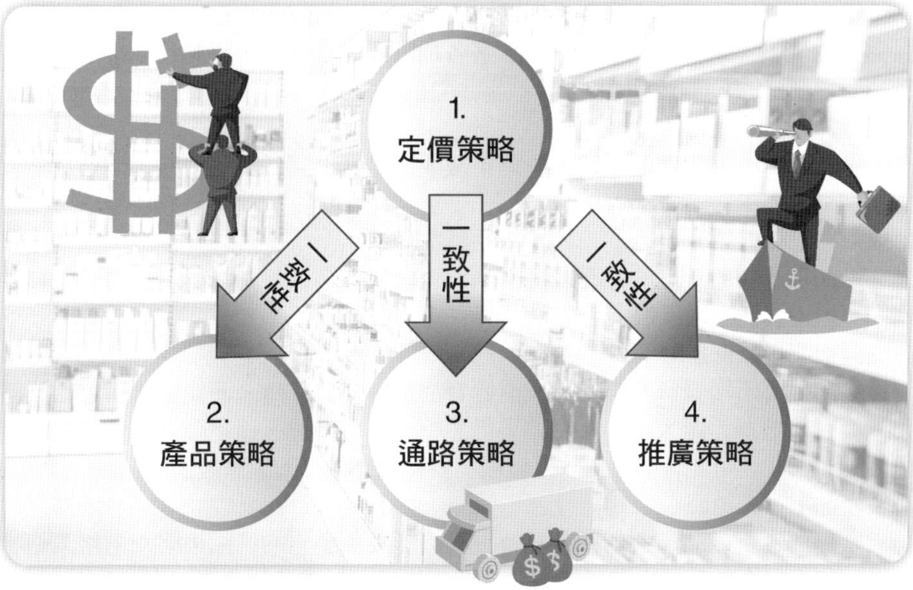

價格競爭與非價格競爭

價格競爭

・透過降價戰、折扣戰、促銷戰來搶市場

⇩

增加銷量
提高利潤

VS.

非價格競爭

・透過服務、廣告、通路、人員來搶市場，而不是降價戰

⇩

多元行銷
策略彈性

Unit 7-4 影響價格改變或需調整的時機點

廠商的價格或定價，其實也不是一成不變的，有時候它也會做一些臨時性或長期性的調整。這些情況當然是面臨著各種時間點必要的、主動性或被迫性而調整及改變價格的，而影響價格改變或需調整的時機點，大致有以下幾項狀況：

1. 配合通路商做促銷活動

廠商配合強勢大型連鎖活動的週年慶或主題性促銷活動的時候，價格自然要向下調降。

2. 廠商自己做促銷活動

廠商自己在每年度的旺季或淡季時，也會舉辦各種促銷活動，以拉升業績。例如：辦抽獎活動或折扣戰活動。

3. 廠商面臨景氣低迷時

廠商面臨市場景氣非常低迷或消費者消費心態保守時，而使原本訂定的業績目標與實際數據差距太遠，此時如果仍然堅守原有價位，而不願做部分降價或促銷活動，則營收可能會很慘；故最後被迫要做一些價格的調整。

4. 新產品上市滯銷時

廠商面臨新產品一上市就滯銷時，就可能要調整它的商品策略及價格策略。反之，如果很暢銷時，也有可能會向上調高售價，以求多賺些錢。

5. 產品面臨成熟飽和或衰退期

廠商的既有產品可能面臨產業的高度成熟飽和期，甚至是衰退期。此時，廠商必然要向下調降價位，此亦是必要的策略。

6. 產品不斷推陳出新

另外，有些高科技產品推陳出新速度非常快；相對的，其價位或價格也經常性的在調整。

7. 面臨對手低價競爭

廠商經常面臨的最大困擾，就是競爭者的低價格戰威脅與攻擊，此時，究竟應如何做價格策略回應，亦是重點。

8. 面臨原物料上漲時

很多民生消費品，由於受到原物料上漲的影響，也經常被迫調漲價格。例如：麵包、蛋糕、泡麵、奶粉、餅乾、速食餐等均是。

9. 面臨產品重定位時

當廠商要對產品或品牌做「重定位」策略時，亦常會對重定位之後的產品有不同的定價策略來相對應。

10. 面臨品牌老化時

當廠商的品牌老化，而展開「品牌年輕化」工程時，也常會對價位做一些不同的調整及改變。

11. 面臨產品組合與產品線定價時

最後，當廠商面對愈來愈多產品線或更多的產品組合狀況時，其產品線的產品組合定價策略，可能也要做通盤的總檢討及改變。

影響價格改變或需調整的時機點

1. 配合通路商做促銷活動
2. 廠商自己做促銷活動
3. 廠商面臨景氣低迷時
4. 新品上市滯銷時
5. 產品面臨飽和期或衰退期
6. 產品不斷推陳出新
7. 面臨對手低價競爭時
8. 面臨原物料上漲時
9. 面臨產品重定位時
10. 面臨品牌老化時
11. 面臨產品線組合與產品定價時

價格調漲之狀況

1. 原物料上漲太多，不調不行
2. 推出改良產品時
3. 推出全新產品時
4. 競爭對手紛紛調漲價格，必須跟進時
5. 面對產品熱賣、暢銷時

Unit 7-5 降價戰爭之決策 (Part I)

一、廠商發動降價戰之原因

市場上常見競爭廠商發動降價戰，例如：國內的行動電話、百貨公司、大賣場、家電公司、資訊3C公司及各行各業等常引起殺價競爭。其主要原因包括：

1. 第一品牌廠商力保第一名市占率，並拉大與第二名之距離。
2. 第二或第三品牌廠商為力爭市占率向上提升，進逼第一品牌。
3. 因應景氣低迷，透過降價以刺激消費者購買慾望。
4. 為解決產能過剩，以降價促銷。
5. 在新市場中，搶奪客戶為第一要務，不計損益如何，以先擁有客戶為重。例如：固網電信公司就以低價爭奪中華電信公司的客戶。
6. 以降價嚇阻新進入者，形成進入障礙，逼迫退出。

二、應付競爭對手降價之可行對策

當市場的競爭者以相當之產品品質及較低價格，向市場領導廠商進行攻擊時，有可能會使市場領導者失去一部分的市場占有率。此刻，市場領導者可採取之對策有以下幾種：

1. 維持價格對策（Price Maintenance）

亦即不管對手如何低價競爭，本身之價格仍未變動，採取此對策之理由為：

(1) 領導者相信市場占有率不會損失太多，不值得顧慮。
(2) 若將產品降價，有損品牌形象，以後價格很難再調回。
(3) 產品降價所多出之銷售量利潤，不會比失去的利潤還多。
(4) 目標市場及產品定位仍有些許差異。
(5) 即使短期失去一些市場占有率，仍會在長期間中回復。
(6) 先採穩紮穩打策略，靜觀一段時間後，再下決策可能較客觀，或是採用贈品、抽獎方式取代降價。
(7) 採用另一個副品牌以低價應付對手的降價戰，但主品牌仍不降價。

2. 緊跟減價對策（Price-Down）

此係市場領導者在綜觀全局之後，認為不採取減價對策，將會喪失很大的既有市場占有率，因此相繼降低，以茲互相對抗。

採取減價對策之理由如下：

(1) 若不降價，必然喪失不小的市場占有率。
(2) 市場占有率一旦失去，將很難再奪回。
(3) 過去的利潤偏高，即使降價，其每單位利潤仍算合理。
(4) 減價後可望會增加銷售量，所增加之利潤也許能夠彌補單位利潤之減少。
(5) 此產品已過銷售高峰期，公司之投資也已大部分收回，故可適度降價，以應付衰退期之到來。
(6) 未來有計畫的推出另一相似功能，但外型改變的同類產品線之產品，以取代現有產品，故可對現有產品降價。

廠商發動降價戰之原因

1. 向第一品牌開戰
2. 爭搶市場占有率
3. 為解決產能過剩問題
4. 嚇阻潛在新進入者
5. 經濟不景氣，景氣太低迷

不跟隨對手降價之原因

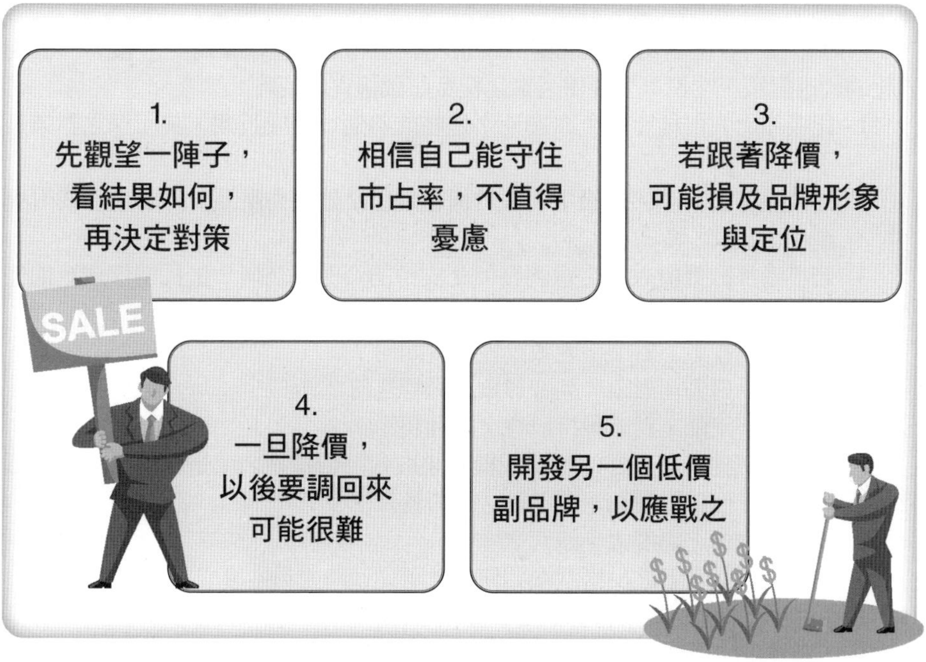

1. 先觀望一陣子，看結果如何，再決定對策
2. 相信自己能守住市占率，不值得憂慮
3. 若跟著降價，可能損及品牌形象與定位
4. 一旦降價，以後要調回來可能很難
5. 開發另一個低價副品牌，以應戰之

Unit 7-6 降價戰爭之決策 (Part II)

三、漲價並反擊對策

市場領導公司非但不跟隨降價，還能微幅提高價格。採取漲價反擊之對策，主要理由有：

1. 將漲價部分之收入，用於廣告活動上，創造更大聲勢。
2. 設計稍高層級之產品，全力反擊。
3. 希望藉此鞏固目標市場的市場區隔，至於一小部分流失者，並非目標客戶，故不在意。
4. 公司堅信高級品牌只有靠高價位維持生存。

四、如何因應競爭對手降價的五大策略做法

對策1：推出副品牌或另一個產品系列，同樣以低價因應。
例如：三星手機推出Galaxy A系列，以因應中國小米機低價策略。

對策2：迫不得已，也必須以原品牌同樣降價因應，否則市占率會被奪占。

對策3：改用不定期推出促銷活動以因應之。

對策4：加強服務等級提升，用服務策略應對降價戰。

對策5：從研發上著手，更新產品，強化功能，提高原產品附加價值，用提高產品等級來因應。
例如：iPhone 1~iPhone 6s、Galaxy Note 1~Note 7。

五、降價對策應考慮之因素

市場領導者在面對第二位或第三位市場競爭者之降價攻擊時，並沒有一套制式化的因應對策，端視以下幾種因素之程度而做適宜之策略：

1. 此產品處在何種產品生命週期？是在成熟期或是成長期，其所採之對策是不同的。
2. 此產品在公司產品結構中，處於何種地位？是主力產品、夕陽產品或附屬產品？
3. 競爭者採取低價攻擊之意圖為何？支持的資源又為何？是長期性或短期性的？
4. 市場（消費者）對價格的敏感性程度如何？
5. 價格變動對公司形象、品牌形象之影響為何？
6. 價格跟著下降，就能維持以往之總利潤額嗎？
7. 公司有無比降價更好的策略或機會來取代降價措施？或是出現另外一套行銷策略，而以降價為過渡階段之短暫性做法？
8. 競爭者降價之幅度大小如何？
9. 消費者對競爭者之反應狀況如何？此可從通路成員中獲取訊息。
10. 同業及公司銷售通路之成員反應如何？
11. 公司對降價戰的長期策略觀察與分析如何？

如何因應對手降價五大策略做法

1. 推出副品牌或另一個產品系列應對之
2. 改用不定期促銷優惠活動應對之
3. 加強服務升級，用服務策略應對之
4. 加強研發，提高產品附加價值及功能等級應對之
5. 最終，迫不得已，才跟隨降價

降價對策應考量之因素

1. 產品生命週期（PLC）為何？
2. 此產品對公司的重要性程度如何？
3. 對手降價的真正意圖何在？
4. 消費者的價格敏感度如何？
5. 降價對產品品牌形象影響為何？
6. 有沒有比降價更好的方法？
7. 不降價，我們的後果會如何？

Unit 7-7 面對降價競爭三步驟

《經理人月刊》雜誌在2007年4月號，由郭君仲先生撰寫一篇〈競爭者降價，怎麼辦？〉，他提出三個步驟的因應對策，頗有見地，茲摘述如下：

一、分析競爭者降價的原因

當競爭者掀起價格戰之後，企業首先要做的事情，就是設法了解競爭者降價背後的原因，作為是否回應的評估依據。

一般而言，企業降價的原因可能有下列幾種：

1. 換取現金：企業可能需要現金周轉，因此透過降價刺激消費，以在短時間內取得現金。
2. 提振銷售：企業可能產能過剩，需要透過降價以增加銷售量。
3. 維護市場：透過降價以增加市場占有率、鞏固市場地位。
4. 打擊對手：透過降價迫使較小的廠商退出市場。
5. 其他策略性目的：例如：配合政府政策、回饋社會等。

二、分析競爭者降價的影響

接下來，企業需要了解競爭者降價之後，對消費者和市場會帶來哪些影響和衝擊？因此，企業得釐清下列問題：

1. 競爭者在哪些市場降價？降價幅度為何？投入多少資源？
2. 競爭者的降價是暫時的或是長期的做法？
3. 競爭者降價後，顧客和營業額的變動狀況為何？吸引了哪些顧客？
4. 對通路或其他廠商會有哪些影響？

三、決定因應的策略，採取行動

最後，企業須針對受影響的程度，以及回應之後可能的後果，加以綜合研判，以決定因應的行動。企業可以透過右頁的步驟來做判斷。

競爭者降價所影響的四大面向：

1. 深入了解及掌握對手降價的動機、目的、幅度、範圍、長短期等。
2. 深入分析對手降價後，對公司會有何影響？影響大不大？深不深？可行性如何？以及我方如何因應？
3. 分析其他同業的因應動向及做法如何？
4. 分析對整個市場未來的影響程度如何？

面對降價競爭之分析對策步驟

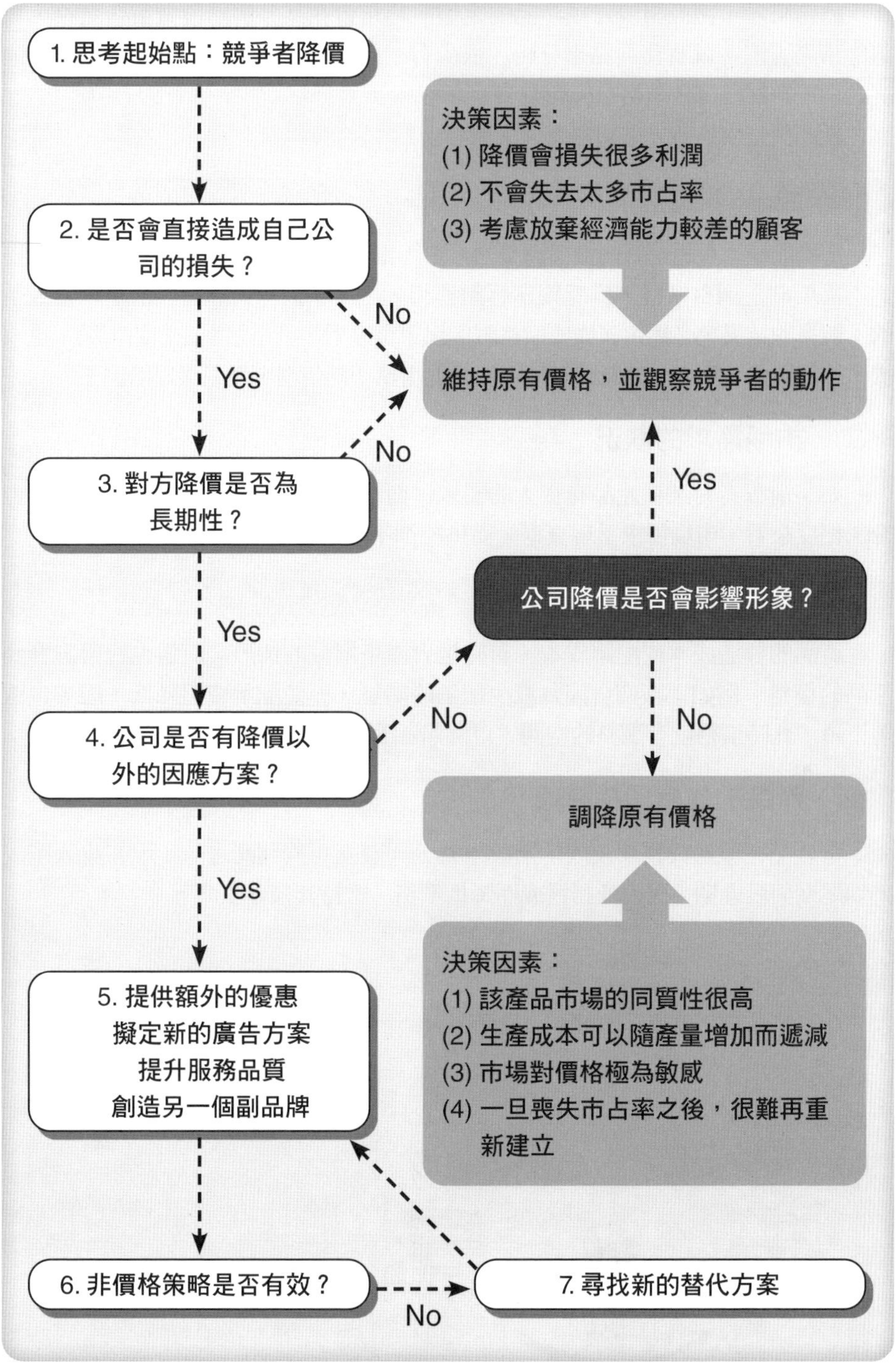
1. 思考起始點：競爭者降價
2. 是否會直接造成自己公司的損失？
No
Yes
3. 對方降價是否為長期性？
No
Yes
4. 公司是否有降價以外的因應方案？
No
Yes
5. 提供額外的優惠
擬定新的廣告方案
提升服務品質
創造另一個副品牌
6. 非價格策略是否有效？
No
7. 尋找新的替代方案
決策因素：
(1) 降價會損失很多利潤
(2) 不會失去太多市占率
(3) 考慮放棄經濟能力較差的顧客
維持原有價格，並觀察競爭者的動作
Yes
公司降價是否會影響形象？
No
調降原有價格
決策因素：
(1) 該產品市場的同質性很高
(2) 生產成本可以隨產量增加而遞減
(3) 市場對價格極為敏感
(4) 一旦喪失市占率之後，很難再重新建立

Unit 7-8 調整價格之考量因素及多元化價格策略並行

總結來看，廠商對於一項產品的定價，經常會在某一個階段做價格調整，以適應市場實況。就實務觀點來分析，很少有一種產品的定價是從一開始上市到最終之衰退期都沒有做價格上的調整。

廠商調整價格時，常須考慮以下幾項因素：

一、競爭的狀況

市場的競爭可說是廠商價格調整的首要因素，如果是獨占或寡占市場，廠商自然不需要向下調整價格，且能獨享超額利潤。然而，實際情形市場卻是相當競爭的；競爭的結果，必然會演變成價格戰。以家電來看，就是競爭激烈的市場，電視機、錄放影機、手機、冷氣機等家電產品的價格不斷下滑，就是最好的例子。

二、市場需求的狀況

如果消費者對某項產品有很大的需求，而廠商又供不應求時，價格自然會上升。相反來看，市場需求呈現衰退，而供給卻不斷增加，則價格自然會下降。

三、產品成本的狀況

產品的製造成本或配銷成本，有時也會產生增減的情形，而這也連帶影響到產品的價格。例如：廠商會因為減少配銷的階層，而使配銷費用降低，成本也跟著下降，此時價格就有調整的空間，以回饋顧客。

四、產品的生命週期階段

當產品在經過成長期及成熟階段，為公司賺進可觀利潤之後，現在步入了成熟期尾期與衰退期，可因任務達成而降低價格，維持其殘存生命。

多元化價格策略並行——高價、中價、低價三路並進

很多品牌為了
1. 因應競爭
2. 搶占更多市場區隔

↓

採取高價、中價、低價三路並進策略

例如：hTC 手機

1. 較高價
hTC One 系列

↓

2. 中等價
hTC Desire

↓

3. 較低價
hTC RM

例如：TOYOTA 汽車

1.LEXUS
較高價車種

↓

2.CAMRY、WISH
中等價位車種

↓

3.YARIS、VIOS、ALTIS 較低價

例如：晶華飯店

1. 台北晶華酒店／蘭城晶英
（較高價）　（商務客）

↓

2. 捷絲旅旅客
（平價位、背包客、自助旅行）

例如：王品餐飲集團

1. 高價位：王品牛排、夏慕尼
（1,200 ～ 1,500 元）

↓

2. 中價位：陶板屋、西堤
（500 ～ 600 元）

↓

3. 低價位：石二鍋、ita、hot 7 等（200 ～ 300 元）

第 8 章

四種導向定價法

Unit 8-1 成本加成定價法

一、成本加成方法

所謂「成本加成法」（Mark-up Method, Cost-plus Method），係指在成本之外，再以某個成數百分比為其利潤，此即成本加成法。以某牌36吋液晶電視機為例，若其成本為10,000元，經銷店進價為15,000元；則其原廠的加成數五成（50%），利潤額為5,000元。採用此法之理由為：

1. 簡單易行。
2. 對利潤率及利潤額之掌握較為清晰明確。

二、成本加成法例舉

茲以一瓶飲料為例，說明成本加成法的定價應用過程如下。

一瓶飲料（以茶裏王為例假設）。

1. 假設一瓶茶裏王飲料的製造成本，包括原物料、水、糖、包材、人工及製造費用等，合計一瓶的製造成本，平均為 8 元。
2. 然後由統一企業工廠出貨給全國各縣市的經銷商，而統一企業預計拿五成的加成率，因此，每一瓶賺取 4 元的加成額，如果每月出貨給相關縣市經銷商 100 萬瓶，即賺 400 萬元毛利額。
3. 然後經銷商再出貨到各零售據點，假設經銷商想賺三成加成率，則他每出貨一瓶飲料，即賺取 3.6 元的加成額。
4. 最後，各零售點，如便利商店、大賣場、超市、雜貨店等，賣給消費者也想賺三成加成率，結果最後此飲料在架位上的定價為 20 元。零售店每賣一瓶飲料，即賺 4.4 元加成額。
5. 總結來說，從工廠的 8 元到零售據點的 20 元售價，大約是 2.3 倍的價錢。

三、加成比例應該多少才合理（五～七成）

那麼加成比例應該多少才合理？實務上，並沒有一個固定或標準的毛利率，而是要看產業別、行業別、公司別而有不同。

1. 一般來說，比較常態的加成比例，實務上大致在五～七成之間是合理且常見的。
2. 但是：
   (1) 像化妝保養品、健康食品、國外名牌精品或創新性剛上市新產品的加成率，則可能超過八成，也是常見的。
   (2) 另外，像資訊電腦外銷工廠的毛利率，由於它的出口金額很大，故加成率會較低，大約在 20 ～ 30% 之間，競爭很激烈。
   (3) 再者，像一般街上飲食店面，其加成率也會在 100% 以上。例如：一碗牛肉麵的加成率就會在 100% 以上，至少要賺 1 倍。亦即一碗成本 50 元，售價為 100 元。

加成率與毛利率之間的換算

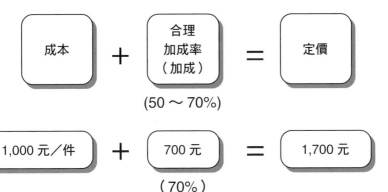

1. 成本加成法：五～七成

成本 + 合理加成率（加成）= 定價

(50 ～ 70%)

1,000 元／件 + 700 元 = 1,700 元

（70%）

2. 加成比例多少才合理

(1)一般合理的標準：50～70%

(2)名牌精品／保健食品／特級產品：70～150%

(3)不過，高度競爭性產品：加成率可能只在30～50%之間

3. 加成率五～七成，相當於毛利率三～四成之間

(1)成本加成率

假設

成本：1,000元／1件

加成：　700元（70%）

價格：1,700元

(2)毛利率

營業收入 1,700 元／ 1 件

－營業成本 1,000 元

營業毛利　700 元

所以，毛利率 $= \dfrac{700\text{ 元}}{1{,}700\text{ 元}} = 41\%$

4. 歐洲名牌精品：加成率可能達 150%

成本：10,000元／1件

加成：15,000元（150%）

價格：25,000元

營業收入 25,000 元／ 1 件

－營業成本 10,000 元

營業毛利 15,000 元

所以，毛利率 $= \dfrac{15{,}000\text{ 元}}{25{,}000\text{ 元}} = 60\%$

Unit 8-2 出廠成本到最後零售端價格的變化

一、出廠成本到最後零售端價格的變化

1. 出廠成本 → 2. 各縣市經銷商 → 3. 零售賣場 → 4. 消費者

1,000 元 →（加成 70%）→ 1,700 元 →（加成 50%）→ 2,550 元 →（加成 50%）→ 3,825 元

從 1,000 元 → 到 3,825 元

（出廠成本率僅最終售價的 26%）

二、舉例：出廠成本到最終零售端售價是 3 ～ 4 倍之多

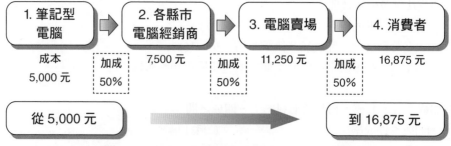

1. 筆記型電腦 → 2. 各縣市電腦經銷商 → 3. 電腦賣場 → 4. 消費者

成本 5,000 元 →（加成 50%）→ 7,500 元 →（加成 50%）→ 11,250 元 →（加成 50%）→ 16,875 元

從 5,000 元 → 到 16,875 元

（出廠成本率僅最終售價的 33%）

三、舉例：台灣工廠外銷到美國市場——從成本到最終零售端售價會漲到 4 ～ 5 倍之多

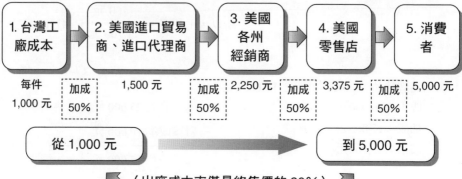

1. 台灣工廠成本 → 2. 美國進口貿易商、進口代理商 → 3. 美國各州經銷商 → 4. 美國零售店 → 5. 消費者

每件 1,000 元 →（加成 50%）→ 1,500 元 →（加成 50%）→ 2,250 元 →（加成 50%）→ 3,375 元 →（加成 50%）→ 5,000 元

從 1,000 元 → 到 5,000 元

（出廠成本率僅最終售價的 20%）

四、縮短中間通路商

現在全世界趨勢都在縮短行銷通路

↓

以求終端價格降低一些，才會有利消費者

↓

所以，網路購物才會崛起

很多大型量販店、便利連鎖商店、居家用品購物中心、百貨公司連鎖等

↓

都直接跟原廠下單採購

↓

就是為了減少中間通路商，降低終端零售價

很多大型公司也自建直營門市店或專門店

↓

例如：UNIQLO、ZARA、H&M、GAP、SEIKO、hTC、Apple、LV、GUCCI、Cartier、HERMÈS 等

↓

降低、減少中間通路商的成本

Unit 8-3 加成比例的用途及優點

一、加成比例的用途

加成比例主要是用來扣除管銷費用。公司產品的售價在扣除產品成本之後，即為營業毛利額，然後再扣除營業費用，才為營業損益額（賺錢或虧錢）。

例如：桃園工廠生產一瓶鮮乳飲料，若售價扣除這瓶飲料的製造成本，即為營業毛利，然後，再扣除台北總公司及全國分公司的管銷費用之後，即成為營業獲利或營業虧損。

因此，加成率若低於一定應有比例，則顯示公司定價可能偏低，而使公司無法涵蓋管銷費用，故而產生虧損。當然，毛利率若訂太高，售價也跟著升高，則可能會面臨市場競爭力或價格競爭力不足的不利點。

因此，加成率通常都會在一個合理的比例區間，既不能太高，也不能太低。毛利率應該會受到市場競爭的自然制約，以及這個行業的自然規範。

二、毛利率與價格的互動關係

毛利率與價格兩者間是彼此正向互動的。

毛利率上升，即代表價格上升；毛利率下降，即代表價格下降。反之，如果公司價格下降（降價出售），也代表產品的毛利率會下降（減少）；公司價格上升（提高售價），則代表產品的毛利率跟著上升。

當然，毛利率上升，價格上升，但獲利卻不一定上升，有時候有可能會使銷售量減少，而使獲利下降。

三、成本加成法的優點

成本加成法是目前企業實務界最常見的定價方法，它的主要優點或好處如下：

1. 此法簡單、易懂、容易操作。
2. 此法符合財務會計損益表的制式規範，容易分析及思考因應對策。
3. 此法在業界使用的共通性較高，具有共識化及標準化。

成本加成法案例

1. 飲料

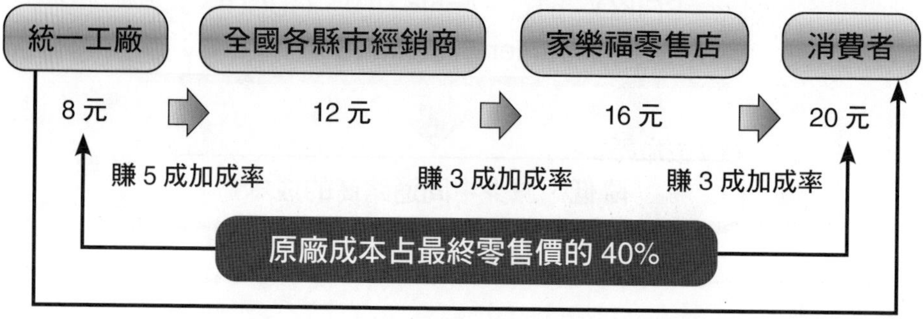

2. 書籍

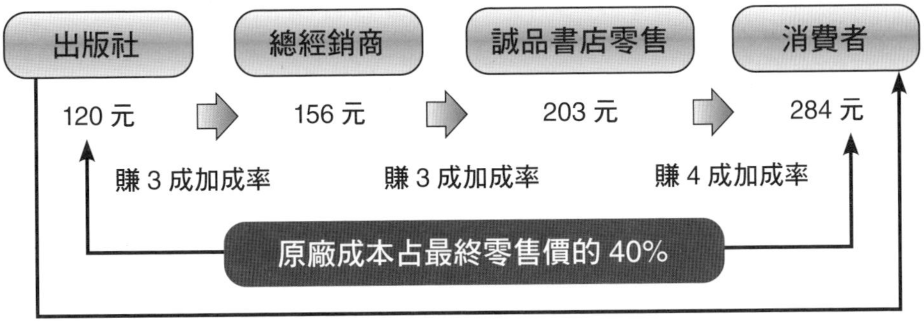
出版社
總經銷商
誠品書店零售
消費者
120 元
156 元
203 元
284 元
賺 3 成加成率
賺 3 成加成率
賺 4 成加成率
原廠成本占最終零售價的 40%

3. 小筆電（小型筆記型電腦）

工廠
總經銷商
電腦經銷店
消費者
6,000 元
7,200 元
8,640 元
10,368 元
賺 2 成加成率
賺 2 成加成率
賺 2 成加成率
原廠成本占最終零售價的 60%

4. 化妝保養品

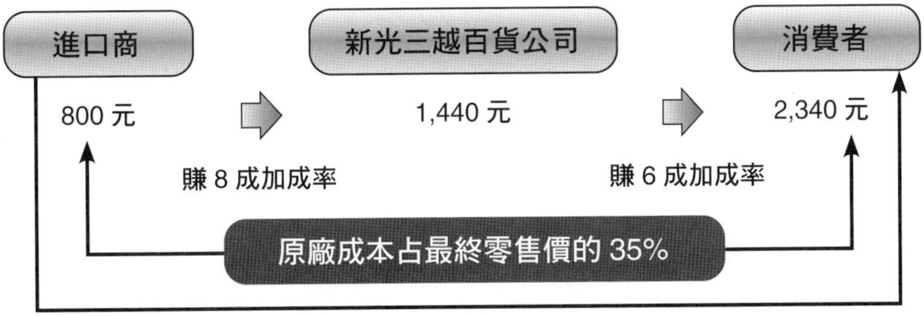
進口商
新光三越百貨公司
消費者
800 元
1,440 元
2,340 元
賺 8 成加成率
賺 6 成加成率
原廠成本占最終零售價的 35%

5. 服飾

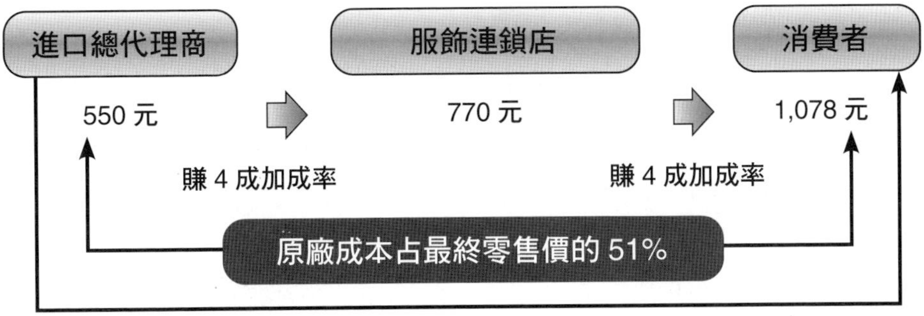
進口總代理商
服飾連鎖店
消費者
550 元
770 元
1,078 元
賺 4 成加成率
賺 4 成加成率
原廠成本占最終零售價的 51%

Unit 8-4 實務上，產品成本、進貨折數與零售價的關係

在企業實務上，內銷廠商的價格操作，通常是如下作業的：

案例一

出版社現在出一本書的製作成本是200元，預計該書定價是400元，而銷售公司的誠品連鎖書店，向出版社要求按定價的6成進貨，即400元×60%=240元為進貨成本；而此時出版社每一本書只賺40元（即240元－200元=40元），毛利率為2成（即40元÷200元=20%）。

故此處：

- 進貨折數：為6成
- 零售價：為400元
- 產品成本：為200元
- 出版社毛利：為40元（20%）
- 連鎖書店毛利：為160元（40%）

連鎖書店淨毛利：40%－誠品卡打九折（10%）=30%（即120元）

案例二

某進口商進口某種健康食品，它的進貨成本為450元一瓶，預計在零售店的零售價為1,500元。此時，各通路過程的進貨折數及毛利額如下：

1. 進口商（總代理商）

進貨成本 450 元 ⇦

- 每賣一瓶賺 300 元（750 元－ 450 元）
- 毛利率：$\frac{300\text{ 元}}{1{,}500\text{ 元}}$ = 20% = 2 成

2. 地區經銷商

售價 5 折 進貨：750 元 ⇦

- 每賣一瓶賺 450 元（1,200 元－ 750 元）
- 毛利率：$\frac{450\text{ 元}}{1{,}500\text{ 元}}$ = 35% = 3 成 5

3. 零售店進貨折數

售價 8 折 進貨：1,200 元 ⇦

- 每賣一瓶賺 300 元（1,500 元－ 1,200 元）
- 毛利率：$\frac{300\text{ 元}}{1{,}500\text{ 元}}$ = 20% = 2 成

4. 零售價格

1,500 元

（說明I）對進口商而言，該公司要算一下，每一瓶賺2成，毛利額300元，獲利是否夠？如果2成毛利率偏低，則該公司就必須提高零售價格，或是告知經銷商的5折進貨太低了，改為6折進貨，提高1成的毛利率。只有這兩種方法，才能使進口商所賺的毛利額足以支應該公司的管銷費用，而最終獲利賺錢。

（說明II）從這裡可以看出，最終的零售價格1,500元，是當初進貨成本450元的3.5倍之多。所以，我們常說，出廠成本或進口成本到了最末端的零售價格時，通常是3～6倍之間，有些比5倍更高，像化妝品、保養品、國外名牌精品、保健食品，有可能是5～8倍之高。

案例三

某國內製造化妝品、保養品廠商（例如，資生堂），一瓶乳液的製造成本是200元，預計在百貨公司零售價為1,200元。此時：

1. 資生堂公司		2. 百貨公司進貨折數		3. 零售價格
製造成本 200 元	⇦	6 折進貨專櫃：720 元	⇦	1,200 元

- 每賣一瓶賺 720 元－ 200 元 = 520 元
- 毛利率：$\frac{520\text{ 元}}{1{,}200\text{ 元}} = 43\%$
- 每賣一瓶百貨公司賺 480 元（1,200 元－ 720 元）
- 毛利率：$\frac{480\text{ 元}}{1{,}200\text{ 元}} = 40\%$

（小結）總之，實務上，廠商與各種零售賣場都是先洽妥訂定最終零售價是多少，然後，再以折數多少，回推進貨成本價，如下圖所示。

產品售價的成本與利潤決策圖

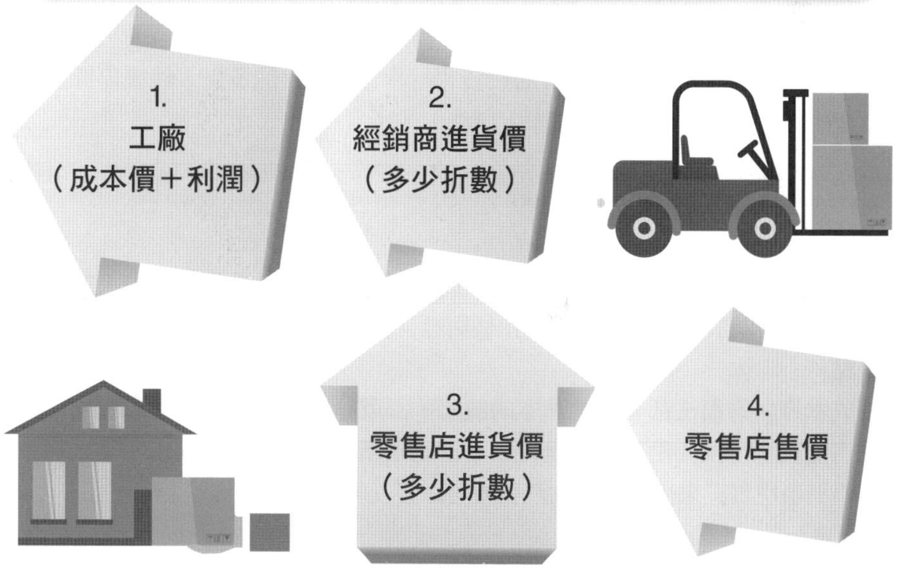

Unit 8-5 損益兩平點定價法

一、「損益兩平點」定價法

所謂損益兩平點（Break Even Point, BEP），係指某一種產品或店面的銷售量（或銷售額），公司是處於既不賺錢也不賠錢的情況。如果當公司想要賺取一定數額之利潤時，則該公司必須調整多少價格或達到多少銷售量才能實現。因此，訂下利潤目標後，價格即可算出。以損益兩平點公式來看：

1. $$\mathbf{BEP} = \frac{F}{1 - \frac{V}{S}}$$

（F：固定成本；S：售價；V：變動成本；BEP：在不賺不賠下之銷售額）

2. $$\mathbf{BEP} = \frac{F + P}{1 - \frac{V}{S}}$$

（P：預期利潤額；BEP：在賺得P利潤之下的應有銷售額）

3. . 實務上說法

一個公司、一個新產品或一個新開店面，都會有損益兩平點的要求，此即至少要達到不賺但也不賠的狀況，公司才能撐下去。損益平衡點即指公司這個月的營業收入能負擔變動成本，也還能支應固定成本，故剛好達到損益平衡點，下個月再多加努力，營業額多一些時，即可開始賺錢了。

二、目標定價法

此方法較適用於公共事業的定價法。例如：電力公司的電費定價，乃是依據支出的成本金額，以及法定應有的投資報酬率（ROI）是多少，然後再據以推算出電費的價格（此亦稱投資報酬率定價法）。

三、小結：成本定價法之優缺點

1. 優點

就是站在財務觀點來看，它守住了成本這一關，產品的價格必須大於成本才行。此法也有助於企業掌握利潤的預估與經營績效之把握，而且簡單易行。

2. 缺點

成本導向定價法都有一個基本的缺陷，那就是忽略了「市場需求程度」對價格的可能反應。換句話說，僅是從公司的成本結構去定價，卻漠視了從公司外部的市場與環境實況來衡量、評估消費者可以接受的價格。

損益兩平點圖示

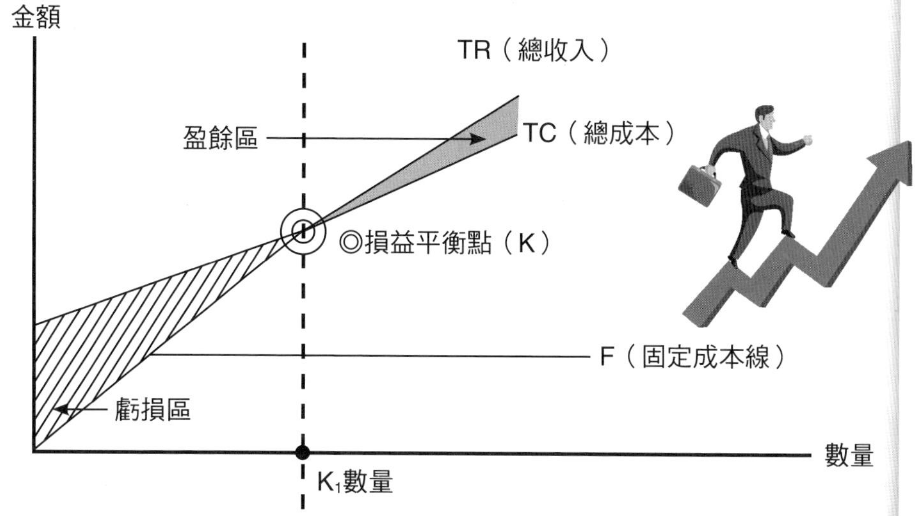

成本導向定價法的優點

1.
簡單易
行易懂

2.
使用仍
最普及

3.
成本、定價、
利潤三者關係
容易了解

4.
知道如何
管控成本

Unit 8-6 需求導向定價法

一、市場競爭定價法（Competition Pricing）

此係指某一廠商所選擇之價格，主要依據競爭者產品價格而訂定。大部分廠商還是會看整個市場競爭的狀況後，才會訂定一個價格。

二、追隨第一品牌定價法（Follow-the Leader Pricing）

此係指追隨市場第一品牌廠商的價格而訂定。

三、習慣或便利定價法（Customary or Convenient Pricing）

某些產品在相當長的時間內維持某一價格，或某一價格可使付款及找零錢方便等原因，使得零售廠商或顧客視為當然，故稱之。例如：報紙10元、飲料20元、便當50元等。

四、威望（名牌）定價法（Prestige Pricing）

係指廠商藉由將某一種產品訂定高價格，以增強消費者對此品牌及對整條產品線的高品質印象。因此，威望定價法是具有明顯的品質特性及高價位特性。例如：歐美名牌精品及高級轎車等均屬之。

五、促銷特價品定價法（Loss-Leader Pricing）

係指許多規模頗大的量販店，常常會推出幾種特別低價之產品，出售一段時日，以廣招徠。由於其具有顧客的引導作用，故稱為促銷特價品定價法。採用此法時，應注意以下幾點：

1. 特價的產品，應是消費者經常使用的產品。
2. 特價品之價格，應真正降價，以取信於消費者。
3. 實施此法之商店應為大規模之零售店，因其貨品種類較多，容易吸引顧客購買特價品以外之產品。

六、市場導向定價法的意義

所謂以「市場導向」的定價法，係指：「先以企業外部市場與環境為考量，再考量企業內部」。

1. 此處的「企業外部」即是指「市場」而言。
2. 此處的「企業內部」即是指「內部成本」而言。

換言之，若廠商採取以「市場導向」為基調的定價法，那就是指廠商時刻關注著下列變化：

1. 市場競爭對手的價格變化。
2. 市場消費者或目標顧客群對價格看法或接受度的變化。
3. 市場是否又有新的競爭對手加入。
4. 市場與經濟景氣狀況如何。

市場需求導向定價法之各法

市場需求定價法之特點

1.
須關注競爭對手的售價變化
2.
須關注是否有新競爭對手加入
3.
須關注經濟景氣與市場買氣狀況
4.
須了解目標消費者是否能接受此售價

第 9 章

各種定價法

Unit 9-1 新產品上市定價法

廠商如果有新產品上市或改良式產品新上市時，大致有二種截然不同的定價策略，說明如下：

一、市場吸脂法（高價策略）

1. 意義與目的

所謂市場吸脂法（Market-Skimming或Skimming Pricing），係指公司以訂高價位的方式，迅速在新產品上市後的短期內獲取最大的投資報酬，又稱「吸脂定價」（Skim-the-Cream Pricing），此係指將乳牛身上擠下來的牛乳最上層、最油的那一層刮下來使用的意思，係為高價之策略。

2. 適用情況

(1)消費者願意支付高的價格購買此產品。

(2)此產品之需求彈性低，且無替代性。

(3)高價能塑造高品質之形象。

(4)高價之基礎在於市場區隔化，且不致引起太多競爭對手加入。

(5)適用於小規模生產之產品。例如：某些限量生產的名牌手錶、名牌服飾、名牌手機。

(6)產品具有某功能獨特之性質或專利保障。

(7)屬於新技術之產品（新產品）。

(8)屬於產品生命週期第一階段的導入期。

例如：筆記型電腦、液晶電視、智慧型手機、平板電腦等產品剛推出時，定價都很高。但一段時間後，競爭者增加，就逐步調降價格。但仍有很多國外高級轎車、服飾名牌精品的價格一直在高位。

二、市場滲透定價法（低價策略）

1. 意義與目的

所謂市場滲透法，係指公司對新上市產品採取低價位方式，冀求初期取得較大的市場占有率與先占市場優勢，掌握住品牌知名度與吸引更多客戶；又稱「滲透定價法」（Penetration Pricing）；係屬於低價之策略。

2. 適用情況

(1)消費者不願以高價購買此產品。例如：食品、飲料、香菸、速食麵、口香糖、報紙等。

(2)消費者對價格的敏感度極高，低價能廣受歡迎。

(3)低價由於利潤少，故能削弱其他競爭者加入之意願。

(4)產銷量大時，每單位成本可望逐漸下降。

新產品上市價格的兩種不同定價法

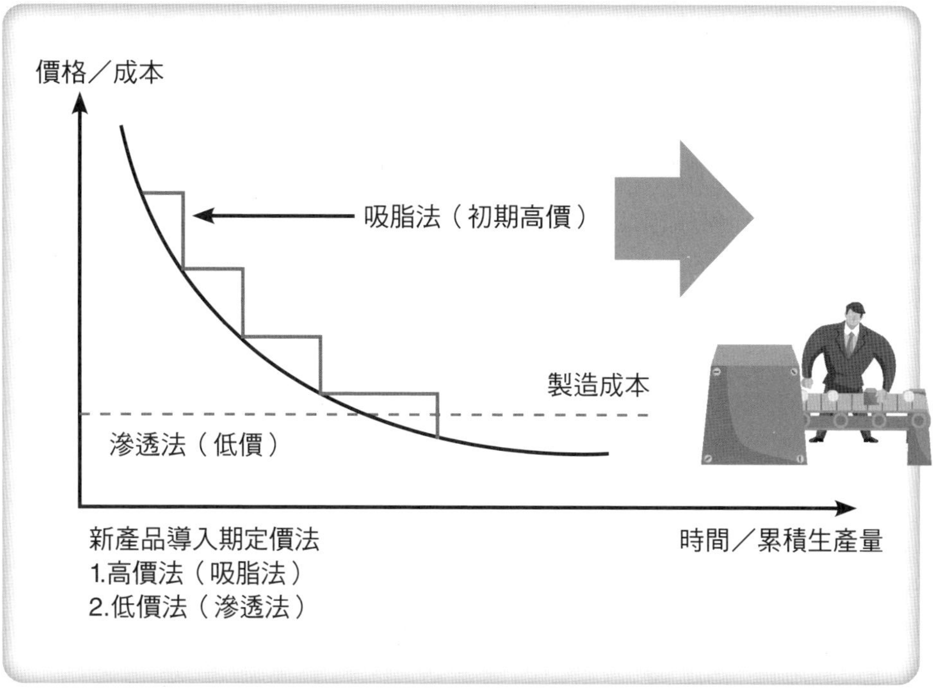

新產品推出的高價法與低價法

Unit 9-2 心理定價法

心理定價法在現代企業實務上，也經常可以看到，尤其在市場不景氣時，更是如此。

心理定價法是針對消費者的心理而設想，希望提高或促進消費者購買的誘因。心理定價法又可分為以下幾種：

一、「尾數定價法」或「畸零尾數」定價法（Odd Pricing）

例如：廠商經常在店頭、門市、賣場上標示99元、199元、299元、399元、599元、999元、1,990元等。若定價99元，會讓消費者感受到沒有超過100元，覺得還滿便宜的，就會買了。

二、「每日最低價」（Every Day Low Price, EDLP）

例如：家樂福、全聯福利中心、屈臣氏、燦坤3C、美廉社等，均號稱或標榜店內產品的價格是業界最便宜的。

舉例：

1.全聯福利中心：實在，真便宜。

2.家樂福：天天都便宜。

3.屈臣氏：買貴，退差價二倍。

4.燦坤3C：低價、省錢、技術服務。

三、產品配套定價

例如：大眾音樂唱片行內音樂CD或DVD電影的「紅綠配」配套定價法。

四、參考價格定價（Reference Price）

例如：在很多報紙廣告、DM廣告、賣場現場貨架上等，均會標示「原價$3,000；現售$1,500」或「原價$1,000元；特惠價800元」等狀況；此亦屬特惠促銷價格的一種表示。

所謂「參考價格」，是一種理論的說法，此係指當消費者注意到某項產品時，他所聯想到或看到與該產品價格有關的任何價格訊息或線索而言。又可區分為：

1. 內部參考價格

指消費者心中，對於某些類別商品價格的既有看法。

2. 外部參考價格

指廠商或零售商提供給消費者的參考價格訊息而言。

3. 參考價格舉例：燦坤 3C 店

(1)A品牌筆記型電腦，市價46,000元，會員價45,000元；便宜了1,000元。

(2)B品牌37吋液晶電視，市價38,000元，會員價36,500元；便宜1,500元。

4. 宣傳 DM 舉例：家樂福

(1)C品牌洗髮精，原價190元，特惠價170元。

(2)D品牌沐浴乳，原價180元，促銷價165元。

心理定價法的類型

尾數定價法廣泛使用

Unit 9-3 促銷定價法

一、促銷定價各種方法

促銷定價法是現在各零售商賣場及各產品廠商最常使用的定價改變或促進銷售誘因的定價方法。主要是因應成熟飽和市場、經濟不景氣、買氣低迷、消費者消費保守等狀況，而採取的因應對策。此亦是最常見的定價方法。此定價方式包括：

1. 折扣價：週年慶時全館八折起，超市九折起；此係折扣定價方式。
2. 均一低價：每件99元專區產品促銷價。
3. 限量折扣價。
4. 每日一物最低價。
5. 零利率6期、12期、24期分期付款促銷活動。
6. 換季打折：全面七折起。
7. 買二送一促銷價格。
8. 第2件起價格八折（數量折扣）。
9. 以其他各式各樣名詞的定價方式出現。

二、促銷的目的及功能何在

促銷（SP；Sales Promotion）是廠商經常使用的重要行銷做法，也是被證明有效的方法，特別是在景氣低迷或市場競爭激烈的時候，促銷價經常被使用。

歸納來說，促銷的目的可能包括下列各項：

1. 能有效提振業績，使銷售量脫離低迷，有效增加業績。
2. 能有效出清快過期、過季產品的庫存量，特別是服飾品及流行性商品。
3. 獲得現流（現金流量），也是財務上的目的。特別是零售業，每天現金流入量大，若加上促銷活動則現流更大；對廠商也是一樣，現流增加，對廠商資金的調度也有很大助益。
4. 能避免業績衰退，當大家都在做促銷時，您不做，則必然會帶來業績衰退的結果。因此，像百貨公司、量販店等各大零售業，幾乎大家都跟著做。
5. 為配合新產品上市的氣勢與買氣，有時候也會同時做促銷活動。
6. 為穩固市占率，廠商也不得不做。
7. 平常為維繫品牌知名度，偶爾也要做促銷活動，順便打廣告。
8. 為達成營收預算目標，最後臨門一腳加碼。
9. 為維繫及滿足全國經銷商的需求與建議。

促銷九大目的及功能

1.能有效提振業績

2.能有效出清快過期、過季庫存品

3.能獲得現金流入量（現流）

4.能避免業績衰退

5.為配合新產品上市活動

6.為穩固市占率

7.為維繫品牌知名度

8.為達成營收預算目標

9.為滿足全國各地經銷商的需求建議

促銷活動成功要素

1.誘因要夠

2.廣告宣傳及公關報導要夠

3.會員直效行銷

4.善用代言人

5.與零售商大賣場良好配合

6.與經銷店良好配合

Unit 9-4 差別定價法

一、四種差別定價法

差別定價法在實務上，也經常出現。其主要是因為針對消費者在不同狀況下，有不同的需求彈性。因此，在不同的狀況下，相同產品可能會有二種以上的價格出現或出售。這種差別化定價的出現狀況與對象或原因，可能包括下列幾種：

1. 因「顧客身分」不同而定價

例如：依成人、小孩或學生的身分而不同。例如：看電影或搭公車，區分為成人票、學生票或兒童票。

2 . 因「時間」不同而定價

例如：依白天或晚上而有不同的價格。像遊樂區有夜間星光票；打國際電話也有白天貴些而夜間便宜些。看電影也是一樣，早上票價約250元，晚上票價則上升到了320元。

3. 因「地點」不同而定價

(1) 例如：乘坐飛機有三種機票價格，如頭等艙、商務艙及經濟艙等不同機票價格。

(2) 例如：棒球比賽門票，內野票價高，而外野票價低些。

(3) 例如：大型演唱會或表演會，靠近舞台的區域票價高些，離遠一些的票價則低些，而特別VIP包廂內的票價則最貴。

4. 因「產品型式」不同而定價

例如：汽車區分豪華頂級型、豪華型、陽春型等，而有不同的價格。

二、差別定價執行的三種方式

差別定價在執行面上，主要有以下三種面向可加以區分：

1. 依「產品線」的差異而採取不同的差別定價

例如：

(1) 汽車銷售公司有不同的產品線，像豐田汽車，上有LEXUS高價車產品線；中有CAMRY、WISH中價位車；下有ALTIS、YARIS等1,800c.c.、1,600c.c.的平價車等。

(2) 家樂福自有品牌，也有三種不同產品線，包括高價位的精選品、中價位的家樂福品牌，與低價位的超值品等三種產品線，各有差別定價。

2. 依「購買者」的特性加以區分與差別定價

對區隔目標顧客市場購買者屬性加以區分，包括：

(1) 年齡的不同。

(2) 付費能力的不同。

(3) 所得能力的不同。

(4) 新顧客或老顧客的不同。

(5) 職業身分的不同。

3. 依「交易的數量或時機」而加以差別定價

例如：顧客買多量時與買少量時，可能價格是不同的。

再如產品的季節性時機，可能也會有價格的不同。暑假及過年旺季旅遊時，機票或國外大飯店房價就會貴些；蔬菜及水果盛產期，其價格就會稍微下滑，因為供給量大增。

差別定價法的不同類型

1.
因顧客身分
不同，而有不同
定價
2.
因時間，白天、
晚上不同，而有
不同定價
3.
因地點、位置、
區域的不同，而
有不同定價
4.
因產品型式、
款式不同，而有
不同定價
5.
因購買數量
不同，而有不同
定價

航空票價的不同定價

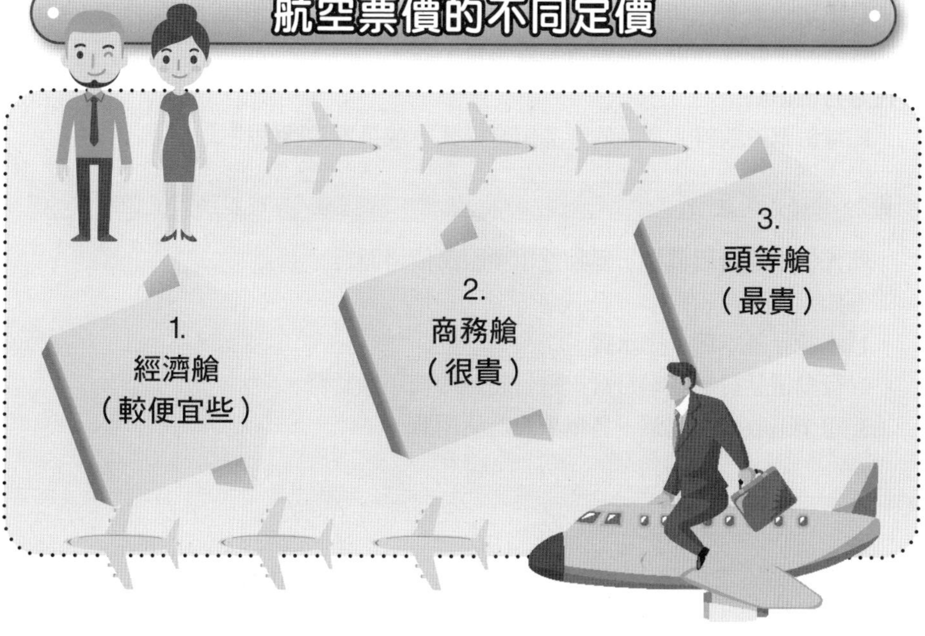
1.
經濟艙
（較便宜些）
2.
商務艙
（很貴）
3.
頭等艙
（最貴）

Unit 9-5 產品組合定價法

產品組合定價方式，在若干產品行業上也經常看得到，主要有以下幾種：

一、連結產品定價（搭售定價）

此係指「主產品」（Primary Product）＋「連結」產品（Link Product）一起使用時，更能發揮其兩者連結的定價效益。

舉例而言：

1. 噴墨（或雷射）印表機＋墨水匣之價格。
2. 早期曾賣過的拍立得＋專用底片之價格。
3. 化妝保養品＋周邊使用品（刷眼睫毛之用品等）之組合禮盒價格。

二、搭售（Bundling）策略

搭售定價策略即是產品組合定價的一種表現。例如：餐廳的套餐、化妝保養品的「超值包」、電腦與軟體，或是促銷型的搭售，包括買二送一、買大送小等，均屬搭售策略的展現。

三、產品組合定價

廠商對於產品組合的價格，通常比買單一產品的價格來得便宜一些。

舉例來說：

1. 在速食連鎖店

常出現「套餐」售價的模式，把漢堡、飲料及薯條三個個別產品，組合為一個套餐產品。如果要單一個別買，就會貴一些。

2. 在威秀電影院

即電影票＋飲料＋食品的產品組合模式，或是單獨買的模式。

四、兩段式定價

此係指固定費用價格＋變動性單項服務價格而言。

例如：

1. 水費＝基本費＋用水費。
2. 行動電話費＝基本月費＋每月超過的使用通話費。
3. 遊樂區收費＝門票＋各單項設施使用費。

產品組合定價

1.
化妝保養品
組合定價

2.
速食店：
漢堡＋飲料
＋薯條組合
定價

3.
電影院：電影
票價＋食品
＋飲料組合
定價

4.
印表機：印表機
＋墨水匣定價

兩段式定價法

1.
水費：基本費
＋用水費

2.
遊樂區：門票＋各單
項設施使用費

3.
行動電話費：基本月費
＋超過的使用費

Unit 9-6 產品生命週期定價法 (Part I)

一、導入期（Introduction）

1. 階段特徵

- 單位成本：高。
- 銷售：低。
- 利潤：負。
- 顧客：創新者。
- 競爭者：少。
- 行銷目標：創造產品知名度。

2. 定價原則

通常以成本加成定價或消費者知覺定價為主，特徵如下：

(1) 此階段產品的定價通常偏高，主要是因廠商初期投入的成本高，且消費者對價格還不敏感。此外，較高的價格也有助於讓新產品建立較高檔的形象。

(2) 不過在特定的狀況下（例如：要建立市場進入障礙），有些廠商可能會壓低產品價格，犧牲獲利去提升市場占有率。

二、成長期（Growth）

1. 階段特徵

- 單位成本：中等。
- 銷售：快速成長。
- 利潤：逐漸增加。
- 顧客：早期採用者。
- 競爭者：逐漸增加。
- 行銷目標：追求市場占有率。

2. 定價原則

◎滲透定價、顧客面定價

此階段由於競爭者投入市場，消費者也逐漸熟悉產品，加上規模經濟的效益開始出現，因此產品的價格通常會開始下降。當然，有些時候因為賣得不錯，此價格仍高些。

但是由於市場還在快速成長，因此就算產品降價，降幅通常也有限，不會引發價格戰。

各產品生命週期的定價變化

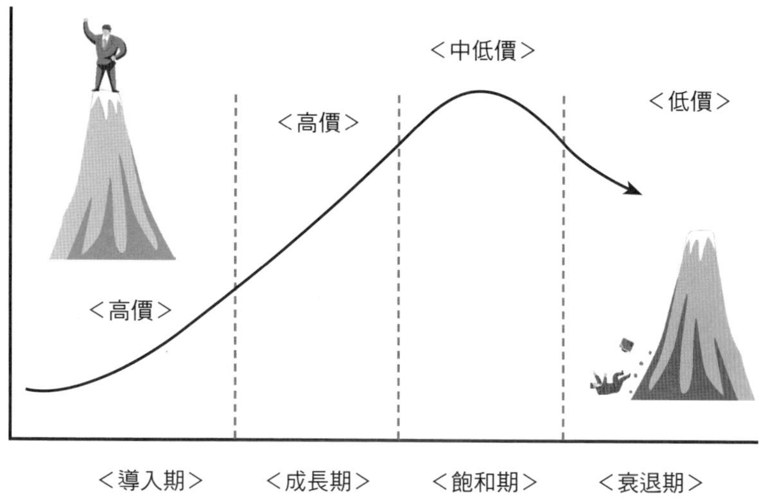

導入期、成長期的定價均會高些

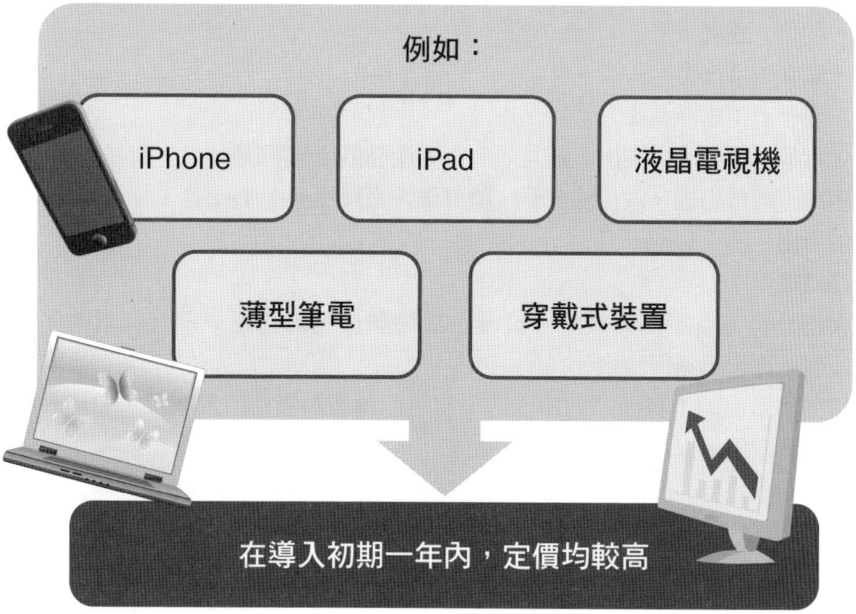

Unit 9-7 產品生命週期定價法 (Part II)

三、成熟飽和期（Mature）

1. 階段特徵

- 單位成本：低。
- 銷售：達到尖峰。
- 利潤：高。
- 顧客：中期採用者。
- 競爭者：數目穩定但開始減少。
- 行銷目標：最大化利潤，同時保護市場占有率。

例如：智慧型手機、液晶電視機、筆記型電腦、平板電腦等。

2. 定價原則

◎配合或攻擊競爭者的定價

此階段各產品同質性很高，消費者對產品也已十分熟悉，且銷售的成長幅度很有限，甚至停滯不前，廠商往往須調降價格以搶奪競爭者的客戶。

此時另一個常用的競爭方式是「促銷」，例如：打折、送贈品等。

四、衰退期（Decline）

1. 階段特徵

- 單位成本：低。
- 銷售：逐漸下滑。
- 利潤：逐漸下滑。
- 顧客：落後者。
- 競爭者：逐漸減少。
- 行銷目標：減少支出，並且「收割」產品最後的利潤。

例如：數位相機、數位隨身聽、隨身碟、光碟片、DVD機等。

2. 定價原則

◎降價

大部分廠商為了節省成本、資源，收穫該產品的利潤，會有計劃地逐步降價，以儘量從市場獲得資金。

但如果廠商的本身競爭力夠強，也有可能會發動價格的割喉戰，迫使其他較弱的競爭者退出，以占領市場。

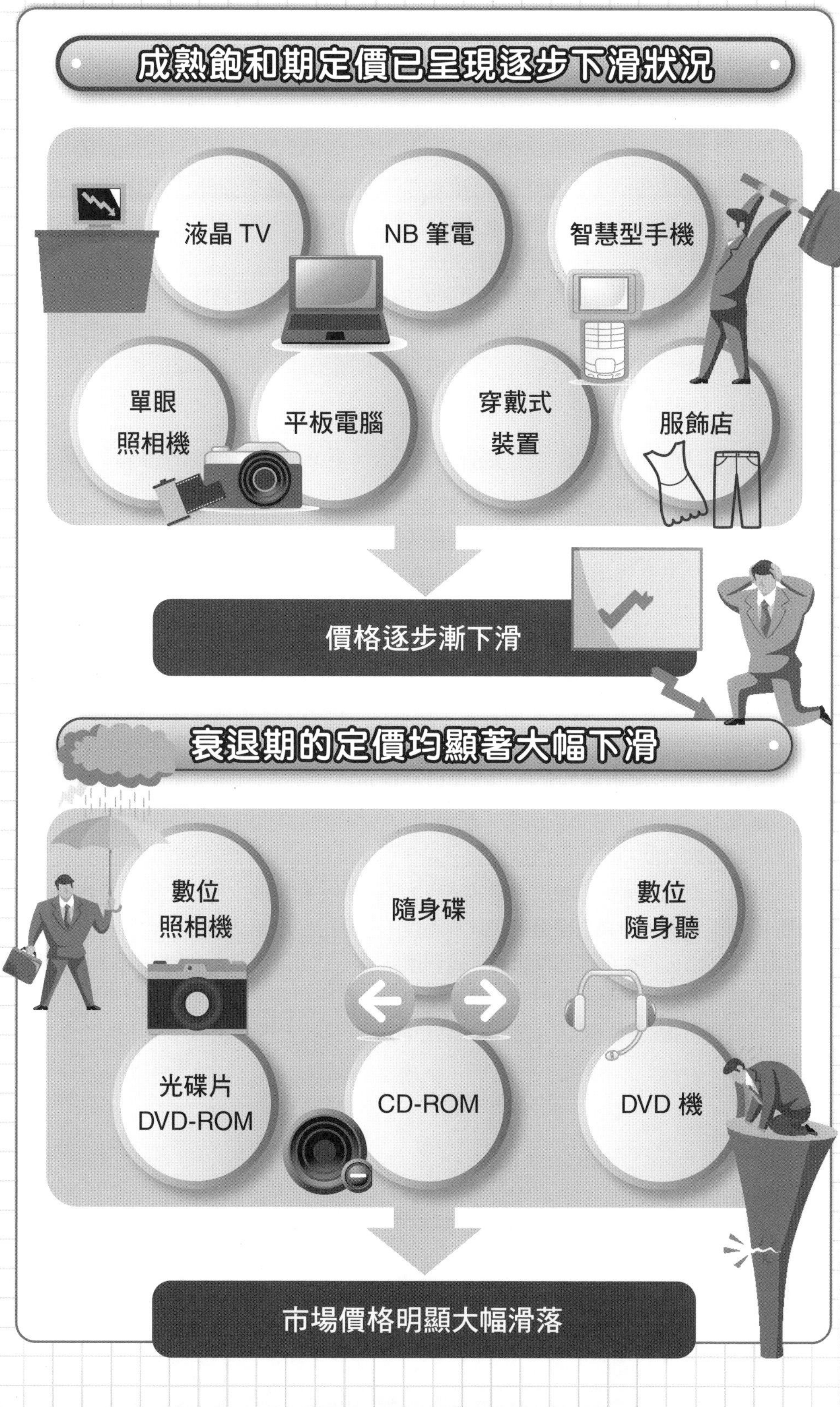
成熟飽和期定價已呈現逐步下滑狀況
液晶 TV
NB 筆電
智慧型手機
單眼
照相機
平板電腦
穿戴式
裝置
服飾店
價格逐步漸下滑
衰退期的定價均顯著大幅下滑
數位
照相機
隨身碟
數位
隨身聽
光碟片
DVD-ROM
CD-ROM
DVD 機
市場價格明顯大幅滑落

Unit 9-8 多通路定價法

一、意義

很多日用消費品，例如：飲料類產品，在不同的場合通路，就有不同的定價。例如：一瓶可口可樂在便利商店可能賣20元，在大賣場由於多罐促銷，所以每罐18元，在燒烤店可能一瓶上漲到30元。

同樣是一瓶可樂，為什麼會有不同的價格呢？「消費者到便利商店，買的是『方便』；到餐廳買的是『氣氛』和『感覺』。」前可口可樂業務暨行銷總監陸巍分析，消費者在不同通路，消費習慣也會有所不同，因此需要的產品也不一樣。

二、可口可樂定價法——通路、口味、包裝不同，價格也有差異

所有的通路策略、定價法則，最終還是要回到消費者身上。因此，可口可樂的做法是：先將通路細分。便利商店、大賣場／量販店是主要通路，其次是超市、軍隊營站及全聯福利中心、傳統柑仔店；另外，從2004年開始重點發展餐飲通路，像速食店、小吃店、中高檔餐廳、泡沫紅茶店等。

三、受制於消費者對價格帶的認知及通路商要的利潤，才決定價格

「定價」說穿了，就是要消費者「買單」。因此，定價還是要從消費者端的認知開始。一旦某項產品在消費者印象中已有「定價」，就很難再改變了，以碳酸飲料來說，330毫升罐裝在便利商店裡就是20元，600毫升寶特瓶就是29元。因此，廠商的定價是從零售價而來，端視消費者對這個零售價的定位是在哪一個級距，例如：咖啡飲料就比碳酸飲料貴一點，然後反推回來。

其次，要去了解這個客戶（指通路商）要求的毛利是多少。當然每一家客戶要求的毛利不一樣，中間會經過多次談判過程，包括配合促銷活動等，然後決定可以提供什麼價格。再從公司角度來看，這個價格是不是可以接受、有沒有利潤；也就是說，消費者的零售價、客戶的毛利，再加上廠商的利潤，然後產生進貨價格。

多通路發掘商機，以多包裝、多品類滿足消費者，正是可口可樂不敗的價格策略。

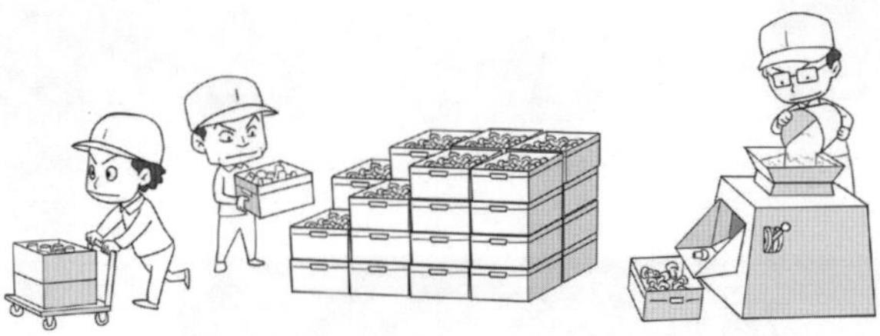

可口可樂開拓多元通路與多元化的價格

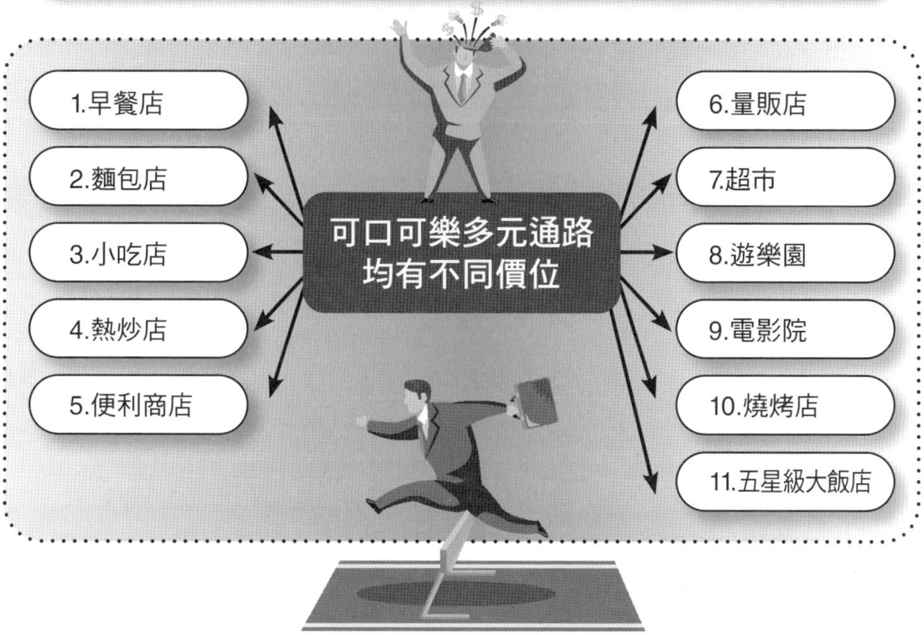

不同的通路，有不同的價位

通路型態	議價力量	消費者便利性	價格考慮	產品包裝	定價
1. 便利商店	強	高	弱	冷藏為主	最高
2. 全聯福利中心	強	中	中	冷藏、常溫	中等
3. 超級市場	強	中	中	冷藏、常溫	中等
4. 大賣場	強	中	強	常溫為主	低
5. 地區超市	中	低	中	冷藏、常溫	高
6. 傳統商店	弱	低	弱	常溫為主	高
7. 檳榔攤	弱	低	弱	常溫為主	高
8. 餐飲業	強	低	弱	常溫為主	高

資料來源：朱成、張鴻（2007），《經理人月刊》，p.91。

Unit 9-9 成功的高價策略

高價→高毛利→高利潤，似乎是一個邏輯；但顧客只有在確保能獲得高價值產品或服務時，才會支持高價格，而且，如果取高價，但銷售量不足時，高價定位也不會成功。

一、成功高價定位的案例

以國內市場為例來看，取高價策略的有：

1. 家電產品：SONY、Panasonic、日立、大金、象印、膳魔師、虎牌等。
3. 3C產品：Apple、iPhone、iPad、三星Galaxy S系列手機、SONY Experia手機等。
4. 汽車產品：賓士（BENZ）、BMW、LEXUS（淩志）、賓利等。
5. 化妝保養品：sisley、LA MER、雅詩蘭黛、蘭蔻、Dior、SK-II等。

二、高價策略的成功因素

1. 優異的價值是必備條件：只有為顧客提供更高的產品加價值，高價品牌的定價策略才會成功。
2. 創新是基礎：創新是持續成功的高價品牌定價基礎，這種創新可指革命性創新或持續不斷的改進，永遠追求更好。
3. 始終如一的高品質是必備條件：要確保產品品質與服務品質等是高端的。
4. 高價品牌擁有強大的品牌影響力：高價策略的支撐在於品牌的高級形象。
5. 高價品牌在廣告宣傳上投入適當資金：高價品牌每年都會投入適當的廣宣費用，以維繫品牌聲量與曝光度。
6. 高價品牌儘量避免太多促銷：促銷與打折都會危害品牌的高價定位，除了週年慶之外，應儘量避免促銷活動。

高價策略的成功因素

1. 優異的附加價值是必要條件
2. 創新是基礎
3. 始終如一的高品質是必備條件
4. 擁有強大的品牌影響力
5. 在廣宣上投入適當資金
6. 應儘量避免太多促銷活動

成功高價定位的案例

SONY 家電	BENZ 汽車
Panasonic 家電	BMW 汽車
日立 家電	LEXUS 汽車
大金 冷氣	sisley 化妝保養品
象印 家電	雅詩蘭黛 化妝保養品
iPhone 手機	蘭蔻 化妝保養品
三星 手機	Dior 化妝保養品
SONY 手機	SK-II 化妝保養品

Unit 9-10 成功的特高價奢侈品定價策略

高價商品再往上一個階層，就是名牌精品的奢侈品。

一、奢侈品的案例

例如：歐洲的名牌精品，包括LV、GUCCI、CHANEL、Dior、Hermès 、BURBERRY、Prada、Cartier、ROLEX、百達翡麗、愛彼錶、伯爵錶、OMEGA錶、寶格麗均屬之。

這些特高價名牌精品的價格高，利潤也極高。

二、奢侈品定價策略的成功因素

1. 奢侈品必須永遠保持最好等級的產品性能設計與品質。

2. 聲望效應是重大推動力

奢侈品具有傳遞和給予非常高的社會聲望。

3. 價格既能提升聲望效應，又是反映品質的指標。

4. 設定產量上限，形成稀少性感受，遵守「高價格、低產量」原則。

5. 嚴格避免折扣、打折活動

這會損害產品、品牌或公司形象，而且會使產品價值加速消失。

6. 頂尖人才必不可少

每個員工的素質都必須達到最高標準，工作表現必須達到最高水準。這包括在整條價值鏈上，從設計、製造、品管、銷售、行銷廣宣到專賣店銷售人員的儀容等。

7. 掌控價值鏈是非常有利的。

歐洲奢侈品之品牌案例

1. LV
2. GUCCI
3. CHANEL
4. Dior
5. Hermès
6. BURBERRY
7. Prada
8. Cartier
9. 寶格麗
10. ROLEX
11. 百達翡麗
12. 保時捷汽車

促銷活動成功要素

1. 永遠保持最好等級的性能設計與品質
2. 聲望品牌效應是重大推動力
3. 價格是反映高品質的指標
4. 設定產量上限，形成稀少性
5. 嚴格避免折扣或打折促銷活動
6. 頂尖人才必不可少
7. 掌控整個價格鏈，確保品牌價值

Unit 9-11 成功的低價策略

低價定位也可能取得商業上的成功。

一、低價定位成功的案例

1. 國外案例：Wal-Mart（沃爾瑪）量販店、IKEA、H&M、ZARA及UNIQLO服飾連鎖店、國外的廉價航空（如愛爾蘭的瑞安航空）、美國Dell（戴爾）電腦、美國（Amazon）亞馬遜網購等。

2. 國內案例：COSTCO（好市多）、家樂福、路易莎咖啡連鎖店、五月花衛生紙、其他諸多茶飲料、礦泉水、蛋糕、小火鍋以及廉價航空虎航等品牌。

二、低價策略的成功要素

1. 經營非常有效率

所有成功的低價定位公司都是基於極低的成本和極高的運作效率來經營，這使得他們儘管以低價銷售產品，卻依然有很好的毛利及獲利。

2. 確保品質穩定並始終如一

如果產品的品質不好、不穩定，即使以低價出售，成功也是不可能的；持續的低價成功需要有始終如一的品質。

3. 採購高手

這意味著在採購上立場強硬。

4. 推出自有品牌

例如：沃爾瑪、好市多、家樂福、Dell電腦等，均推出低價的自有品牌供應給消費者。

5. 定位清楚

低價公司一開始就定位在低價格及穩定品質的經營策略上。

6. 鎖定最低成本生產

尋找最低勞工工資及最低原物料生產的地方製造，以確保低成本生產。

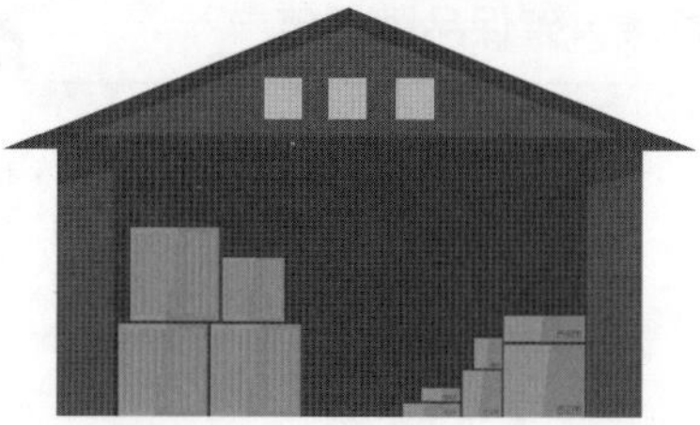

低價定位成功的案例

1. Wal-Mart（沃爾瑪）
2. COSTCO（好市多）
3. IKEA（宜家家居）
4. UNIQLO
5. H&M
6. ZARA
7. Dell 電腦
8. Amazon（亞馬遜）
9. 家樂福量販店
10. 路易莎咖啡
11. momo網購
12. 虎航（廉價航空）

低價策略的成功要素

1. 經營非常有效率
2. 確保品質穩定並始終如一
3. 採購高手
4. 推出自有品牌
5. 定位清楚
6. 鎖定最低成本生產

Unit 9-12 成功的中價位策略

中價位策略也是經常見到的，特別是針對中產階級及中階所得的顧客，以下加以說明：

一、成功中價位定位的案例

以國內市場為例來看，取中價位策略的有：

1. 手機：華為、OPPO、VIVO、三星A系列、hTC等品牌。
2. 家電：東元、大同、歌林等品牌。
3. 餐飲：陶板屋、西堤等品牌。
4. 汽車：TOYOTA的CAMRY品牌。
5. 化妝保養品：資生堂、萊雅、植村秀等品牌。

二、中價位策略的成功因素

中價位策略成功的因素，可以歸納如下：

1. 具有中高等級與穩定的品質水準。
2. 具有一定的品牌知名度與品牌形象。
3. 消費者有物超所值感及一定特色。
4. 以中產階級及中等所得水準的顧客為對象。

消費者的心理狀態為：既不放心太低價格的品質水準，但也不追逐太高價格的虛榮心。

三、中價位策略為何能夠存在

一般認為，在M型消費的社會中，企業訂定價格應該儘量尋求高價位及低價位兩端方向走，因而認為中價位的市場空間不大。

不過，這幾年的市場發展顯示，在都會區仍有一群為數不少的中產階級或中等薪水收入者， 他們需求的仍是中價位的商品。

這群人的消費特質是：既不放心太低價的低層次品質水準，但也不會去追逐太高價的奢侈品牌水準，他們要的是介於高價與低價兩者之間的中價位定位。

事實上，以中價位為定位的品牌，有愈來愈多的趨勢。

成功中價位定位的品牌案例

1. 陶板屋
2. 西堤餐廳
3. TOYOTA的CAMRY汽車
4. 東元家電
5. 大同家電
6. 歌林家電
7. 資生堂
8. 萊雅
9. 植村秀
10. hTC 手機
11. OPPO 手機
12. 華為手機

中價位策略的成功因素

1. 具有中高等級與穩定的品質水準
2. 具有一定的品牌知名度與品牌形象
3. 消費者有物超所值感及一定特色
4. 以中產階級及中等所得水準顧客為對象

Unit 9-13 iPhone：高定價心理學

一、售價突破台幣5萬元

2018年9月13日，美國蘋果公司如期發表最新一代iPhone機種，該年最大的創新卻不在功能與外型，而是價格。其中最貴的一款機種（iPhone XS Max），售價竟突破台幣5萬元，美國《財星》雜誌評論，蘋果沿用了2017年的致勝策略：提高售價。

回顧2017年推出iPhone X，儘管銷量不佳，但是更高的平均銷售價格，卻讓iPhone部門營收大增，2018年第三季相較2017年同期成長20 %，更成為美國史上第一個市價突破1兆美元的企業。

明明手機市場已停滯成長，競爭也更加激烈，為何蘋果仍不怕嚇跑消費者，還要挑戰高價呢？

二、提防中庸陷阱，鎖定超級用戶，創造超級高階

首先是外部環境。當手機市場停止成長，平均銷售價格提升是大勢所趨，並非只發生在蘋果身上。

根據IDC報告，2018年全球手機出貨量略有下滑，但均價成長了10%。這是因為目前手機市場新機用戶變少，大部分都是換機用戶，消費者換機時，會趨向買更好的產品。當所有品牌廠商不斷提升手機均價，自然會對領導品牌形成壓力。價位如果沒有往上走，那就很容易往中庸方向靠。

另一方面則是蘋果自身的轉型。蘋果正從硬體公司轉變為軟體公司，2016年蘋果八成毛利來自硬體，2020年時，硬體毛利只剩六成，其他來自應用軟體服務。增加手機入手門檻，有助於蘋果確保這些用戶能夠拉抬服務部門營收。

蘋果用戶忠誠度已高達九成，因此蘋果目的不在於吸引新客，而是在舊客身上操作，藉由廣泛分布的產品線，價格從500美元到1,000多美元，將利潤最大化。

蘋果是在穩定的用戶規模中，試圖挖深老客戶的口袋。蘋果並不想在市場飽和之後，走向殺價競爭。

但在什麼狀況下，企業才能順利抬高價格呢？

三、用戶黏著度高、產品夠特殊兩優勢讓它敢變貴

提升價格的第一個前提是，產品或服務本身要有極高的用戶黏著度。例如：蘋果用戶忠誠度高，且對價格敏感度不高，此時刻意維持高價，或者提高售價，與競爭產品拉出區隔就有意義。

第二個前提是，產品是特殊、獨特、唯一的。

四、拉長產品線更好推

值得注意的是，蘋果並非一味提高售價，在創造創新的價格點時，其他產品線、價格區間也變得比以前更寬廣。

假如蘋果產品只剩下4、5萬元當然危險。過去蘋果發表新機種之後，前一代機種就不太出貨，現在則不同。前兩年機種都還持續販售，雖然大家抱怨蘋果手機一年比一年貴，但因產品線拉長，從2萬多元到5萬元皆有，反而更好賣了。

蘋果手機在台灣市占率目前已上升到25%，蘋果的高定價策略能走多久？專業分析師認為，價的提升有限，量的成長空間才是品牌長期目標。但短期來看，在蘋果沒有找出更好的策略可吸引大量換機人潮前，價格仍可能持續成長。等待5G手機問世，競爭格局才會出現另一番變化！

本個案重要關鍵字

1. 用戶黏著度高
2. 產品夠特殊、獨特、唯一
3. 用戶忠誠度高達九成
4. 挖深老客戶口袋
5. 產品線與價格區間很寬廣
6. 提防中庸陷阱
7. 鎖定超級用戶，創造超級高階
8. 挑戰高價位
9. 從硬體收入轉向軟體服務收入
10. 不走向殺價競爭

iPhone 敢賣高價的兩大因素

iPhone：價格區間的產品線較寬廣

2 萬多元 → 5 萬多元

iPhone 價格區間較寬廣，
可吸引更多消費者

Unit 9-14 低價銅板經濟學——日本、美國低價零售商案例

價格在策略裡永遠是重要議題，例如：日本大創及美國的1美元店都是利用低價創造差異化的零售模式。

一、日本大創百圓商店

日本百圓商店市場規模達74億日圓，其中大創市占率為六成，第二名是Seria，市占率兩成，前兩名幾乎寡占市場。大創營收額達4,500億日圓，在日本擁有逾3,200家分店，海外則有近2,000家，分布在26個國家。

大創銷售商品以日用品、文具及廚房用品為主，99%為自有品牌，商品企劃、進出口、物流一手掌握。唯有製造外包，由多達45國、1,400家公司代工生產，以經濟規模的產量，達到低價與高品質。

大創一年從海外進口10萬個貨櫃，一天至少處理200個貨櫃，供應鏈一條龍垂直管理，正是催生低價銅板經濟學的商業模式祕訣。藉由下大單壓低價格、薄利多銷，除了價格，大創商業模式有三個訴求：高品質、娛樂及獨特性，讓顧客入店後有尋寶的感覺，這讓大創成為日本人公認是充滿魅力零售商的第二名。為了創造新鮮感，大創店裡每個月還會更換800個品項的商品。

第二個關鍵是店鋪營運能力，大創強調「個店」經營，一年新開130家至150家店，從十幾坪都會小店到2,000坪郊區大店都有，分店必須依坪數大小，與商圈組合適合的商品。

二、美國 Dollar Tree 低價連鎖店

美國的Dollar Tree，在全美有1.5萬家分店，店面坪數約240坪，主要開在城鎮，強調消費1美元，低價卻創造多樣化與高品質的商品。60%在美國境內生產，40%為國外進口。它的成功三要素是：低價、尋寶、便利。

它們的特長是銷售知名度較低但便宜的商品，且隨著季節更換品項，一間店有25%都是季節商品，每季更換49%的商品，跟大創一樣，為顧客營造出尋寶樂趣。

三、Dollar General 低價連鎖店

另一家商店為美國的Dollar General，經營也很成功。店面約200坪以上，主要販售基本品、家用品、冷凍食品與少數生鮮品。它的經營模式像是小型折扣商品店，專門開在農村，如果農村愈困苦，它愈有機會。商品價格比一般超市便宜20～40%，它的競爭力很強。

四、不受電商影響

在電商成長快速的時代，日本百圓、美國1美元商店也絲毫沒受到電商影響，因為100日圓或1美元的低價、實體通路的便利性以及產品多樣化的尋寶樂趣，這樣的業態讓電商很難有切入空間。

百圓商店成功祕訣是：善用消費心理學。雖然店裡不見得都是百圓商品，但是訴求百圓就能讓顧客覺得買到賺到，還加深記憶。降低營運成本，聰明的運用價格定位，讓自己在不景氣的時代持續成長。

更有啟發的是，除了低價訴求，每一家的定位都不同，大創的客群主要是年輕族群與單身者，訴求時尚流行；美國1美元商店則是訴求高迴轉率的生活消耗品。

他們的共同特徵是訴求低價，客群以家庭為主，少量日常型購買。他們都在低價之外，用定位與獨特的商業模式，創造了自己的差異化，創造了持續成長與獲利率高的成績。

本個案重要關鍵字

1. 低價、尋寶與便利
2. 獨特的商業模式
3. 創造差異化
4. 經濟規模採購可以降低成本
5. 每月更換800品項創造新鮮感

大創百圓商店勝出的三大因素

1. 低價
2. 尋寶
3. 便利

全球三大低價零售連鎖店

1. 日本大創百圓連鎖店
2. 美國Dollar Tree 1美元商店
3. 美國Dollar General 1美元商店

第 10 章

價格策略全方位視野案例

Unit 10-1 價格戰略的全方位架構視野

談到「價格戰略」的全方位架構視野，如右圖所示，包括以下幾點：

一、第一個視野：定價要有三種方法或要素考量

1. 看成本多少而加碼訂定。
2. 看競爭對手訂多少價格而訂定。
3. 看產品本身的定位、品質及價值而訂定。

二、第二個視野：五種價格策略的具體化

1. 新產品上市如何定價。
2. 某一產品線系列怎麼定價。
3. 二個產品線以上的產品組合策略如何定價。
4. 面對各種狀況時的價格調整策略。
5. 面對長期降低趨勢之價格策略。

綜合上述，我們可以了解到，談到價格戰略，廠商需要面對二大關鍵問題點如下：

1. 在承平時代與穩定環境下，廠商該如何定價？其定價策略該如何？
2. 在激烈變動時代與不穩定環境下，廠商該如何定價？其定價策略又該如何？

尤其後者，更是現在大部分廠商所面對的共同問題。亦即廠商彼此激烈競爭，而產業結構又呈現供過於求的狀況下，加上消費者心態保守與景氣低迷或持平，廠商的定價策略該如何制定呢？

◎影響定價策略的五大環境因素

1. 全球經濟景氣變化。
2. 台灣經濟景氣變化。
3. 消費者消費心態保守的變化。
4. 台灣低薪環境的變化。
5. 台灣少子化及老年化的變化。

價格戰略的全方位架構視野

1. 定價的三種方法與要素

- (1)看成本多少而加碼訂定
- (2)看競爭對手訂多少價格而訂定
- (3)看產品本身的定位、品質及價值而訂定

2. 五種價格策略具體化

- (1)新品上市如何定價
- (2)某一產品線系列如何定價
- (3)2個產品線以上的產品組合策略如何定價
- (4)面對各種狀況時的價格調整策略（包括淡旺季、週年慶等不同時段、不同地區等）
- (5)面對長期降低趨勢之價格策略

Unit 10-2 產品生命週期與定價戰略

產品生命週期（PLC）的變化當然與定價戰略有密切相關性。

如果就科技性消費品而言，例如：數位照相機、數位MP3／MP4、液晶電視機、照相音樂手機、NB筆記型電腦、隨身碟、智慧型手機、平板電腦等資訊3C或家電產品，一般而言，其各階段的定價策略大致如下：

一、導入階段

通常定價很高，銷售量不算太多。定價高是因為廠商想趁剛導入期時，競爭廠商少，故想多賺些錢。因此，像早期液晶電視機、筆電、數位照相機等剛出來時，定價均很高。但過了半年、1年或2年之後供給多了，廠商相互競爭之下，價格即逐漸下滑。

二、成長階段

此階段價格大部分會開始下滑，因為市場量攀升，市場需求大增，而產品零組件價格也有下降，故採購及製造成本也在下降中。此階段是廠商銷售量快速成長的階段，市場一片欣欣向榮。

三、成熟飽和階段

此階段因市場量已衝不出來，產品的普及率很高，例如：電冰箱、洗衣機、數位照相機、手機等幾乎人人都有、家家都有，僅有損壞或替換性的需求居多，故價格會更向下持續滑落，或是促銷活動增多，或是兩者並進，以爭取各廠牌的市占率。

四、衰退階段

此階段代表該產品已面臨夕陽階段，如無創新，則價格會加速下滑，銷售量也會持續衰退，已屬黃昏產品。

五、從產品成熟期到衰退期的策略

廠商在面臨產品成熟飽和與衰退期時，應有一些因應的對策，希望能夠再開創此類產品的第二春，做法包括：

1. 產品設計改善

(1)新品質價值的加入（價值感提供）。

(2)標準化、精簡化（低價格提供）。

2. 完全／部分革新的新產品

市場角度活化及新市場創造。

3. 降低促銷費用

4. 拓展海外市場

產品生命週期與價格互動關係

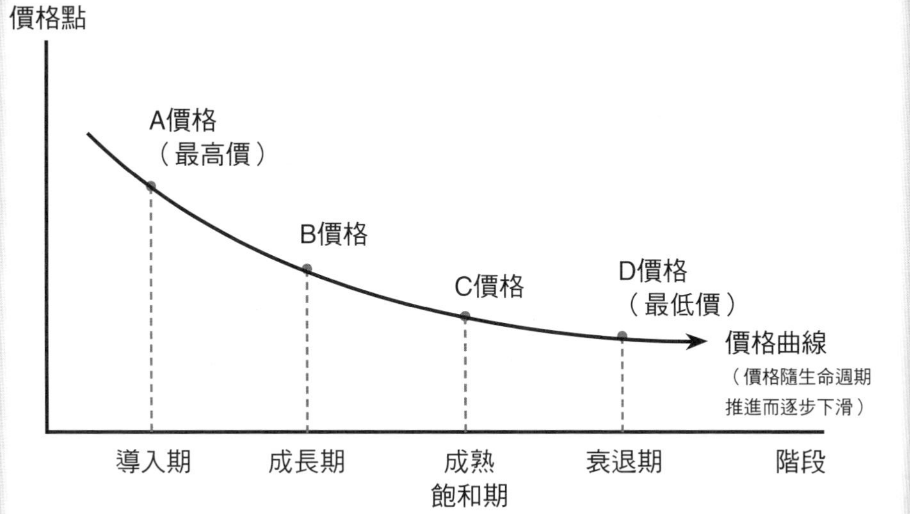

如何再創產品生命週期

1. 不斷進行產品升級、改良、增加價值
2. 創造全新產品概念
3. 開拓海外發展中國家新興市場
4. 尋求科技、技術、製程之再突破

PLC 第二春

再創產品生命第二春

1. PC桌上型電腦
2. NB筆記型電腦
3. 平板電腦

Unit 10-3 調高價格的策略

廠商即使在市場不景氣階段，有些產品、產品源或產品類別等，亦會有逆勢上揚的狀況。這些調漲的做法，大致有以下幾種：

一、必須且被迫要漲價

此種做法，有幾種原因：

1. 原物料、零組件均上漲，故必須跟隨上漲才行。例如：近年來全球食物的原物料、石油原料等，幾乎都在上漲中，故相關食品飲料加工品也就跟著上漲。
2. 獨占或寡占市場，例如：台灣加油站等行業。

二、加價但也同時加值

在調漲價格的同時，也加值產品的價值成分。例如：便利商店原來50元的便當，調漲為60~80元，可在便當內增加幾道菜，此即加值之意。再如iPod至iPod nano產品，也增加不少功能價值在其中。

三、增加收費的項目

過去廠商可能免費的項目，現在可能改為要收費的狀況。例如：百貨公司地下停車場改為依消費金額多寡而降低收費；免付費電話改為付費電話；其餘理財項目加收服務手續費。

網路購物未達一定金額，則加收宅配費用。

四、利用全球限量名牌商品

名牌精品廠商經常利用全球限量商品、限時商品或獨特性商品，以提高想購買的消費者慾望，並且立刻採取購買行動。此種狀況在名牌精品店最常見。

五、推出更高等級或革新性的產品

廠商知道舊產品要調漲價格並不容易，因此，推出新品牌及新產品系列，強調它的配方、功能、品質、效益，均比上一個產品更好、更高級，就能順利調高系列性產品的售價。

調高售價的六種策略

1. 搭上國內原物料漲價時機點
2. 加價，但同時也加值
3. 增加收費項目
4. 推出更高等級、升級版或革新性產品
5. 利用全球限量名牌商品
6. 改變包裝容量

搭上原物料上漲時機點

1. 奶粉漲價
2. 麵粉漲價（泡麵、麵包漲價）
3. 咖啡豆漲價（咖啡漲價）
4. 黃豆漲價（豆漿漲價）
5. 雞腿漲價（便當漲價）
6. 水果漲價
7. 乳源漲價（鮮奶漲價）

加值，也加價

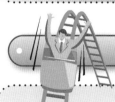

50 元 國民便當 → 80 元 義大利肉醬麵 → 90 元 雞腿加量便當

Unit 10-4 網路商品價格較低原因

網路商品價格通常會比實體零售據點較便宜的原因，包括以下幾點：

一、. 網路設店成本較低

網路上設店或經營網路購物，比較沒有店面費及人事費，只要有一個總公司辦公場所及物流倉庫備貨就可以。

二、全球化

網路具有超連結的全球化，任何一個國家的消費者均可上網採購，因此在產品採購議價來源方面，就可以取得較低的優勢。

三、物流宅配業的進步與普及

隨著國內宅急便的不斷進步與普及，使得送貨速度慢、天數多及送貨成本偏高等兩個問題得到克服。甚至，現在網購業者對網路消費者也漸漸以免運費來吸引其上網採購。

四、Web-EDI 化的發展

在B2B、B2C的網路下訂單、出貨及結帳、收款等，均有全面朝向網路介面化的即時電子資料交換（Web-EDI），此種數位科技與網路科技的發展，也大大降低了內部財會作業的營管作業成本（Operational Cost）。

五、進入門檻低、彼此競爭激烈

網路購物業的進入門檻不算太高，同業競爭激烈，且為了吸引傳統習慣到實體店面購買的消費者轉到網購，必須採取一些低價格的誘因。

六、精簡行銷通路層次

網購業者可以將行銷通路扁平化，因此進貨成本可低一些，售價自然就可以跟著降低。

七、資訊情報取得低廉，消費者進行比價較容易

由於消費者線上操作查詢產品價格的速度非常快，價格資訊完全透明化、快速化及完全對稱化，令產品也朝低價方向發展。

八、從消費者端看，低價才能使他們從實體轉到虛擬通路來購物

要改變傳統消費者去實體零售據點實際接觸購買的習性及慣性，網購廠商必須提出一些令消費者改變行為與改變認知的方法或手段，而低價正迎合了年輕網購族群一個最大利益點（Benefit）及獨特銷售量點（Unique Sales Point, USP）。

網路購物商品價格較低的原因

1. 網路設店成本較低
2. 全球化
3. 物流宅配業的進步與普及
4. Web-EDI化的發展
5. 進入障礙低、彼此競爭激烈
6. 精簡行銷通路層次
7. 資訊情報取得低廉，消費者進行比價較容易
8. 從消費者端看，低價才能使他們從實體轉到虛擬通路來購物

網購產品價格合宜分析

1. 省去中間通路商賺一手，直接從工廠進貨
2. 省去高昂店面租金成本
3. 網路置放產品品項數可大到數十萬項，但實體店面不可能
4. 台灣物流產業快速進步，24小時可快速宅配到家，因此不必有店面
5. 網購規模經濟形成，可大量銷貨及進貨，進貨成本降低

Unit 10-5 價格彈性調整的三種策略方法

產品之價格常隨時間與空間而有所調整及變化；一般較常見的價格調整策略（Price Adjusting Strategy），大致可涵蓋下面三種，概述如下：

一、價格折扣與折讓

1. 現金折扣（Cash Discount）

有時為鼓勵客戶提早付款，會給客戶折扣優待。例如：企業界常有付現金就給予2%折扣，表示只付98%之貨款即可，這2%意味著利息費用。

2. 數量折扣（Quantity Discount）

當客戶一次進貨量超過一定數量或金額時，賣方往往給予若干比例或定額之折扣。

3. 季節性折扣（Seasonal Discount）

銷售常會遇到淡旺季的不可避免情況，因此，為了促銷庫存產品，常會降低產品價格或拉長支票票期。

4. 功能性折扣（Functional Discount）

為了獎勵通路成員在運輸車輛、倉儲空間、積壓存貨或大量銷售等功能性協助賣方之貢獻，也常會給買方在價格上若干折扣。

二、促銷定價

係指將產品之定價訂定在目標下之價格，以吸引客戶上門購買。例如：業界慣用的「清倉大拍賣」、「結束營業對折賣」、「週年慶大特賣」等。

三、差別定價

由於在行銷時面臨不同的狀況，因此對價格之使用，也常有以下不同基礎。

1. 顧客基礎不同

不同的顧客對相同的產品與服務，願支付之價格也不同。例如：公車票價有區分老年優待、學生軍警優待以及一般定價等。

2. 地區基礎不同

例如：一般縣市所銷售的產品會比大都會來得便宜一些。此外，像電影院，特區與包廂的定價就比一般區域來得貴。

3. 時間基礎不同

例如：週日的打折價格、百貨公司週年慶的大特賣，或限時搶購等產品價格，均較一般時段來得便宜。

差別定價有其必須具備之條件（差別定價之條件）：

(1) 此市場是可以區別的，而且有不同的需求強度。

(2) 競爭者沒有機會在公司定價高的市場，以較低價格銷售。

價格彈性調整的三種策略方法

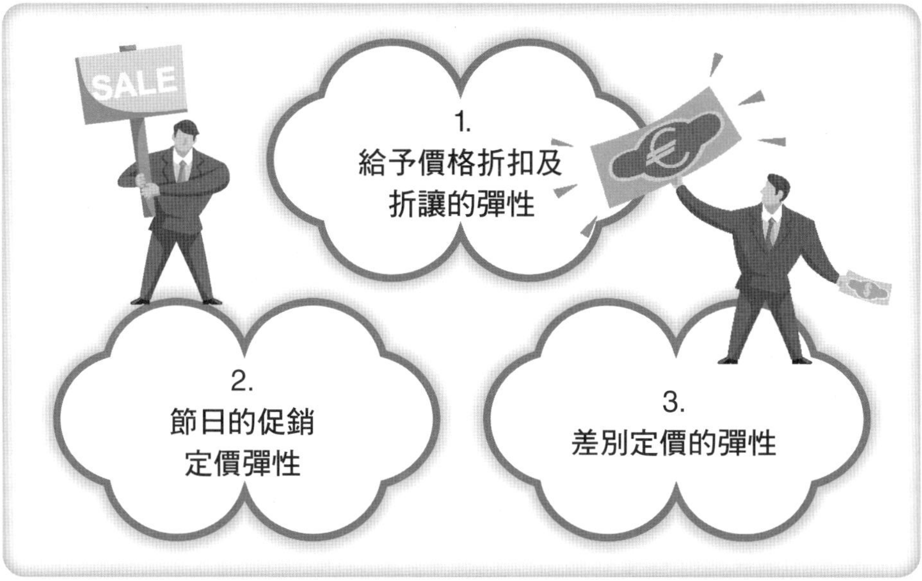
SALE
1.
給予價格折扣及
折讓的彈性
2.
節日的促銷
定價彈性
3.
差別定價的彈性

價格折扣與折讓
（對進口商、代理商、批發商、中盤商、經銷商）

1.
付現金
給折扣
2.
採購數量大，
給折扣
3.
逢淡季給予
季節性折扣
4.
倉儲存貨、備
貨、大量銷售等
功能性折扣

Unit 10-6 獲利方式：V > P > C（價值 > 價格 > 成本）

就企業實務來說，廠商在市場激烈競爭中，能夠獲利的主要來源，包括以下兩點：

一、低成本競爭力

透過各種規模經濟化及控制各種成本與費用，自然就能產生比較低成本的優勢，然後就能產生較高的獲利可能性。如果成本居高不下，獲利自然就被壓縮。

二、創新價值競爭力

低成本競爭力畢竟有一個極限，不可能把成本無限壓縮下去。因此，另一方面，更為重要的是創新價值，創新價值的空間、發展及可能性是永無止境的，也是最值得著力處。創新價值的方向，包括：1. 原物料的創新；2. 零組件的創新；3. 設計創新；4. 功能創新；5. 品質創新；6. 耐用創新；7. 美感創新；8. 便利創新；9. 服務創新；10. 包裝創新；11. 包材創新；12. 命名創新；13. 品牌創新；14. 促銷方法創新；15. 廣告手法創新；16. 銷售地點創新；17. 口味創新；18. 煮法創新；19. 製造過程創新；20. 技術創新；21. 事業經營模式創新等。

因此，我們可以這樣總結：

V>P>C（Value > Price > Cost）
（價值＞價格＞成本）

在上式中，成本是最後的因素，而價格是成本加上一定比例的利潤之後，即形成價格。最後，則是創新的價值，其利潤又高於一般性的價格。

三、123 法則

所謂「123法則」，即是「價值多1倍，售價多2倍，而獲利即多3倍」之意。因此，還是要從產品價值的提升及創新來做不斷的努力及突破，才是卓越企業長青之道。

但是，如何讓企業能夠不斷創新產品的價值、不斷提升產品的附加價值，這就有賴於公司全員、全部門的努力，包括：

1. 建立創新價值的企業文化及組織文化之風氣。
2. 制定具有高度激勵性與鼓舞性的創新制度、辦法及規章，依法、依機制而行。
3. 應鼓勵全員做「創新提案」，全員大家一起來發揮創意與智慧。
4. 企業老闆及最高執行長應帶頭重視創新價值與提升附加價值的經營理念，以燃起這種創新的氣氛及熱情。
5. 不斷招聘、挖角及充實公司內部各種創意型及價值創新型的各部門優秀人才，成為一個創新價值的堅強人才團隊。

企業真正獲利公式：V > P > C

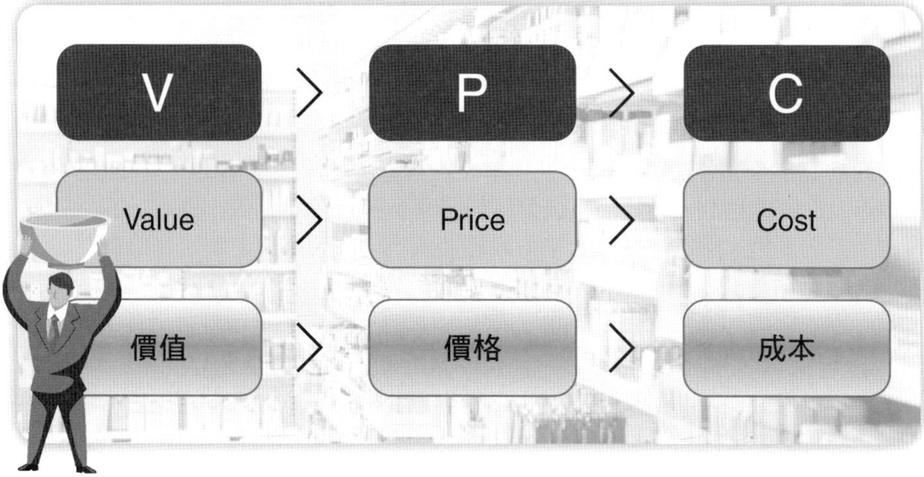

獲利 123 法則

Unit 10-7 通路商（零售商）自有品牌的利益點或原因

為什麼零售通路商要大舉發展自有品牌放在貨架上與全國性品牌競爭呢？主要有以下幾項利益點：

一、自有品牌產品的毛利率比較高

通常高出全國性製造商品的獲利率。換言之，如果同樣賣出一瓶洗髮精，家樂福自有品牌的獲利，會比潘婷洗髮精製造商品牌的獲利更高一些。

舉例：某洗髮精大廠的一瓶洗髮精假設製造成本 100 元，加上廣告宣傳費 20 元及通路促銷費、上架費 20 元，再加上廠商利潤 20 元，故以 160 元賣到家樂福大賣場，家樂福自己假設也要賺 16 元（10%），最後零售價為 176 元。

若現在家樂福自己委外代工生產洗髮精，假設製造成本仍為 100 元，再分攤少許廣宣費 10 元，並決定要多賺些利潤，每瓶想賺 32 元（比過去的每瓶 16 元增高 1 倍），故最後零售價為：100 元 +10 元 +32 元 =142 元。此價格比跟大廠採購進貨的 176 元之定價仍低很多。因此，家樂福自己提高了獲利率、獲利額，也同時降低了該產品的零售價。

二、微利時代來臨

由於國內近幾年來國民所得增加緩慢，貧富兩極化日益明顯，M型社會來臨，物價有些上漲，廠商加入競爭者多，每個行業都是供過於求，再加上少子化及老年化，使得台灣內需市場並無太大成長空間及條件，隨之迎來的微利時代，大型零售商因此尋求自行發展且有較高毛利的自有品牌產品。

三、發展差異化策略導向

以便利商店而言，為求經營坪效，因此，商品不能太過於同質化，否則會失去競爭力及比價空間。因此，便利商店也就紛紛發展自有品牌產品，例如：統一超商有關東煮、各式各樣的鮮食便當、CITY CAFE現煮咖啡等。

四、滿足消費者的低價或平價需求

在通膨、薪資所得停滯及M型社會成形下，有愈來愈多的中低所得者需求低價品或平價品。所以到了各種賣場週年慶及各種促銷折扣活動時，可以看到很多消費人潮，包括百貨公司、大型購物中心、量販店、超市或各種速食、餐飲等連鎖店均是如此情況。

五、低價可以帶動業績成長，又無斷貨風險

由於在不景氣市況、M型社會的消費下，零售商或量販店打的就是「價格戰」。零售通路業者透過低價的自有品牌產品，吸引消費者上門，帶動整體銷售業績的成長。

通路商（零售商）積極開發自有品牌原因

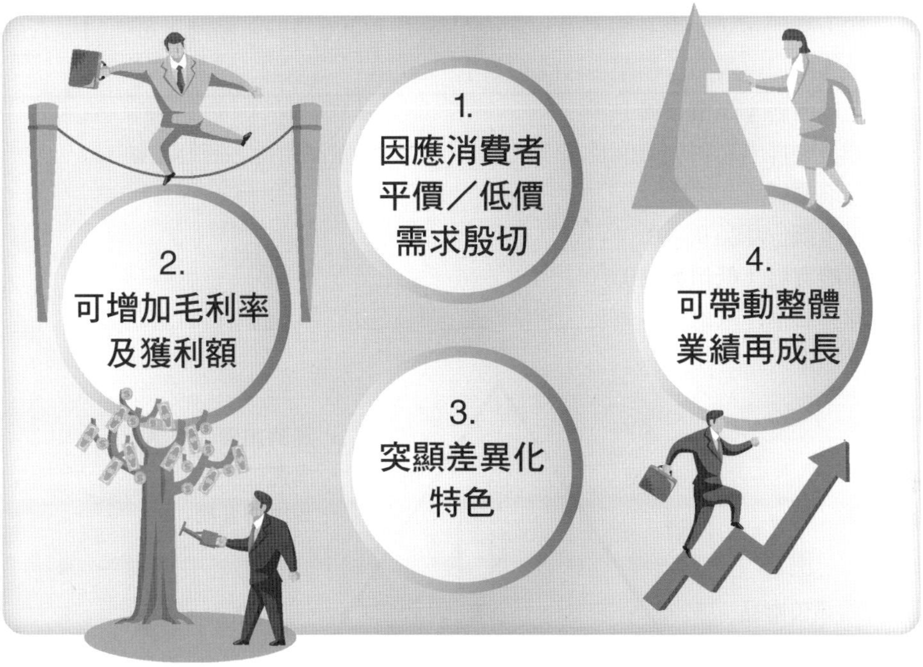
1.
因應消費者
平價／低價
需求殷切
2.
可增加毛利率
及獲利額
3.
突顯差異化
特色
4.
可帶動整體
業績再成長

零售商自有品牌為何能提高毛利率

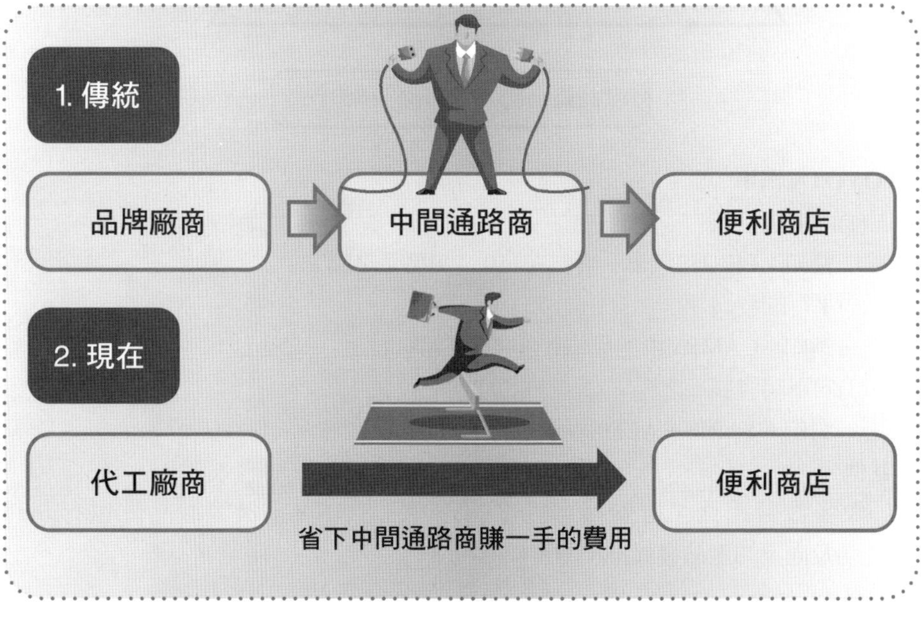
1. 傳統
品牌廠商
中間通路商
便利商店
2. 現在
代工廠商
便利商店
省下中間通路商賺一手的費用

Unit 10-8

產品組合多元化定價策略（向上、向下發展策略）

如下圖所示，企業在思考及規劃產品向上、向下發展策略時，可與目標客層及所得客層加以對照，相關項目說明如下：

1. 向上端發展（高價發展）

即發展推出高附加價值及高價位產品，且以鎖定高所得客層為主軸。

2. 平行端發展

以中價位產品及中所得客層為主力。

3. 向下端發展（低價發展）

即發展推出低附加價值及低價位產品，且以鎖定廣大低所得客層為主軸。

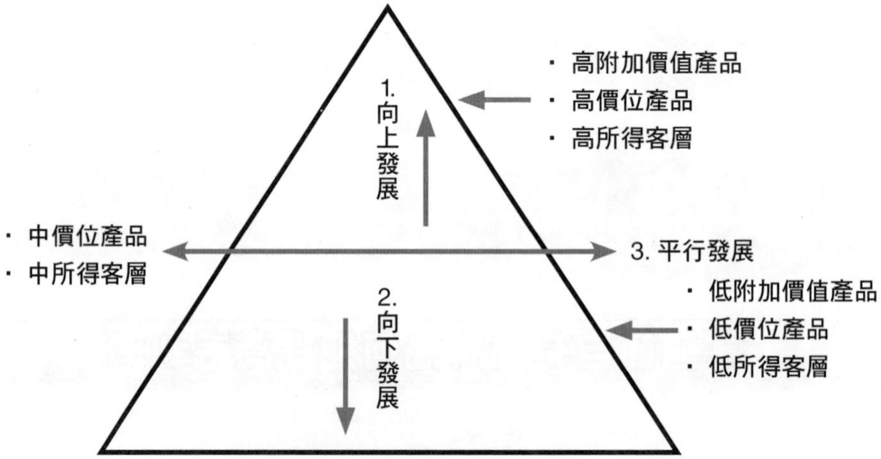

產品組合的三種不同策略圖示

1.TOYOTA 汽車

(1)向上端發展

例如：LEXUS汽車，價位在150~400萬元之間。

(2)平行端發展

例如：CAMRY車型價位在80~90萬元左右。

(3)向下端發展

例如：YARIS、ALTIS等價位在50~60萬元左右。

2. 其他

像麥當勞速食、捷安特自行車、三星、SONY手機等產品，也有同時向上端及向下端產品發展推出的實際狀況。

多元化定價發展

TOYOTA 多元化產品定價發展

品牌廠商為何發展多元化、不同定價策略的五大原因

1. 為爭搶更多的分眾市場規模
2. 為保持公司在營收、獲利、市占率的不斷成長
3. 為滿足不同顧客群的各種需求
4. 為分散集中在某一個產品之風險
5. 為建立更強大的總體競爭力

Unit 10-9 好市多 (COSTCO) 堅持採會員收費制度，並以低價回饋消費者

一、台灣好市多（COSTCO）業績年年成長，獲好評

2007年11月，好市多（COSTCO）台中店的付費會員突破5.2萬人，創下全球好市多單店入會人數最高紀錄，而台中店在「買一送一」促銷期間，一共吸引了10餘萬名會員入會。迄2016年止，在台灣的分店已達12家，入會人數累積達240萬人。正當其他量販同業都在為營收衰退而苦惱時，好市多2015年創下700億元營收，較前年度大幅成長了14%；其中，好市多台北內湖店單店年營收逾60億元，是全台業績最高的「量販店王」。

二、好市店時刻想著為消費者省錢，獲得消費者認同

好市多的商品何以比別家便宜？「一般量販店的出發點是如何多賺一點錢，但好市多卻時刻想著如何為消費者多省一點錢」，台灣區總經理張嗣漢說。一般量販店的毛利率逾20%，但好市多將毛利率壓縮在11%以下，扣掉所有開銷後，淨利最多1.2%。張嗣漢表示，為了讓會員能以最低價位享受最高品質的服務，因此以會費收入補貼部分開銷，而將省下來的成本，直接回饋給消費者。

「事實證明，好市多這種不以壓低進貨價格而犧牲商品品質的做法，已獲台灣240萬名會員的認同。」張嗣漢認為，好市多已在台灣消費者心中營造出「量販業的精品店」形象，成功地與一般量販同業做了市場區隔。

三、40% 是商業會員，平均客單價是一般量販店的 2 ～ 3 倍

張嗣漢表示，好市多的會員區分為一般會員與商業會員。他說，一般量販店商品種類多達2萬種，但好市多僅有4,000多種，而好市多的平均客單價為3,200元，是一般量販店的2、3倍，其中，商業會員僅占40%，創造的業績卻占了好市多年營收的60%。

四、續卡率達 80%，居亞洲之冠

張嗣漢頗有信心地說，台灣好市多的顧客忠誠度高，續卡率達80%，居亞洲國家之冠，不過，相較於美國本土的續卡率超過90%，「好市多在台灣的續卡率還有很大的成長空間。」

五、好市多比一般量販店便宜 10% 以上

張嗣漢讓好市多的付費會員了解到，這張會員卡「不滿意可以全額退費」、「商品買貴可以退差價」等雙重保證，而且，相同的商品，好市多比一般量販店便宜10%以上。

好市多躍居台灣第一大營收額量販店之王

好市多 (COSTCO)

- 全台 240 萬會員
- 年費 1,200 元
- 全台 12 家大店
- 全台營收額 700 億以上

會費年收入：24 億以上

好市多勝出的成功關鍵

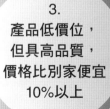

1. 毛利率僅11%，比業界低，利潤回饋給消費者
2. 產品具備美式風格，具獨特性
3. 產品低價位，但具高品質，價格比別家便宜10%以上
4. 現場常有試吃活動

第 11 章

全球定價策略

Unit 11-1 影響全球定價決策三大類要素

一、產品競爭力因素（Product Factor）

產品本身的新舊程度、產品差異化與獨特性程度、產品是屬於消費性或工業性等，均會左右定價的高低。例如：TOYOTA汽車的LEXUS品牌在台灣也採取高價位。但像雀巢咖啡、麥當勞、肯德基、可口可樂等，均屬於較生活化的產品，因此就難以採取高價。再如微軟Windows取高價，因其具有差異化與獨特專利權優勢。

二、公司政策與成本因素（Company Factor）

公司因素包括：

1. 全球行銷策略；
2. 本土行銷策略；以及
3. 成本效益之經濟性因素。

例如：以生產據點與生產成本來說，日本NISSAN汽車在日本生產的成本，一定比在台灣生產的成本要高，因此若用進口的，則零售價必然高些。但如果在台灣生產，則價格應該會比日本低些。再如戴爾電腦大部分由台灣及中國OEM工廠協助代工，成本才會低，在市場上的售價也就會低些。

三、當地市場因素（Market Factor）

影響全球產品定價的市場因素有五大項，分別是：

1. 當地消費者的消費能力條件如何？
2. 當地國政府對此產品之法令限制如何？
3. 當地國的同業或是外商同業之競爭激烈程度如何？
4. 當地國的外匯匯率變動程度如何？
5. 當地國的市場狀況如何？

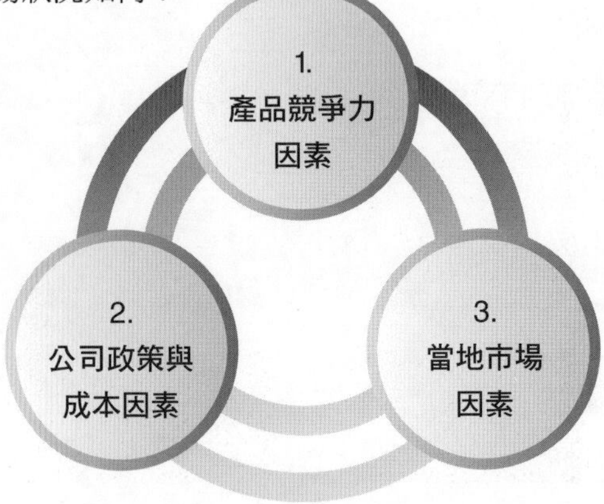

全球定價決策架構圖示

分析

1. 公司內部自身因素
   - (1) 公司獲利能力考量
   - (2) 交通運輸成本
   - (3) 關稅成本
   - (4) 生產成本
   - (5) 通路成本
   - (6) 稅負成本

2. 市場影響
   - (1) 國民所得
   - (2) 買方力量
   - (3) 競爭程度
   - (4) 文化

3. 環境因素
   - (1) 外匯變動
   - (2) 通膨率
   - (3) 價格受管制
   - (4) 反傾銷規範

4. 全球定價策略

決策

5. 各國市場的不同定價

6. 全球單一標準定價

7. 相關管理議題
   - (1) 移轉定價
   - (2) 外幣
   - (3) 平行輸入
   - (4) 全球定價

當地國市場環境因素

P&G 飛柔洗髮精

↓

世界各國市場洗髮精品牌至少十多個，而且產品很難有特殊性

↓

所以，採取全球「因地制宜價」，不能採取高價法

考慮各國製造成本之不同

1. 在日本製造
2. 在越南製造
3. 在中國大陸製造
4. 在美國製造

↓

製造成本必然不同，故全球定價也會不同

Unit 11-2 全球定價政策的兩個選擇

1.全球標準價（World Standard Price）。

2.市場差異或因地制宜價（Market Differential Price）。

一、全球標準價

美國波音飛機　法國空中巴士飛機

↓

賣給全球任一航空公司的價格大致差不多，此為全球標準價

◎ 全球標準價適用品類

1. 工業性設備產品
2. 航空運輸產品
3. 歐洲品牌精品
4. 全球稀少性原物料

↓

較常採用全球一致性標準價

二、全球「因地制宜」定價

1. 民生日用品　2. 日常消費品　3. 零售用品

↓

較常採用全球「因地制宜」定價法

◎全球「因地制宜」定價，適用品項

飲料	洗髮精	咖啡
速食	洗衣精	餅乾
食品	奶粉	沐浴乳

↓

全球「因地制宜」定價法

採取全球「因地制宜」價格之原因

1. 各國國民所得不同
2. 各國消費能力不同
3. 各國製造成本不同
4. 各國通路結構不同
5. 各國市場環境不同

例如：可口可樂一瓶

日本 60 元	台灣 20 元
中國 15 元	越南 10 元

⇩

全球「因地制宜」定價法

全球定價政策兩種選擇

1. 全球標準價（一致性售價）
   - 較少見、特殊產品

或

2. 因地制宜價（各國、各地售價均不同）
   - 較多見、較普及

Unit 11-3 國際行銷定價方法

一、成本導向定價法——成本加成方法

所謂成本加成法，係指在成本之外，再以某個成數百分比為其利潤，此即成本加成法。例如：以某牌60吋液晶彩色電視為例，若其成本為20,000元，給經銷店進價為28,000元；則其加成數四成（40%），利潤額為8,000元，採用此方法之理由為：

1.簡單易行。

2.對利潤率及利潤額之掌握較為清晰明確。

這個方法是目前被使用最廣泛、最普及的方式，目前一般行業平均合理的加成率大概為50～70%之間，3C產品的加成率則會更低些。

二、名牌精品尊榮價值定價法

此種定價方法是較特殊的，它不以產品成本為基礎，而是以顧客對此產品知覺及所認定之價值，作為衡量及訂定價位之主要依據，此種定價方法與前面我們所提的「市場目標與產品定位」，頗有一貫化之效果，在現代化行銷策略運作之下，已有愈來愈多高級品牌之消費品採取此種方法。

因此，廠商應打造出可信賴及高知名度品牌，才能訂出高的價格。

三、需求導向定價法

1. 市場競爭定價方法（Competition Pricing）

此係指某一廠商所選擇之價格，主要依據競爭者產品價格而訂定，大部分廠商還是會看整個市場競爭狀況後，才會訂定一個價格，尤其在「完全競爭市場」下，由於競爭者眾多，產品差異化小，故不可能有太高定價。

2. 追隨第一品牌定價方法（Follow-the Leader Pricing）

此係指追隨市場第一品牌的價格而訂定，這是在第二、第三品牌無法超越第一品牌時，不得不採取的策略，也是經常看到的，此時大家都避免陷入低價格戰。

3. 習慣或便利定價方法（Customary or Convenient Pricing）

某些產品在相當長的時間內維持某一價格，或某一價格可使付款及找零方便之理由，使得零售廠商或顧客視為當然，故稱之。例如：報紙10元、飲料20元、御便當70元等。

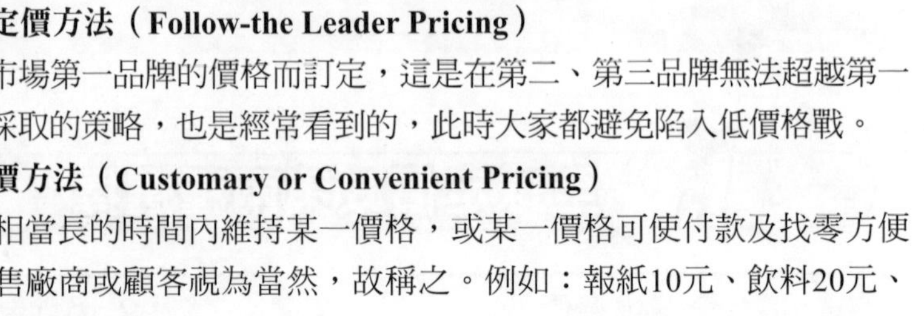

成本加成法 (Mark-up)

加成比例 平均 50 ～ 70%	損　益　表
出廠成本：1,000 元／1 件 ＋加成利潤：　700 元 賣出價：1,700 元 （加成率：70%）	出廠成本：1,700 元／1 件 －加成利潤：1,000 元 賣出價：　700 元 （毛利率 $=\frac{700\text{ 元}}{1{,}700\text{ 元}}=41\%$）

尊榮品牌定價法

例如：LV、GUCCI、HERMÈS、CHANEL、PRADA、Cartier、BURBERRY

↓

尊榮價值定價法

↓

高價定價法

市場競爭定價法

洗髮精	沐浴乳	香皂
衛生紙	衛生棉	洗衣精
洗碗精	牙膏和牙刷	廚房用品

Unit 11-4 國際匯率升值／貶值與定價關係

一、海外行銷必先認識「匯率」

所謂匯率（Exchange Rate），就是指一國貨幣單位兌換另一國貨幣單位的比率。例如：1美元兌換30元新台幣，故美元與新台幣之間的兌換比即為1：30，此即兩國之間的貨幣兌換匯率。由於有匯率的存在，因此國內及國外物價才有比較的基礎，也才能進行兌換及購買。

二、匯率升值與貶值

當相對於其他貨幣，一國的貨幣價值上升時，即稱為升值。反之，一國貨幣價值下降時，即稱為貶值。

例如：常態時，美元對新台幣匯率為1：30，但若由於某些因素，而使比率調整為1：28時，即代表新台幣升值。升值的意義，是指我們可以花比較少的錢，即可換到1美元；而貶值的意思即是要花較多的錢，才可以換到1美元。

三、匯率變動對出口商及進口商的影響

1. 對出口商：較愛台灣貶值。

2. 對進口商：較愛台灣升值。

例如：歐元大幅上漲時，就是台幣貶值；台灣進口商、代理商的代理產品將會漲價，可能不利銷售。

(1) Benz、BMW汽車售價上漲。

(2) 歐系品牌精品、化妝品價格亦會上漲。

四、對台灣進口商、代理商、外商在台子公司

1. 歡迎台幣升值。

2. 歡迎日圓、歐元、美元貶值。

如此，進口價錢可以便宜些，在台灣國內的行銷定價也可以再降價些，促進銷售及提高利潤。

五、對台灣出口商

1. 歡迎台幣貶值。

2. 歡迎日圓、歐元、美元升值。

可多做出口外銷的生意，以外幣報價的訂單競爭力提升。

國際匯率升值／貶值⟷定價策略分析

1. 台幣升值（對美元）

升值前	升值後
1USD：30TWD （對台灣出口不利）	1USD：28TWD （對台灣進口有利）
出口貨物至美國， 利潤減少	自美國進口貨物， 成本可以降低

2. 台幣貶值（對歐元）

貶值前	貶值後
1EUR：40TWD	1EUR：45TWD
1部10萬歐元BMW， 原本以400萬台幣進口	今須以450萬台幣 進口

第 12 章

定價策略的實戰照片

Unit 12-1 平價奢華風與低價化，已成為市場主流的定價模式

一、平價奢華風與低價化已成為市場主流的定價模式

家庭 副刊

2007 東京 大人氣車展

HONDA FIT／小車的最大世界

平價奢華

肯定是市場王道！

BMW 1系列 Coupe／給年輕買家的入門運動化房車

HONDA INSPIRE／華麗的平價運動風

NISSAN GT-R跑車／擄獲會場的平價超跑車

三菱EVO X跑房車／有性能也能環保

AUDI 1系列原型車 Metroproject Quattro／時尚都會小鋼砲

▲場景 1　「平價奢華風」是近年來市場消費行為與行銷操作的主軸方針。

不景氣 平價連鎖超市大受歡迎

美廉社明年增百店 全聯社營收挑戰450億

兩大低價連鎖超市比一比

美樂家今年營收40億成長5%

三陽越南廠20日香港掛牌

▲場景 2　國內在不景氣中，平價連鎖超市大受歡迎。例如：全聯福利中心或美廉社等。

▲場景 3　美國出現 1 美元商店打入主流市場，連高所得國家也有 M 型社會消費的現象。

▲場景 4　華碩推出低價筆記型電腦（7 吋、8 吋小尺寸）居然也很暢銷，台灣及美國均如此。

▲場景 5　中國北京市也推出第一份的「免費」地鐵報紙。

▲場景 6　華碩 Eee PC（易 PC）首度率先推出超低價的 NBC（筆記型電腦），以零售定價 399 美元，在美國亞馬遜網站出售，結果非常暢銷。華碩採取了低價策略及畸零尾數定價法，使 Eee PC 一推出就暢銷。

▲場景 7　市場不景氣，100 元剪髮店也出現了，生意也不錯，具有利基市場特色。

各推優惠 3C賣場割喉戰
燦坤42型電漿省萬元 全國37型液晶2萬有找

◀場景 8　國內資訊 3C 連鎖賣場燦坤及全國電子，紛紛推出促銷活動及降價割喉戰。

統一超自有品牌 立大功
年底品項達200種 未來一年將創造200億元業績 占營收兩成

◀場景 9　零售業者自有品牌係採取委外 OEM 代工，因此毛利率較高。各大賣場近年來均加速推出自有品牌平價策略。

北南線機票 千元有找
國內航線促銷票價資訊
國中小團體踏青 搭高鐵7折
高鐵國中小優惠票方案

▶場景 10　國內航空台北到台南航線採取低價促銷策略，1,000 元有找，顯見國內航空市場在高鐵衝擊下市場低迷。

Unit 12-2 民生日用品因國際原物料價格上漲而調漲

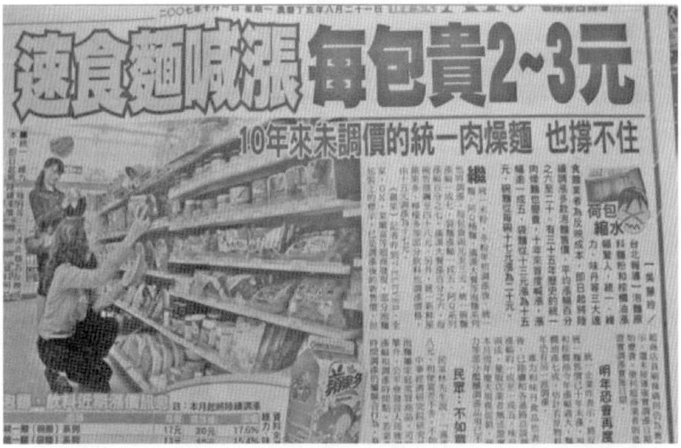

◀場景 11 由於原物料均上漲，使得速食麵品牌廠商成本也上漲，被迫調高價格，每包上漲 2～3 元。

◀場景 12 受到麵粉及其他原物料上漲影響，媒體報導泡麵價格調漲消息，顯示廠商為保住利潤，不得不調漲價格。

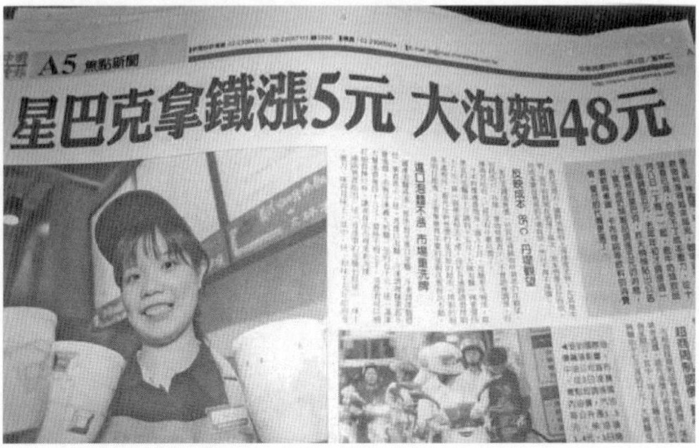

◀場景 13 統一星巴克拿鐵咖啡因咖啡豆、糖等原物料上漲，也被迫反映成本而提高價格。

星巴克要漲價了

8日起 含牛奶的14種商品調高5元

國內連鎖咖啡店咖啡漲幅

▲場景 14　同前圖，國內代表性咖啡店星巴克要漲價，被媒體高度報導。

麥當勞早餐漲5元 麥香魚69元

麥當勞12/12起漲價商品

火腿蛋堡餐/單點	65/30 → 70/35
豬肉滿福堡餐/單點	65/30 → 70/35
滿福堡餐/單點	65/30 → 70/35
附餐(大薯或風味沙拉、大玉米濃湯、冰炫風)	40 → 45
漂浮冰咖啡/奶茶	40 → 45
小杯/大杯柳橙汁	30/35 → 35/40
小杯飲料	20 → 25
薯餅	20 → 25
蘋果派	20 → 25
麥香魚	39 → 69

▲場景 15　麥當勞產品由於國際原物料大幅上漲，也被迫做價格上的調漲。

雙B車漲價 最高6.69%

明年進口車變貴

▲場景 16　歐洲進口高級車，因歐元匯率升值，也要跟著調漲。不過，雙 B 車的買主，大都是大老闆級或極高所得者，故對銷售應影響不大。

Unit 12-3 廠商因應景氣低迷，採取積極的促銷活動

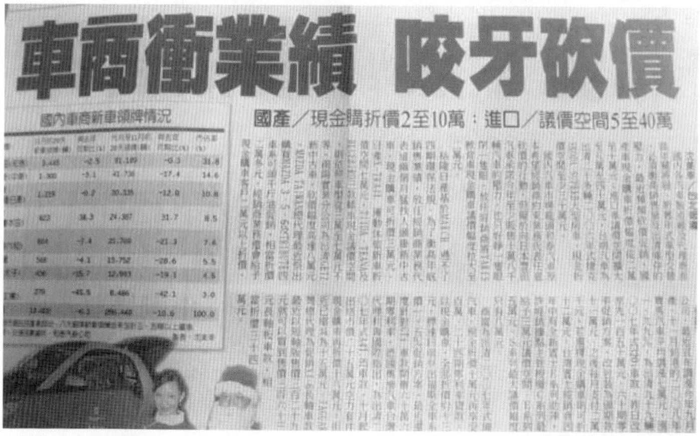
車商衝業績 咬牙砍價

國產／現金購折價2至10萬；進口／議價空間5至40萬

國內車商新車領牌情況

◀場景 17　汽車市場也面臨不景氣，到了年底不得不降價出售，以避免舊款車隔年沒人買。

經濟日報

國際焦點

美耶誕購物折扣戰 提早開

等不及「黑色星期五」感恩節先點火 網路購物成主戰場

時機歹歹 肥了折扣零

◀場景 18　連美國零售賣場也打折扣戰，看來折扣價格促銷戰，不只在台灣開打。

搶液晶TV龍頭 大同掀價格戰

避免貿易制裁

我溫室氣體減量 標

◀場景 19　液晶電視逐年降價，國產品大同 LCD TV 亦率先掀起降價的價格戰，其他國內外廠牌也不得不跟著降價。

◀場景 20　在促銷期間，國內前二大資訊 3C 賣場全國電子及燦坤 3C 也降價打折，力拚業績。

▶場景 21　全國電子連鎖店舉辦連續 5 天的破盤價促銷活動。

▲場景 22　有時候採取抽獎促銷策略替代降價，也是一種對策。

▲場景 23　在市場不景氣下，錢櫃及好樂迪等 KTV 也紛紛採取降價打折的促銷策略。

▲場景 24　新光三越百貨公司信義館舉辦週年慶，有效吸引顧客。

▲場景 25　屈臣氏打出 85 折優惠促銷活動，平面廣告畫面頗吸引人，這是折扣價格策略戰。

▲場景 26　SONY 產品在促銷活動期間，其定價也採取零尾數定價法。

▲場景 27　特力和家週年慶，推出 7 折起的折扣價格。

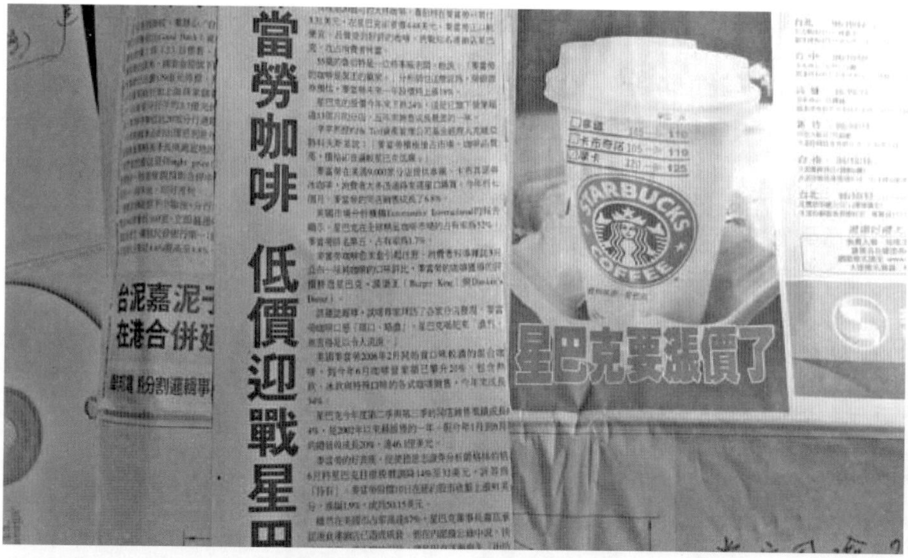

▲場景 28　圖為新聞媒體報導統一星巴克要漲價，但麥當勞附屬咖啡產品卻不漲價，以低價迎戰高價的星巴克，市場競爭激烈可期。

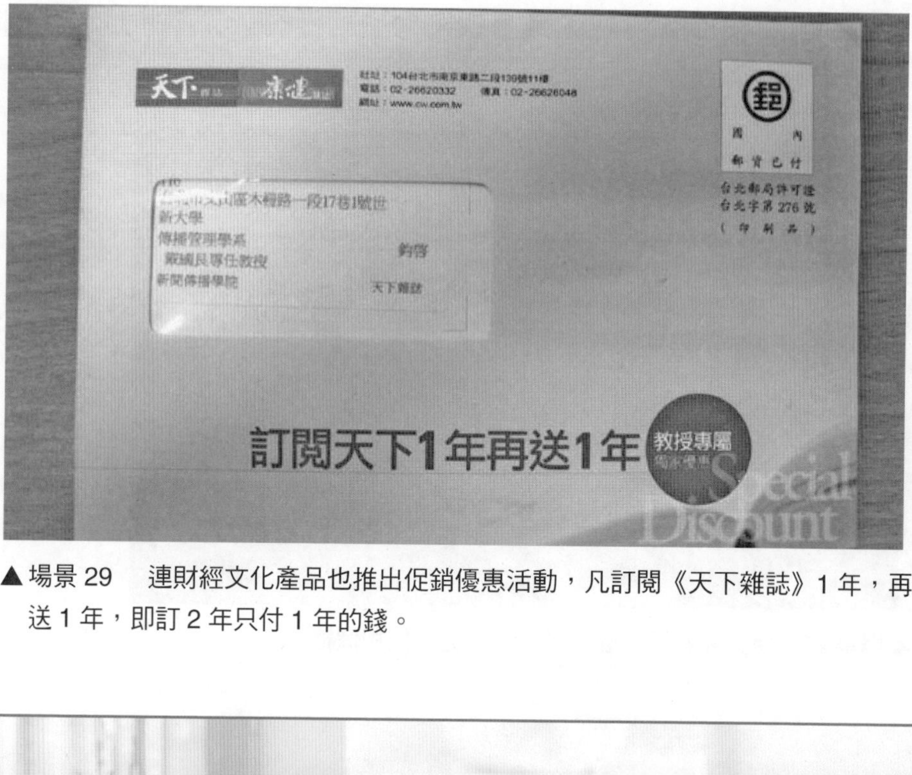

▲場景 29　連財經文化產品也推出促銷優惠活動，凡訂閱《天下雜誌》1 年，再送 1 年，即訂 2 年只付 1 年的錢。

▲場景 30　名牌家電舉辦特賣會活動，價格亦採取畸零尾數定價法。

▲場景 31　資訊 3C 廠商也利用資訊月期間採取折扣價策略，以低價誘因，衝刺年終的業績目標達成。

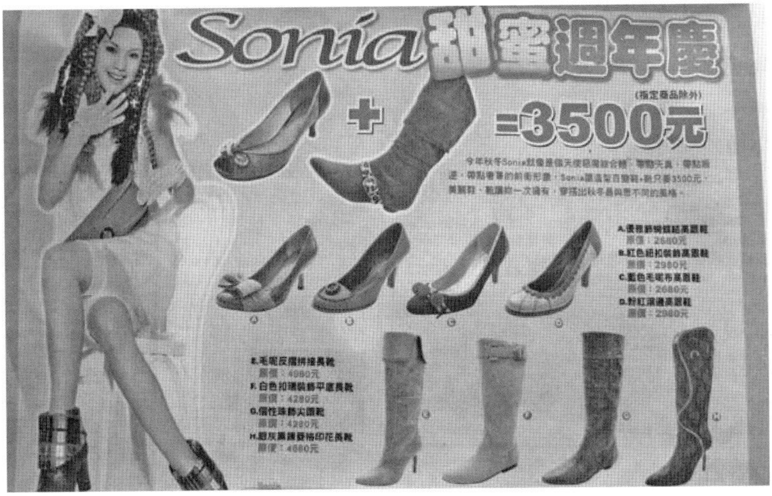

▲場景 32　國內仕女鞋平價連鎖品牌推出週年慶促銷活動。

▲場景 33　SOGO 百貨公司週年慶，全館打出 8 折起的折扣價格戰。

▲場景 34　運動鞋品牌舉辦聯合特賣會，以全面 3 折起為號召力。

▲場景 35　「加價購」策略也廣泛應用在廠商的各種促銷活動上。圖為班尼路服飾連鎖店推出購物滿 990 元，再加價 99 元，即可購得 1 隻耶誕哆啦 A 夢可愛公仔。

▲場景 36　統一超商為慶祝設有現煮 CITY CAFE 的店超過 1,000 店，故有第 2 杯半價的促銷活動。

▲場景 37　經常看到市價多少與福利價多少的標籤，但市價被劃掉，此均能吸引消費者重視。

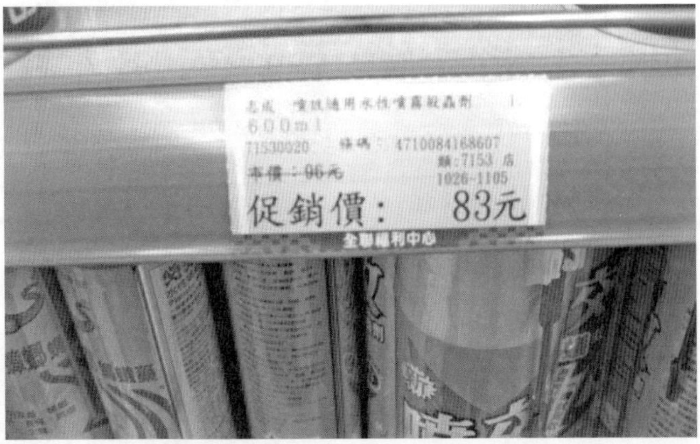

▲場景 38　市價 96 元與促銷價 83 元的對比，便宜 13 元。

▲場景 39　市價為 207 元與促銷價為 175 元的對比，便宜 32 元。

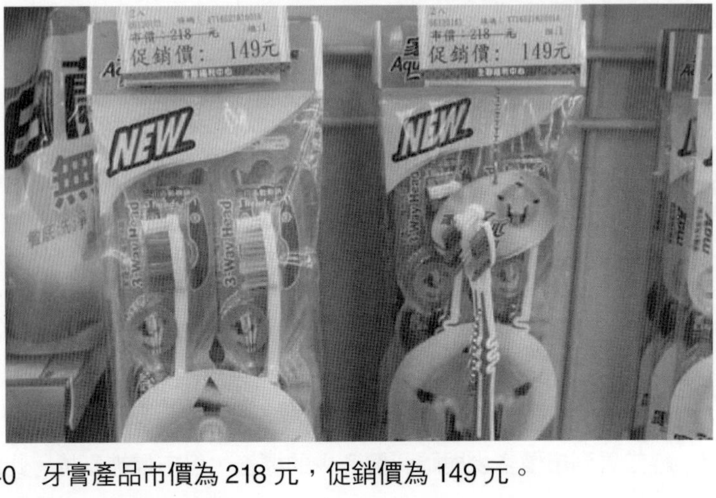

▲場景 40　牙膏產品市價為 218 元，促銷價為 149 元。

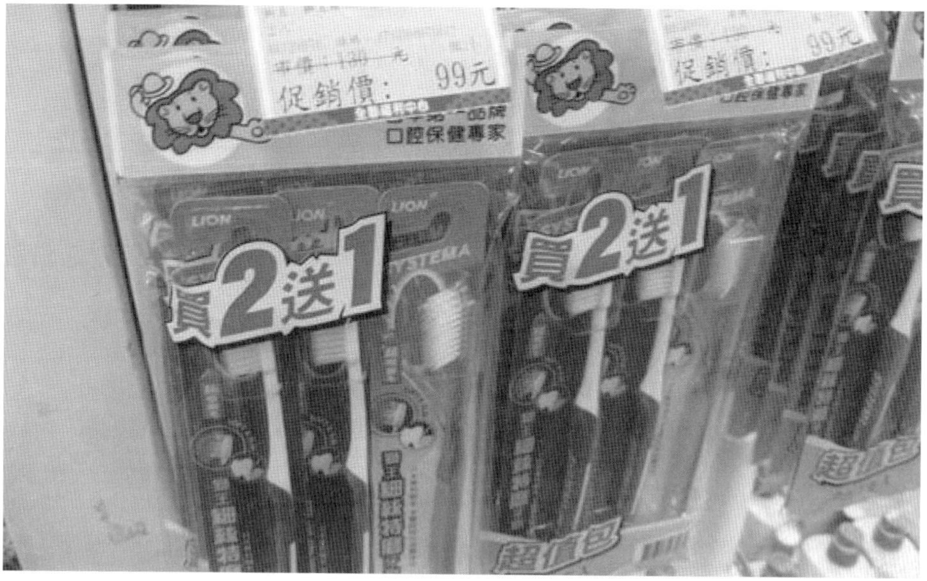

▲場景 41　促銷價為 99 元，市價為 130 元，便宜 31 元。

▲場景 42　摩卡咖啡的促銷價 92 元，市價為 105 元。

多重優惠、一元競標，資訊月拚買氣

奇美寬螢幕監視器1分鐘賣1台

Q3開放市場液晶監視器螢幕銷售

CHIMEI

▲場景 43　資訊月拚買氣，廠商利用各種促銷手法及價格策略，以期提高業績。

黑色星期五單週銷售近80萬台，較平常成長5倍，下季面板需求看俏

北美液晶TV熱爆 每秒賣1.3台

關鍵字發威

▲場景 44　美國地區液晶電視機熱賣，有高價或低價取向的不同廠牌。

YAHOO!奇摩 拍賣 家電專區低價吸客

SONY40型液電省6千 日立6門冰箱減1萬

周年慶最後波

歡迎比價

家電聯盟資訊

▲場景 45　YAHOO! 奇摩拍賣網站的家電專區也利用低價吸客，受到年輕族群的歡迎。

▲場景 46　量販店週年慶，大部分產品均有打折低價促銷，以吸引買氣。

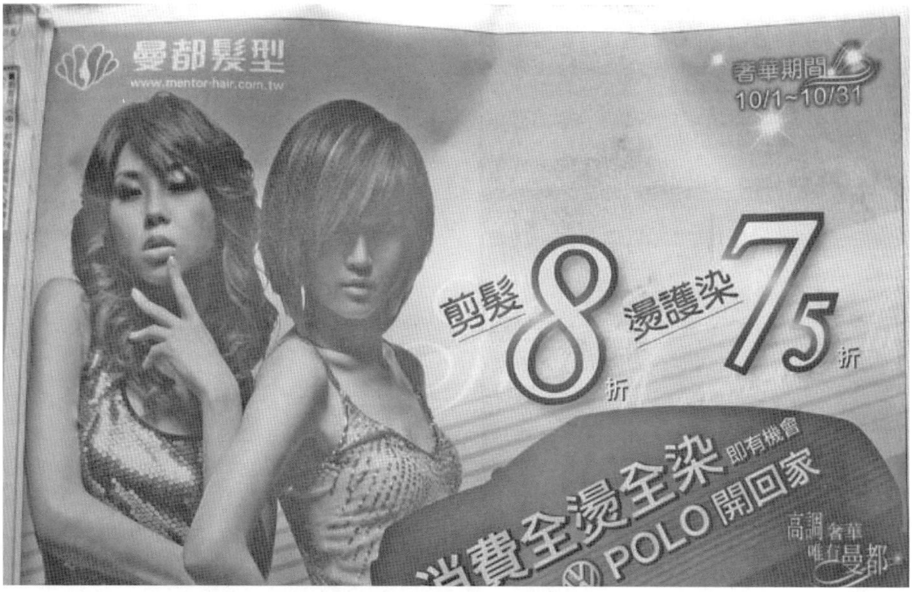

▲場景 47　景氣低迷中，曼都髮型也推出折扣價格戰。

Unit 12-4 鎖定客群，採取高價策略，搶攻金字塔頂端顧客

▲場景 48　LV 名牌精品超高定價，並非完全以成本加成定價法，而是一種心理尊榮定價法，即使它的產品是如此高品質。

▲場景 49　名牌精品 GUCCI 也是極高價位的心理尊榮價值定價法。

◀場景 50　LV 的女性包包，最便宜的一個也要 3 萬多元。

▶場景 51　百貨公司地下樓層美食街的日式店面產品定價不便宜，因為在高級百貨公司抽成高，故定價也比外面小吃店稍高。吃一份簡餐算是高價位定價，一碗要價最高 140 元。

◀場景 52　萬寶龍名牌精品除男性產品外，也有女性產品，但亦屬高價位的產品定價法。

◀場景 53　卡地亞（Cartier）的珠寶鑽石均非常昂貴。

◀場景54　dunhill 男性名牌精品也是高價位。

▲場景 55　台北 city'super 是有名的高價位超市，販售之商品和價格，與國內的全聯是完全不同的。

▲場景 56　法國 sisley 是非常高價的化妝保養品。

▲場景 57　統一企業出了高價位的 Dr. Milker 極鮮乳也賣得不錯，顯示 M 型社會下，高所得的消費者不在少數。

Unit 12-5 尾數定價與便利性定價法

◀場景 58　佐丹奴平價服飾連鎖店，推出特惠價格的促銷策略，並採取畸零尾數定價法，每件 199 元起。

◀場景 59　漢堡王推出促銷策略的優惠券，刺激銷售。

◀場景 60　某平價服飾連鎖店，推出特價品促銷活動。

◀場景 61　某平價服飾連鎖店，推出 299 元促銷活動，現場 POP 招牌廣告很吸引人。

◀場景 62　家樂福大賣場與熊寶貝、白蘭品牌廠商合作推出促銷活動，其定價採取畸零尾數定價法。

◀場景 63　燦坤 3C 會員招待會震撼登場，同樣採取畸零尾數定價法。

◀場景 64　畸零尾數 9 字定價法到處可見。

▶場景 65　畸零尾數 9 字定價法也應用在速食產品定價。

◀場景 66　畸零尾數 9 字定價法在各零售賣場普遍見得到，如左圖的飲料食品即是。

▲場景 67　利樂包的麥香紅茶，採取日常便利性產品定價，一包 10 元。

▲場景 68　統一茶裏王寶特瓶茶飲料產品，採取日常便利性產品定價法，每瓶 20 元屬平價，一般上班族認為便宜合理。

▲場景 69　可口可樂罐裝一瓶 20 元，亦屬平價位定價法。

戴國良博士
圖解系列專書

工作職務	適合閱讀的書籍
行銷類 行銷企劃人員、品牌行銷人員、PM產品人員、數位行銷人員、通路行銷人員、整合行銷人員等職務	1FRH 圖解行銷學 1F2H 超圖解行銷管理 1FSH 超圖解行銷個案集 3M80 圖解產品學 1FW5 圖解定價管理 3M37 成功撰寫行銷企劃案 1FSP 超圖解數位行銷 3M72 圖解品牌學 1FW6 圖解通路經營與管理 1FTG 圖解整合行銷傳播
企劃類 策略企劃、經營企劃、總經理室人員	1FRN 圖解策略管理 1FRZ 圖解企劃案撰寫 1FSG 超圖解企業管理成功實務個案集
人資類 人資部、人事部人員	1FRM 圖解人力資源管理
財務管理類 財務部人員	1FRP 圖解財務管理
廣告公司 廣告企劃人員	1FSQ 超圖解廣告學
主管級 基層、中階、高階主管人員	1FRK 圖解管理學 1FRQ 圖解領導學 1FRY 圖解企業管理（MBA學） 1FSG 超圖解企業管理個案集 1F2G 超圖解經營績效分析與管理
會員經營類 會員經營部人員	1FW1 圖解顧客關係管理 1FS9 圖解顧客滿意經營學

五南文化事業機構
WU-NAN CULTURE ENTERPRISE

f 五南財經異想世界

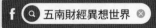

106臺北市和平東路二段339號4樓 TEL：(02)2705-5066轉824、889 林小姐

國家圖書館出版品預行編目（CIP）資料

圖解定價管理/戴國良著. -- 三版. -- 臺北市：五南圖書出版股份有限公司, 2024.01
面；　公分
ISBN 978-626-366-858-4(平裝)

1.CST: 商品價格

496.6　　112020762

1FW5

圖解定價管理

作　　者：戴國良
發 行 人：楊榮川
總 經 理：楊士清
總 編 輯：楊秀麗
主　　編：侯家嵐
責任編輯：侯家嵐
文字校對：石曉蓉
排版修改：賴玉欣
封面完稿：姚孝慈
出 版 者：五南圖書出版股份有限公司
地　　址：106 臺北市大安區和平東路二段 339 號 4 樓
電　　話：(02)2705-5066　傳　　真：(02)2706-6100
網　　址：https://www.wunan.com.tw
電子郵件：wunan@wunan.com.tw
劃撥帳號：01068953
戶　　名：五南圖書出版股份有限公司

法律顧問：林勝安律師

出版日期：2016 年 10 月初版一刷
2019 年 12 月二版一刷
2024 年 1 月三版一刷
定　　價：新臺幣 440 元

經典永恆·名著常在

五十週年的獻禮——經典名著文庫

五南，五十年了，半個世紀，人生旅程的一大半，走過來了。
思索著，邁向百年的未來歷程，能為知識界、文化學術界作些什麼？
在速食文化的生態下，有什麼值得讓人雋永品味的？

歷代經典·當今名著，經過時間的洗禮，千錘百鍊，流傳至今，光芒耀人；
不僅使我們能領悟前人的智慧，同時也增深加廣我們思考的深度與視野。
我們決心投入巨資，有計畫的系統梳選，成立「經典名著文庫」，
希望收入古今中外思想性的、充滿睿智與獨見的經典、名著。
這是一項理想性的、永續性的巨大出版工程。
不在意讀者的眾寡，只考慮它的學術價值，力求完整展現先哲思想的軌跡；
為知識界開啟一片智慧之窗，營造一座百花綻放的世界文明公園，
任君遨遊、取菁吸蜜、嘉惠學子！